만 3세부터
행복을
가르쳐라

만 3세부터 행복을 가르쳐라

초판 1쇄 발행 | 2014년 11월 28일

지 은 이 | 한국긍정심리연구소 소장 우문식
펴 낸 이 | 우문식
관   리 | 김미선
편   집 | 팽주라 권지혜
마 케 팅 | 한정덕 손윤호
디 자 인 | 한은영 오은애
펴 낸 곳 | 도서출판 물푸레

등록번호 | 제 1072 등록일자 | 1994년 11월 11일
주   소 | 경기도 안양시 동안구 호계동 950–51 정현빌딩 201호
전   화 | (031) 453–3211
전   송 | (031) 458–0097
www.mulpure.com

ISBN | 978–89–8110–323–1 13590
책에 관한 문의는 mpr@mulpure.com으로 해주시기 바랍니다.

값 18,800원

아이가 평생 행복하게 살기를 바란다면

만 3세부터 행복을 가르쳐라

한국긍정심리연구소 소장 우문식 지음

물푸레 · KPPI 한국긍정심리연구소

CONTENTS >>

아이들에게 행복을 가르쳐라

대한민국 부모들은 우리 아이들이 어떤 인생을 살기를 원할까?

대부분의 부모들은 우리 아이들이 행복하고, 건강하고, 성공적인 삶을 살기를 원할 것이다. 아이뿐만 아니라 부모 역시 자신의 인생에서 가장 원하는 것을 꼽으라면 행복, 건강, 성공을 꼽을 것이다.

그런데 많은 사람들이 건강과 성공을 위해선 시간과 돈을 아낌없이 투자하면서도 유독 행복을 위한 투자에는 인색하다. 왜 그럴까? 건강하고 성공하면 행복은 덤으로 따라온다고 생각하기 때문이다.

그러다 보니 아이가 행복하기를 원하면서도 부모 스스로 아이의 행복을 뒷전으로 밀어내버리는 아이러니한 상황이 생겨난다. 성공을 먼저 가르치고 강요하는 부모들이 많다. 성공의 기준이 모호하기는 하지만 성공을 위해서는 남들보다 뛰어나야 한다고 생각하는 데 이견이 없는 듯하다. 그래서 부모들은 내 아이를 남보다 특별하게, 남에게 뒤지지 않게 키우려고 안간힘을 쓴다. 아이도 부모도 경쟁에 치이게 되는 것이다.

경쟁이 꼭 나쁘다는 것은 아니다. 경쟁은 우리 사회를 발전시키는 원동력의 하나다. 단, 공정한 규칙을 준수하며 선의의 경쟁을 하고 모두가 그 결과를 깨끗하게 인정할 수 있을 때 사회는 건강하게 발전한다. 그러나 너무 과도한 경쟁은 지나친 개인주의에 빠지게 하며 인간관계를 파괴시키기도 한다. 그 파괴력은 타인에게만 가 닿는 것이 아니라 자신에게도 큰 상처를 남기게 된다. 꿈과 열정으로 향하는 경쟁이 아니라 물질에 대한 지나친 집착으로 경쟁하기 시작할 때, 우리는 물질의 노예, 경쟁의 희생양이 되어버린다.

우리 아이들은 친구를 친구로 여기기 이전에 경쟁자로 생각해 시기하고 질투한다. 경쟁자보다 자신이 더 뛰어나다는 것을 남들에게 증명하기 위해 정작 자신을 희생시킨다. 수단과 방법을 가리지 않고 결과를 만들어 내는 데 익숙한 아이들은 과정의 숭고함과 소중함을 잊은 지 오래인 것 같다. 그로 인해 많은 아이들이 어린 시절의 행복을 누리지 못하고 불안과 스트레스 속에서 무기력하고 우울한 나날을 보내고 있다. 심지어는 분노와 좌절을 극복하지 못해 폭력에 휩싸이거나 자살을 하는 아이들도 적지 않다.

청소년들의 폭력과 자살은 더 이상 남의 일이 아니다. 언제라도 내 아이에게 일어날 수 있는 일이다. 나라에서도 이러한 심각성을 인식해 인성교육, 창의성교육, 행복교육에 관심을 쏟고 있다. 아이들을 위한 교육이 무엇인지를 고민하고, 아이들이 행복할 수 있는 제도적 교육 장치를 마련하기 위해 애쓰고 있다. 조금 늦었지만 참으로 바람직한 일이라고 생각한다.

하지만 아이들의 교육을 학교나 국가에만 의존해서는 안 된다. 부모 역시 중요한 교육의 주체이다. 특히 행복만큼은 부모가 직접 가르칠 것을 권한다. 국가나 학교에 의한 기존 교육 시스템 속에서는 행복교육에 한계가 있다. 기존 교육 시스템에 인성, 창의성, 행복이 반영되었더라도 제대로 운영되고 효과가 나타나려면 오랜 시간이 걸린다. 그 안에 우리 아이들이 방치되지 않게 하기 위해서라도 부모가 아이들의 행복에 관심을 가져야 한다.

행복은 성공하면 자연히 따라오는 덤이 아니다. 최근 저명한 긍정심리학자들이 오랜 연구 끝에 행복이 성공을 낳는다는 결과를 발표했다. 행복은 맛있는 음식을 먹을 때나 남녀가 사랑을 나눌 때의 감정적, 감각적 즐거움의 차원을 뛰어넘는다. 이제 행복은 학교생활, 직장 생활, 사회생활은 물론 그 조직의 성공까지도 아우르는 광의의 개념으로 바뀌었다.

우리나라 부모들은 좋은 대학 나와 좋은 직장에 들어가는 것을 양육의 목표로 삼는다. 그것이 곧 성공이라고 생각하기 때문이다. 하지만 언제나 그랬듯 성공보다는 행복이 중요하다는 것을 너무 뒤늦게 깨닫는다. 요즘은 우리나라 부모들 사이에서도 성공보다는 행복이 중요하다는 인식이 다시금 자리 잡고 있다.

행복을 빨리 가르칠수록 좋다는 연구 결과들이 속속 발표되고 있다. 영국의 행복교육은 만 3세부터 시작된다. 행복교육의 효과적인 대상 연령을 만 3세에서 11세로 보기 때문이다. 아이들은 태어난 지 6일 째부터 부모의 감정을 모방하기 시작하며 보통 0~3세 사이에 부모와의 애착이 형성된다. 이때 형성된 애착관계는 아이의 정서에 평생 영향을 미친다. 긍정정서는 호기심을 낳고, 호기심은 다양한 능력을 익힐 수 있는 단초가 된다. 그 능력이 숙달되면 더 많은 긍정정서를 자아내며, 아울러 부모는 아이의 대표강점을 발견할 수 있다. 아이의 대표강점은 대개 7세쯤 두드러지게 나타나기 시작한다. 그런 만큼 조기에 긍정정서를 키워 주고 행복을 가르쳐 주는 것이 위기가 닥친 후에 개입하는 것보다 더 낫다.

아이들에게 자기 자신을 알게 하고 인생에 필요한 능력을 찾아 익히게 하는 것은 매우 중요하다. 그러나 아이 스스로 자기인식을 통해 자신감을 키우고 역경을 극복하는 회복력을 갖추는 것은 어려울뿐더러 시간이 오래 걸리는 일이다. 그래서 부모의 도움이, 가르침이 요구된다.

'행복이 뭐예요?'라고 아이가 물었을 때 어떻게 대답해야 할지 모르는 부모들이 많다. 행복이 무엇인지 대답해 줄 수 없을 뿐만 아니라 '행복한 사람이 되라'는 말도 못 하겠다고 한다. 행복을 강조하면 왠지 아이가 경쟁에서 뒤처질 것 같은 불안에, '행복한 사람이 되라'는 말을 못 한다는 것이다. 그러나 당연하다. 우리 부모들은 행복교육을 받을 기회가 없었고, 많은 행복을 경험해 보지도 못했기 때문이다.

아직도 행복을 추상적이고 관조적으로 생각하는 부모들이 많다. 행복은 과학의 발달에 힘입어 아주 체계적으로 연구되고 있다. 행복에 대한 연구 결과물들이 꽤 설득력 있는 내용으로 전 세계적으로 인정받고 있듯, 행복은 연구될 수 있는 대상이며 그렇기에 교육하는 것 또한 가능하다. 그 대표로 긍정심리학의 '행복'을 들 수 있다. 긍정심리학이 탄생된 지 15년 밖에 되지 않았지만 짧은 기간임에도 개인, 가정, 학교, 직장, 사회 전반까지 확산되면서 놀라운 결과들을 만들어 내고 있다.

긍정심리학은 사람의 긍정적인 측면과 강점과 미덕을 과학적으로 연구해서 개인과 사회를 플로리시(번성, 행복의 만개)하게 도와주는 실용학문이다. 긍정심리학은 사람의 약점만큼 강점에, 인생에 있어 최악의 것을 회복하는 것만큼 최고의 것을 설계하는 것에, 불행한 이들의 삶을 치유하는 것만큼 건강한 사람들의 삶을 충만하게 만들어 주는 것에 관심을 갖는다. 기존의 심리학처럼 화, 걱정, 우울, 불안 등의 부정감정을 0으로 만드는 데 그치지 않고 플러스로 만들어 주는 데 그 목적을 두었다. 긍정심리학의 목표는 −5에 있는 사람들을 0으로 끌어올리는 것뿐만 아니라 +2에 있는 사람들을 +6으로 끌어올리는 데 있다. 즉, 부정감정을 완화시켜 불행하지 않은 상태로 만드는 데 만족하지 않고 불행하지 않거나 조금밖에 행복하지 않은 사람들을 과학적인 도구들을 통해 더 행복하게 만들어 주는 것이 긍정심리학의 행복이다.

나는 2003년 우리나라에 긍정심리학을 처음 도입해서 지금까지 긍정심리학의 행복을 연구하고, 긍정심리학의 행복을 사회 각 분야에 확장시키고 있다. 관련 박사 논문으로 『긍정심리의 긍정정서와 성격강점이 조직성과에 미

치는 영향』이 있으며 저서『긍정심리학의 행복』,『행복 4.0』이 있다. 교육생들, 제자들, 가족들에게 긍정심리학의 행복 도구들을 직접 적용해 그들의 변화를 지켜봤다. 행복의 힘이 우리의 정서와 건강과 태도를 얼마나 희망차게 이끄는 지를 경험하고, 우리나라 부모들과 교사들에게도 긍정심리학의 행복을 꼭 알려 주고 싶었다. 어른들이 먼저 행복에 관심을 갖고 행복을 공부한다면, 아이들이 좀 더 행복해질 수 있을 것이다. 그와 더불어 오늘날 위기를 맞고 있는 우리나라 학교교육이 다시 살아날 수 있을 것이다.

긍정심리학에서 말하는 행복의 핵심 요소들은 긍정정서, 몰입, 삶의 의미, 긍정관계, 성취이며 이 다섯 가지의 기반이 되는 성격강점으로 이루어져 있다. 긍정정서, 성격강점 같은 요소들은 최근 우리 교육현장에서 가장 강조하는 인성, 창의성, 행복과도 관련 깊다. 긍정정서, 성격강점 등의 긍정심리학 핵심 요소에는 아이들이 호기심과 흥미를 가지고 자발적으로 참여해 스스로 행복을 키우도록 만들어 주는 연습 도구들이 많이 들어 있다. 이미 미국, 영국, 호주, 중국 등에서는 긍정심리학 행복교육을 실시해 큰 성과를 내고 있다고 한다.

지난 10년 동안 긍정심리학의 행복을 연구하고 실천하면서 긍정심리학의 행복을 확신하게 되었다. 지난 1년 가까이 이 책을 쓰면서 많은 고민을 했다. 성인의 사례는 그동안의 연구로 어느 정도 축적됐지만 아이에 대한 긍정심리학의 행복 연구는 초기 단계이다 보니 사례가 많이 부족했다. 그렇다고 긍정심리학 전문가로서 심각한 교육 현장을 외면한 채, 책에 쓸 수 있는 사례가 쌓이기를 마냥 기다릴 수만은 없었다. 그러다 보니 불가피하게 외국 자료와 사례를 인용해야 했던 부분이 있는데, 독자들의 양해를 구한다. 책에서 인용한 외국의 자료와 사례들은 이미 앞서 선행되고 검증된 것들이기에, 이 책을 쓸 용기를 낼 수 있었다. 긍정심리학의 행복은 말이 아닌 실천이다. 우리 사회에서도 하루 빨리 많은 사람들이 긍정심리학의 행복을 경험하길 바란다.

이 책은 부모와 교사가 행복해야 아이들이 행복하다는 메시지를 담고 있다. 부모와 교사가 행복하지 못하다면 아이들도 행복할 수 없다. 그래서 부모와 교사가 행복을 쉽게 배울 수 있도록 '왜 행복인가?'를 시작으로 '행복이란 무엇인가?'와 '행복을 만드는 방법은 무엇인가?'를 다루었다. 그 다음 긍정심리학의 행복 도구를 이용해 행복을 만드는 방법을 아이들에게 어떻게 코치할 것인가를 소개했다.

특히 우리나라 교육과 아이들의 환경을 고려해서 긍정심리학의 행복을 위한 다섯 가지 요소 외에, 아이들이 난관에 부딪쳤을 때 역경을 극복할 수 있는 회복력과 낙관성을 추가했고 우리 부모들이 아주 비중 있게 생각하는 자존감도 추가했다. 잘못된 정보로 인한 자존감 교육이 오히려 아이를 망칠 수 있다는 사실에 주목했다.

이 책을 통해 부모들은 '행복이 뭐예요?'라는 아이들의 질문에 자신 있게 답할 수 있을 것이다. 또 당당하게 '행복한 사람이 되라'고 말할 수 있게 될 것이다. 최근 학교교육의 핵심 과제인 인성과 창의성 키우기에 대한 걱정도 덜게 될 것이다. 인성과 창의성, 행복을 키울 수 있도록 아이들을 이끄는 열 가지 코칭 방법을 얻게 될 것이기 때문이다. 이 책에서는 인성과 창의성을 직접적으로 가르치는 방법을 다루진 않는다. 하지만 행복을 만들어 주는 다음의 열 가지 행복 코칭 방법을 익히고 실천하다 보면 자연스럽게 아이의 인성과 창의성이 자라나는 것을 경험하게 될 것이다.

- 기쁘고 즐겁게 아이의 창의성을 키울 수 있는 방법
- 아이가 감정을 조절하고 상대를 이해하고 용서할 수 있게 하는 방법
- 아이의 강점을 찾아 능력과 잠재능력을 개발시켜 주는 방법
- 아이의 미덕과 성격강점으로 인성을 키워 주는 방법
- 아이의 사회성 지능을 키워 친구, 가족 모두와 좋은 관계를 갖게 하는 방법
- 아이의 노력, 자제력, 끈기, 집념을 통해 성취를 이루게 하는 방법
- 아이의 스트레스, 무력감, 우울감을 이겨 내게 하는 방법
- 아이가 역경을 겪었을 때 스스로 극복힐 수 있게 만들어 주는 방법
- 아이의 일시적 자존감이 아닌 지속적 자존감을 키워 주는 방법
- 아이가 스스로 행복을 만들어 갈 수 있게 해 주는 방법

이 책이 부모와 교사를 통해 아이들의 인성과 창의성, 행복을 키워서 행복한 삶을 만들어 갈 수 있는 소중한 도구로 활용되기를 소망한다. 그리고 우리나라 국민들의 조금이라도 더 행복해지길 바란다. 긍정심리학에서는 일시적인 것이 아니라 지속적이고 날이 갈수록 번성하는 행복을 진정한 행복으로 본다. 날로 번성해 만개하는 행복을 '플로리시flourish'라고 하는데, 모두가 플로리시하기를 바라는 마음으로 이 말을 모두에게 전한다.

오늘도 플로리시!

한국긍정심리연구소 소장 우문식

Part 01

부모가 행복하지 않은데,
아이가 행복할 수 있을까?

부모의 불행한 감정은
아이에게 더 빨리 전염된다

부모가 행복하지 않으면 아이도 행복할 수 없으며 아이가 행복하지 않으면 부모 또한 행복할 수 없다. 행복도 전염성이 강하지만, 불행한 감정이나 우울한 감정 또한 전염성이 강하기 때문이다.

자녀의 행복을 위해서라면 기꺼이 자신의 행복을 포기할 수 있다는 부모들이 많다. 우리나라 부모들은 특히 더 그렇다. 하지만 부모가 자신의 행복을 포기하고 자녀만을 위해 산다면 아이들이 정말 행복해질 수 있을까?

30대 후반의 이수진(가명) 씨는 아이 엄마로, 직장 일과 육아를 병행하는 슈퍼맘이었다. 글로벌 기업 마케팅 부서에서 일하는 그녀는 동종 업계에서 끊임없이 스카우트 제의를 받을 정도로 재원이었다. 워낙 일을 좋아해 일할 때 가장 편안함을 느꼈다.

일과 육아를 병행하다 보니 부부에게 고민이 생겼다. 예전에는 시부모님이 24시간 아이를 돌봐 줘 큰 문제가 없었지만, 아이가 유치원에 다니면서부터 상황이 복잡해진 것이었다. 아침 일찍 아이를 유치원에 데려다 주는 것도 큰일이었지만, 퇴근 후 아이를 집으로 데려오는 것은 더 큰 문제였다. 부부 모두 야근이 잦아 제때 아이를 데리러 가지 못하는 경우가 허다했다. 엄마, 아빠를 기다리다 지쳐 꾀죄죄한 모습으로 유치원에 잠들어 있는 아이를 볼 때면 부부는 가슴이 아팠다. 하루는 남편이 조심스럽게 제안했다.

"아이가 학교에 들어갈 때까지만 당신이 일을 쉬면 어떨까?"

맞벌이하다 일을 그만두면 경제적으로 타격을 입겠지만, 아이가 더 중요하다는 게 남편의 생각이었다. 그녀 역시 아이를 사랑했고 아이가 행복하기를 진심으로 바랐다. 하지만 일을 포기한다는 것은 쉬운 일이 아니었다. 무엇보다 일을 할 때 살아 있음을 느끼는 수진 씨였다. 그러나 오랜 고심 끝에 직장을 그만두기로 결심했다. 일은 언제든 다시 시작할 수 있지만, 엄마의 손길이 절실한 시기에 아이와 함께 있어주지 못한다면 가장 소중한 것을 놓치게 될 것 같았다. 엄마로서 아이보다 자신의 행복을 더 중요하게 생각한 것이 부끄럽기도 했다.

일을 그만두고 육아에만 전념하는 것은 생각보다 어려웠다. 처음에는 '이왕 하는 거 열심히 하자'는 마음으로 아이에게 정성을 다했다. 맛있는 간식도 직접 만들어 먹이고, 함께 놀아 주고, 시간 날 때마다 책도 읽어 주었다. 하루하루 반복되는 집안일과 육아에 힘들고 우울했지만 엄마 품에서 점차 안정되어가는 아이를 볼 때면 위안이 됐다.

그러나 어쩔 수 없는 허전함이 수진 씨를 짓눌렀다. 아이를 돌보다 보면, 하루가 어떻게 지나갔는지 몰랐고 밥을 어떻게 먹었는지조차 기억나지 않았다. 아이를 재우고 나서야 소파에 기대앉을 수 있었다. 고요하고 적막한 시간이었다.

한두 시간씩 멍하니 소파에 앉아있는 자신을 발견할 때마다 그녀는 공허했다.

그렇게 몇 달이 지났고 그녀는 한계에 부딪혔다. 직장에서 일에 몰두하던 자신의 모습이 떠올랐다. 팀원들과 마케팅 방안을 놓고 열띤 토론을 벌이기도 했고, 중요한 협상을 리드하기도 했다. 가끔 커피숍에서 커피를 마시더라도 하릴없어 부리는 여유가 아니라 휴식을 위한 여유를 당당히 만끽하는 자신이 그리웠다. 바쁜 시간을 쪼개, 공연이나 영화를 보기도 했고 무언가를 배우기도 했다.

육아에 전념하고부터는 텔레비전을 볼 시간조차 없을 정도로 정신없는 날들이 이어졌지만, 누구도 자신을 인정하는 것 같지 않았다. 성과가 눈에 띄게 나타나는 직장일과 육아는 달랐다. 집에 있기 때문에 집안일은 온전히 그녀의 몫이었고, 일을 안 하니 그녀가 편할 것이라 믿고 말하는 남편이 야속했다.

아이 돌보는 일에 지쳐가면서 어쩌면 자신은 모성애가 없는 냉정한 엄마일지도 모른다는 자책감에 사로잡혔다. 모든 것이 위태롭고 우울해지면서 아이에게 짜증을 내는 일도 잦아졌다. 가끔은 조용히 나만의 시간을 갖고 싶은데 아이는 그녀를 잠시도 그냥 놔두지 않는 것 같았다. 끊임없이 '엄마, 엄마'를 부르며 이거 해 달라, 저거 해 달라 요구사항이 끊이지 않았다. 아이의 표현이 엄마에게 관심받기 위한 몸부림으로 느껴질 때도 있었지만, 당시로선 그저 부담스런 요구와 떼에 불과했다. 그래서인지 '꾹 참고 들어준다'라는 주관적 인내를 하기 시작했고, 그러다 못 참으면 아이를 향해 버럭 소리를 지르기도 했다. 아이에게 폭풍처럼 화를 쏟아내고 나면, 아이의 작은 등이 측은해져 죄책감이 들곤 했다. 그럴 때마다 '좀 더 아이에게 잘해 주어야 한다'고 마음을 다잡았지만, 점점 더 어려워질 뿐이었다. 아이의 불안감도 덩달아 커져갔고 아이는 엄마의 눈치를 보느라 안절부절못했다.

우울증을 앓고 있는 엄마를 보며 자란 아이는 우울한 아이로 자랄 위험성
이 크다는 연구 결과는 이미 수도 없이 접했다. 최근 하버드 대학 아동발달센
터에서 '엄마의 우울증이 아이의 마음을 당장 우울하게 할 뿐만 아니라 두뇌
회로 형성에 영향을 미쳐 신체, 인지, 정서의 정상적 발달을 방해한다'는 연구
결과를 발표했다. 또 티파니 필드Tippany Field 박사는 우울한 엄마에게서 자란
아기는 힘이 없고 잘 놀지 못하며 쉽게 짜증을 내거나 화를 낼 뿐만 아니라 엄
마의 우울증이 1년 이상 지속될 경우 성장 발달에도 문제를 보인다는 것을 밝
혀냈다.

부모는 대부분 자신의 행복을 추구하느라 아이들에게 소홀했을 때도, 아
이를 위한 자신의 희생이 결과적으로 자신과 아이를 불행한 기운에 휩싸이게
했을 때도 죄책감을 느낀다. 하지만 이수진 씨의 예에서도 알 수 있듯이, 부모
가 행복하지 않으면 아이도 행복할 수 없으며 아이가 행복하지 않으면 부모
또한 행복할 수 없다. 행복도 전염성이 강하지만, 불행한 감정이나 우울한 감
정 또한 전염성이 강하기 때문이다. 부모에게 절대적으로 의지하는 어린 아이
들은 부모의 감정 상태를 고스란히 느끼고 부모에게 동화되기 때문에, 부모
의 불행은 곧 아이의 불행으로 이어진다. 크리스틴 카터 박사Christine Cater에
의하면 아이들은 태어난 지 6일 째부터 부모의 감정을 모방한다고 한다. 부모
감정에 대한 모방은 아기가 세상을 배우는 가장 원초적인 방법이다. 그러므로
영유아기의 아기에게 행복을 모방하게 할 것인지 아닌지는 전적으로 부모에

게 달렸다. 여섯 살 아이들을 대상으로 했던 다른 연구에서도 감정을 긍정적으로 표현하는 엄마 밑에서 자란 아이들이 감정을 부정적으로 표현하는 엄마 밑에서 자란 아이들보다 절제력이 더 높았다. 행복의 상호작용을 이룩하기 위해서는, 아이보다 먼저 부모가 행복해질 필요성이 이해되는 대목이다. 행복에 대한 부모의 노력이 부모와 아이 모두 행복하게 할 것이다.

미래의 행복이라는 말로
현재의 행복을 옭아매는가

아이의 꿈과 미래는 행복 속에 있다. 미래의 행복이라는 말로 현재의 행복을 옭아매고 있지는 않는가.

우리나라 부모들은 그 어떤 나라 부모들보다 아이들의 행복을 위해 노력하는 것 같은데, 정작 아이들은 왜 행복하지 않은 걸까? 이유는 여러 가지겠지만 기본적으로 학벌과 직종에 따라 소득 편차가 크다는 점이 행복에 대한 갈망을 위축시키고 있다. 좋은 학교를 나와 좋은 직장에 들어갔을 때와 그렇지 않을 때의 삶의 질이 다르니, 행복보다 성공을 좇는 것은 어쩌면 당연하다. 행복보다 성공을 좇는 일이 당연해진 것보다 더 큰 문제는, 부모들이 행복이 무엇인지 알지 못한다는 데 있다. 심지어 행복은 곧 성공이라는 식의 잘못된 개념이 자리 잡고 있다. 그래서 어떻게 해야 행복하게 살 수 있는지 알지 못한다. '행복이 뭐예요?'라고 아이들이 묻는다면, 부모는 쉽게 대답하지 못할 뿐아니라 행복해질 수 있는 방법 또한 알려 주지 못한다.

행복을 배울 기회가 없었던 부모들이 아이들에게 행복을 가르치지 못하는 것은 당연하다. 아이들이 행복해지기를 원한다면 부모가 먼저 행복을 제대로 이해하고 행복을 만드는 방법을 배워야 한다.

학원 조금만 다니고 싶어요. 나도 물고기처럼 자유롭게 날고 싶어요.

이것은 초등학교 6학년 아이가 남긴 유서다. 우리 사회는 아이들로 하여금 미래의 행복을 위해 현재를 희생할 것을 강요한다. 부모가 자신의 행복을 포기하고 아이를 위해 희생하는 것이 당연한 것처럼 그것 또한 당연하게 받아들일 것까지도 강요한다. 비정상적인 모습이 아닐 수 없다. 13세 아이가 자유를 위해 투신하다니. 행복해질 수 있는 길은 죽음뿐이라고 절망했을 아이를 생각하면 가슴이 미어진다.

집안일의 고단함을 토로하는 아내에게 "나는 뭐 밖에서 노는 줄 알아?"라는 말로 대항하는 남편처럼, 부모는 아이들에게 말한다.

"다 너 잘 되라고 엄마 아빠가 이렇게 허리띠 졸라매는 거야."

아이들은 부모에게조차 학업스트레스를 하소연하기 힘들다. 역으로 부모가 아이에게 이해를 바라기 때문이다. 부모는 삶의 경험으로 학벌이 곧 경쟁력이라고 굳게 믿는다. 엄청난 유산을 상속받지 않은 이상, 학벌만이 출세의 길이라 여기는 것이다. 그렇게 믿는 어른들로부터 문제가 시작된 것은 아니다. 물질을 중시하고 학벌을 중시하는 사회 풍토가 어른들을 그렇게 이끈 것이다. 그러나 그 풍토를 유지해 주는 존재는 바로 어른들이다. 그렇기 때문에 그러한 풍토를 끊을 수 있는 힘도 어른들에게 있다고 믿는다. 한국 사회에서 행복하게 살기 위해 참고 열심히 공부하는 것이 아니라, 행복한 나라를 아이들에게 선물해야 한다. 행복 속에서 더 행복하기 위해 그 행복을 유지하기 위해 배움을 택하게 해야 한다. 학벌과 스펙으로 사람이 평가되는 사회적 모순을 해결하지 않는 한, 많은 부모들이 여전히 아이들에게 현재를 희생할 것을 강요할 것이다. 그러나 그런 흐름을 끊어내기 위해 부모 개인이 실천할 수 있는 일은 분명히 있다. 그중 하나가 행복을 배워 아이들에게 가르치는 일이라 믿는다. 행복한 사람이 많아지고 행복한 사람이 세상을 이끌면 세상은 행복으로 더 크게 발전할 것이다. 누군가는 이 말이 허무맹랑하고 지나치게 낭만적인 이야기라 말할지 모른다. 그러나 내 오랜 경험으로 장담하건데 행복의 능력은 무한하다.

미래의 행복을 위해 어린 시절을 경쟁에 매달렸던 아이들이 어른이 되었다. 좋은 대학을 나왔고 내로라하는 대기업에 취직했다. 자, 이제 행복을 물을 수 있겠다. 이제 당신은 드디어 행복합니까?

그들은 아직은 아니라고 대답한다. 승진한다면, 돈을 더 많이 모은다면, 좀 더 예뻐진다면 행복해질 거라고 대답한다. 행복에도 관성이 있어서, 미래의 행복만을 그리워하며 자란 아이들은 어른이 되어서도 잡히지 않는 미래의 행복만을 그리워하며 살아가게 된다. 현재는 늘 약간씩 불행하다 느끼면서 말이다. 학벌이나 스펙처럼 물질적인 것을 좇아 살아온 아이들은 그것을 손에 쥐고도 사회적 지위나 명예, 외모, 부, 권력 같은 물질적인 것을 좇으며 자신의 행복이 그곳에 있다고 믿어 버린다.

행복의 조건이 이런 것들이라면 그 조건을 갖춘 사람들은 100% 행복해야 한다. 하지만 삼성경제연구소가 연구한 바에 따르면, 그 믿음이 실제와는 차이가 있다는 것을 알 수 있다. 삼성경제연구소가 직장인 849명을 대상으로 행복지수를 조사한 결과, 직장인의 행복지수는 55점인 것으로 나타났다. 불행한 것도 아니지만 행복하지도 않은 점수다. 한국긍정심리연구소의 조사 결과도 이와 비슷하다. 직업별로 행복지수를 조사한 결과 전체 평균 행복지수가 70.3인데 비해 직장인의 행복지수는 67.1로 평균치에 못 미쳤다. 탄탄한 직장이 행복의 조건이라면 안정적이고 수입도 많은 직장인들의 행복지수는 당연히 높아야 한다. 그럼에도 행복지수가 평균 이하라는 것은 돈과 직장이 행복의 절대 조건은 아니라는 것을 보여 준다.

미국 노스웨스턴 대학교의 심리학자 브릭만의 연구도 돈이 행복의 조건이될 수 없음을 확인시켜 준다. 브릭만은 거액의 복권 당첨자 두 명을 대상으로행복지수를 추적 조사했다. 두 사람 모두 당첨 초기에 행복지수가 급격하게상승했다. 그들은 고급 자동차를 샀고 넓은 집으로 이사했다. 하루아침에 많은 돈을 갖게 된 사람들이 일반적으로 누리는 대부분의 것들을 누리느라 그들의 만족감은 마를 날이 없었다. 하지만 1년도 채 되지 않아 그들의 행복지수는 복권 당첨 이전의 수준으로 돌아갔다.

물론 돈이 행복과 전혀 상관없다 말할 수는 없다. 위 연구 사례에서처럼어느 정도까지는 행복에 영향을 미친다. 매일 끼니 걱정을 해야 하는 상황이라면 행복하기 쉽지 않으니 말이다. 하지만 기본적인 생활을 영위하는 데 큰불편이 없는 환경이라면 상황은 다르다. 돈은 행복의 전제이거나 행복을 유지하는 수단이 되지 못한다. 만약 돈이 행복의 전제라면, 돈을 사용하지 않는 원

주민들은 행복할 수 없다는 억지가 탄생된다. 자본주의 사회에 사는 이상 돈은 행복의 전제라고 생각할 수 있다. 그러나 돈이 있다고 해서 모두가 행복한 것은 아니라는 점에서 돈은 완전한 행복의 전제가 되지 못한다.

브릭만의 연구 결과에 의하면 1인당 국민총생산이 8천 달러를 넘어가면 생활 만족도와 경제적 부富는 관계가 없다고 한다. 우리나라 1인당 국민 총생산은 23,837달러로 상당히 높은 수준임에도 불구하고 OECD 국가 중 자살률 1위, 청소년 자살률 1위, 이혼율 1위, 직장인 스트레스 1위를 기록하고 있다.

우리가 기대하는 것과는 달리 돈, 직장 등의 조건은 행복과 크게 상관이 없어 보인다. 그러나 직업은 행복에 영향을 미친다. 자신이 좋아하는 일을 직업으로 삼았을 경우 행복지수는 높아진다. 소위 남들이 말하는 연봉 높고 안정적인 직장에서 일한다 하더라도, 내가 좋아하는 일이 아니고 그 일을 좋아하게 될 가능성도 희박하다면 행복지수는 낮아질 수밖에 없다.

거듭 강조하지만 아이들이 행복하기 위해서는 부모가 먼저 행복해야 한다. 지금 행복하지 않다면 매사에 작은 일부터 행복을 배워 나가야 한다. 획일적인 목표로 아이의 꿈과 행복을 재단해선 안 된다. 좋아하는 일 안에서 자신의 가능성을 무한히 펼칠 수 있도록 아이를 이끌어 주어야 할 것이다. 아이의 독립을 준비해 주는 것이 부모의 역할인 것처럼, 아이가 진정으로 행복한 삶을 살 수 있도록 이끄는 것도 부모의 역할인 것이다. 아이의 꿈과 미래는 행복 속에 있다. 미래의 행복이라는 말로 현재의 행복을 옭아매고 있지는 않는가. 행복을 항상 가슴에 안고 사는 아이는 엇나가거나 사회의 낙오자로 살지 않는다는 것을 명심하자.

행복한 아이가 사회에서도 성공한다

행복한 사람은 신체적으로, 정신적으로 항상 건강하다. 면역체계가 튼튼해 천식이나 암, 감기 등 건강을 위협하는 각종 질병에 걸릴 위험도 적다. 우울증에 걸리거나 약물을 남용할 우려도 적으므로 그만큼 성공할 가능성이 높다.

많은 부모가 아이들에게 '공부 열심히 해라.', '좋은 대학 가야 한다.', '사회에서 성공해야 한다.'는 말을 밥 먹듯이 한다. 이 모든 것이 아이의 행복을 위한 것임에도 정작 '행복한 사람이 되라'고 말하는 부모는 극히 드물다. 왜 그럴까? 행복과 공부를 별개로 여기기 때문이다. 많은 부모들이 성공하면 행복할 수 있어도 행복이 곧 성공은 아니라고 믿기 때문이다.

공부가 재미있어 자발적으로 열심히 공부하는 아이는 많지 않다. 또한 공부에 흥미를 느끼는 아이들도 놀고 싶을 때 놀지 못하고 밤낮 없이 공부만 하라고 하면 싫어한다. 부모들이 볼 때 아이들은 공부할 때보다 친구들과 신나게 놀거나 재미있는 게임을 할 때 행복해하는 것 같다. 그러니 차마 '행복하게 살아라.'라는 얘기를 하지 못한다. 행복하게 살라고 하면 가뜩이나 하기 싫은 공부를 뒤로 하고 놀기만 할 것 같아서이다. 극심한 학업 스트레스로 우울해하는 아이들에게 지식과 기술보다 행복을 가르친다면 지금보다 아이들이 훨씬 더 행복해질 것은 분명하다. 또한 부모들의 우려와는 달리 행복교육을 받은 아이들이 공부도 더 잘하는 것으로 나타났다.

캐런 레이비치Karen Reivich와 제인 길햄Jane Gillham 연구팀은 미 교육부의 지원을 받아 필라델피아 외곽에 있는 스트래스 헤이븐 고등학교에서 긍정심리학의 행복교육을 실시했다. 14세에서 15세인 9학년 학생 347명을 선정해 언어학 수업 두 집단에 무작위로 배정했다. 한 집단에는 긍정심리학 교육 과정을 포함시켰고, 다른 집단에는 포함시키지 않았다.

긍정심리학 교육 프로그램에 참여한 학생, 학부모, 교사들은 총 세 번에 걸쳐 표준 설문지를 작성했다. 프로그램을 시행하기 직전과 직후에 설문지를 작성했고 나머지 한 번은 2년 후에 작성하도록 했다. 설문지는 학생들의 강점, 사회적 기술, 행동 문제, 학교생활을 즐기는 정도를 묻는 내용이었다. 설문 결과는 흥미로웠다. 긍정심리학의 행복교육이 아이들의 호기심, 학구열, 창의성을 향상시키는 것으로 나타났기 때문이다. 더불어 학생들의 몰입과 즐거움도 증가시킨 것으로 나타났다. 아이들에 대한 보고서는 해당 아이가 어떤 집단에 배정되었는지를 전혀 알지 못하는 교사들이 작성했기 때문에 더 신뢰할 만한 결과였다.

호기심, 학구열, 창의성, 몰입, 즐거움은 공부를 즐겁게 하는 데 도움이 되는 요소들이다. 실제로 긍정심리학 프로그램에 참여한 학생들은 11학년 내내 일반 언어학 점수와 작문 기술이 향상되었다. 행복교육은 아이들을 행복하게 할 수 있다는 것과 행복이 학업 성취도를 높일 수 있다는 것, 이 두 가지가 증명된 셈이었다.

중학교 1학년 세원이는 학습 속도가 더딘 아이였다. 그렇다고 학습 부진아는 아니었다. 천천히 반복해서 설명하면 잘 이해했고, 한 번 이해한 것은 오래 기억하는 편이었다. 하지만 세원이에게 학교 수업은 언제나 속도가 빨랐다. 미처 이해하지도 못했는데 다음 내용으로 넘어가니, 수업을 쫓아가기 힘들었고 점점 흥미도 떨어졌다. 성적도 당연히 좋지 않았다. 공부를 잘하고 싶은데 마음처럼 되지 않아 세원이는 답답하고 속상했다.

세원이 엄마는 그런 세원이가 안타까웠다. 이해력이 떨어져 노력해도 공부를 잘할 수 없다면 계속 공부하느라 불행한 것보다 공부에 연연해하지 않고 행복하게 살기를 바랐다. 그래서 긍정심리학의 행복 도구를 이용해 아이의 강점을 찾고, 긍정정서와 회복력을 키워 주었다. 스트레스에 잘 대처할 수 있도록 세원이를 도왔다. 세원이의 강점은 끈기와 호기심이었다. 이해력은 조금 떨어져도 끈기와 호기심이라는 강점을 잘 활용하면 학업 부진을 극복할 수 있으리라 엄마는 믿었다.

"세원아. 남들보다 조금 늦어도 괜찮아. 우리 세원이는 호기심도 많고 무엇보다 끈기가 있잖아. 토끼와 거북이 이야기 알지? 토끼가 거북이보다 훨씬 빠르지만 결국 끈기 있는 거북이가 이기게 되잖아. 그러니까 늦어도 조바심 내지 말고 찬찬히 가자. 알았지?"

엄마는 세원이를 격려함과 동시에 다른 한편으로는 더딘 학업 속도를 보완할 수 있는 방법을 궁리했다. 남들보다 예습과 복습을 더 철저히 하는 것이 그 방법이었다. 끈기가 강점인 아이였기 때문에 예습과 복습을 지루해하지 않고 잘할 수 있을 것이라 판단했다. 엄마의 예상은 적중했다. 철저한 예습과 복습으로 세원이는 수업을 척척 소화했다. 한 번 이해한 것은 잘 잊지 않았고, 예습과 복습을 여러 번 반복하니 날이 갈수록 지식이 풍부해졌다. 이런 과정을 거치며 중하위권이었던 성적이 상위권에 들게 되었다. 무엇보다 더 이상 공부 때문에 스트레스 받지 않았고 예전과 달리 수업 시간을 재미있어 했다. 세원이는 그 어느 때보다 행복해했다.

공부는 마라톤과도 같다. 단거리 경주처럼 전력 질주로 끝나는 경기가 아니다. 오랜 시간 끈기를 갖고 성실히게 해야 잘할 수 있다. 때문에 행복한 마음을 유지하지 않으면 그 긴 과정을 견뎌 내기가 힘들다.

행복한 사람이 성공한다는 것을 증명한 사람은 긍정심리학의 대표 학자인 소냐 류보머스키와 에드 디너, 로라 킹 등이다. 이들은 수많은 데이터를 조직적으로 검토한 결과, 행복한 사람은 매사에 활력이 넘치고, 생산적이고, 협력적이며, 정신적으로 강한 면역 체계를 구축하여 스트레스도 덜 받는 것으로 밝혀졌다. 또한 행복한 사람은 이혼율도 낮으며 직업부터 인간관계에 이르기까지 다양한 분야에서 성공을 거둘 수 있고, 조금이라도 더 행복하게 살면 삶의 각 부분에서 목표를 달성하는 데 긍정적인 영향을 미친다는 결론을 내렸다.

행복한 사람은 또한 사회적으로 관계를 잘 풀어낸다. 혼자 일하는 경우는 극히 드물기 때문이다. 대부분 조직 내에서 동료, 선후배들과 함께 일하기 때문에 이들과의 관계 설정은 참 중요하다. 관계가 원만해야 일의 효율도 높일 수 있고, 모든 일이 팀 단위로 진행되기 때문에 소통이 원활하지 않으면 일을 잘하고 싶어도 잘할 수가 없다. 행복한 사람들이 사회적 지능도 높은 이유는 사람들과의 관계를 잘 풀어내는 방법을 알고, 진심으로 깊이 있는 관계를 만들 줄 알기 때문이다. 직장 동료와의 관계는 물론 상사나 고객과의 관계도 잘 풀고 갈등이 생겨도 금방 원만하게 해결하는 능력이 있기 때문에 행복한 사람이 사회적으로 일도 잘하고 그만큼 성공할 확률이 높아진다.

성공으로 가는 길목에는 수많은 역경이 도사리고 있다. 직선으로 뻥 뚫린 8차선 고속도로를 고급 승용차로 달려 목적지에 단숨에 도착하는 성공 사례는 지구 어디에서도 찾아볼 수 없다. 대부분 가파르고 구불구불한 도로를 힘겹게 달려야 성공이라는 목표점에 도착할 수 있다. 수시로 나타나는 험한 길을 만나다 보면 저절로 포기하고 싶은 생각이 들기도 하는데, 행복한 사람은 어떤 어려움 속에서도 용기를 잃지 않는다. 설령 도중에 큰 어려움을 만나 상처를 입더라도 이를 극복하고 별일 아닌 듯 앞으로 나아간다.

성공하는 데 있어 건강도 빼놓을 수 없다. 아무리 역량이 뛰어나고, 의지가 강해도 건강하지 않으면 아무 소용이 없다. 행복한 사람은 신체적으로, 정신적으로 항상 건강하다. 면역체계가 튼튼해 천식이나 암, 감기 등 건강을 위협하는 각종 질병에 걸릴 위험도 적다. 우울증에 걸리거나 약물을 남용할 우려도 적으므로 그만큼 성공할 가능성이 높다. 이쯤 되면 왜 우리 아이들에게 '성공해라.'라는 말 대신 '행복한 사람이 되라.'는 말을 해야 하는지 분명해진다. 행복하지 않아도 성공할 수 있지만, 성공한다고 해서 행복해지는 것은 아니다. 실제로 사회적으로 크게 성공했는데도 정작 본인은 전혀 행복하지 않아 허탈해하는 사람들도 꽤 있다. 많은 사람이 성공에 목매는 이유는 행복해지고 싶어서일 것이다. 그런데 성공했는데도 행복하지 않다면 그 성공이 의미 있는 성공일까? 우리 아이들이 행복과 성공, 두 마리 토끼를 모두 잡기 원한다면 더더욱 아이가 행복할 수 있도록 부모가 도와주어야 한다.

내 아이의
행복지수 테스트

아이의 현재 상태를 정확하게 알아야 부모가 긍정심리학 도구를 활용해 아이의 행복감을 높여 줄 수 있다. 총 6단계 검사를 통해 아이의 행복지수를 체크해 보자.

아이가 스스로 행복을 만들 수 있도록 도우려면 우선 아이의 현재 상태를 알아야 한다. 아이가 어떤 정서를 주로 느끼면서 사는지, 아이에게 어떤 강점이 있는지, 부모를 비롯한 주변 사람들과의 관계가 어떠한지를 알아야 아이를 도울 수 있다.

다음은 아이의 행복지수를 측정하는 데 도움이 되는 검사지이다. 크게 아이의 성격강점, 아이의 정서, 긍정적 의사소통, 아이의 강점 찾기, 회복력, 자존감 등 여섯 가지 영역으로 구분해 행복지수를 측정하는데, 다른 영역보다 점수가 낮게 나온 영역이 있다면 그 영역에 대한 도움을 주는 것이 좋다.

점수는 1부터 5까지이다. 항목별로 해당하는 점수에 체크하고 합산하면 아이의 행복지수를 알 수 있다.

그렇지 않다	거의 그렇지 않다	가끔 그렇다	자주 그렇다	항상 그렇다
1	2	3	4	5

아이의 성격 중 강점은 무엇인가?

❶ 오랜 시간 동안 바쁘게 놀거나 활동한다.　　　　　1　2　3　4　5

❷ 자신이 선택한 활동에 푹 빠져드는 편이다.　　　　1　2　3　4　5

❸ 무슨 놀이를 할지 스스로 선택하는 걸 좋아한다.　　1　2　3　4　5

❹ 놀이를 할 때 에너지와 열의가 높아진다.　　　　　1　2　3　4　5

❺ 하고 있는 것에 대해 지루해하거나 자신 없어 하는 경우가 거의 없다.　1　2　3　4　5

❻ 어른에게 도움을 요청하기보다 독립적이다.　　　　1　2　3　4　5

❼ 새로운 경험과 활동을 순순히 받아들이고 어떤 일을 할 때 새로운 방식을 찾아내는 걸 좋아한다.　1　2　3　4　5

❽ 주어진 일이 적절하고 목적이 있을 때 스스로 동기를 부여한다.　1　2　3　4　5

❾ 특정한 활동에서 자신의 목표를 설정해 진전 정도를 평가한다.　1　2　3　4　5

❿ 특정한 관심 분야에 대해 다른 사람들에게 이야기하고 싶어 한다.　1　2　3　4　5

1	2	3	4	5

　'개인 강점' 영역은 '강점 알기' 영역과 더불어 행복을 만드는 데 중요한 도구인 '성격강점'과 관련된 검사 항목이다. 점수가 높을수록 아이가 갖고 있는 강점을 잘 활용해 행복을 쉽게 만들 수 있다.

❶ 극도로 흥분했을 때 어른에게 도움과 위로를 받고 싶어 한다.　　❶ ❷ ❸ ❹ ❺

❷ 어른이 달래 주면 5분에서 10분 안에 진정한다.　　❶ ❷ ❸ ❹ ❺

❸ 조금 흥분했을 때는 자기 방법에 따라 스스로 마음을 진정시킬 수 있다.　　❶ ❷ ❸ ❹ ❺

❹ 일주일 이상 화를 내거나, 감정이 폭발하는 일이 없다.　　❶ ❷ ❸ ❹ ❺

❺ 부정적이라기보다 긍정적 기분으로 지내는 날이 더 많다.　　❶ ❷ ❸ ❹ ❺

❻ 다른 사람의 긍정정서에 잘 반응한다.　　❶ ❷ ❸ ❹ ❺

❼ 다른 사람과 함께 활동하는 일을 하면 기분이 좋아진다.　　❶ ❷ ❸ ❹ ❺

❽ 새로운 환경에서도 자신감을 보이고 거의 불안해하지 않는다.　　❶ ❷ ❸ ❹ ❺

❾ 늘 활발하고 세상에 대해 관심을 보인다.　　❶ ❷ ❸ ❹ ❺

❿ 스트레스 받는 상황을 스스로 잘 컨트롤한다.　　❶ ❷ ❸ ❹ ❺

긍정정서는 행복을 만드는 데 꼭 필요하다. '긍정정서'는 아이가 얼마나 정서적으로 안정돼 있는지, 얼마나 긍정적인 마인드를 갖고 있는지 알아보기 위한 영역이다.

❶ 뉴스와 아이디어 등 개인적인 생각을 적극 공유한다.　　1　2　3　4　5

❷ 이야기를 나눌 때 주의 깊게 듣는다.　　1　2　3　4　5

❸ 어른이 제안하거나 지시하면 잘 따른다.　　1　2　3　4　5

❹ 공격성을 드러내지 않고, 누군가와 의견을 나누고 협상할 수 있다.　　1　2　3　4　5

❺ 비언어적인 의사소통을 하지 않고 메시지를 분명하게 전달한다.　　1　2　3　4　5

❻ 친근하고 힘을 북돋워 주는 방식으로 다른 사람에게 반응한다.　　1　2　3　4　5

❼ 다른 사람과 잘 어울리고 우정을 나누고자 한다.　　1　2　3　4　5

❽ 친구와 놀거나 대화할 때 유머 감각이 있다.　　1　2　3　4　5

❾ 다른 사람의 감정을 잘 알아차린다.　　1　2　3　4　5

❿ 부탁 받지 않아도 기꺼이 도와준다.　　1　2　3　4　5

1	2	3	4	5

　행복은 관계이다. 행복한 사람들은 대부분 사람들과의 관계가 편안하다. 부모와의 관계, 친구들과의 관계, 직장 동료들과의 관계가 친밀하고 편안할 때, 그 관계 속에서 행복을 느낀다. 좋은 관계를 만들고 유지하기 위해서는 소통이 중요하다. 이 영역은 아이가 사람들과의 관계에서 얼마나 긍정적으로 의사소통할 수 있는지를 파악한다.

❶ 미래에 대해 낙관적이다.　　1　2　3　4　5

❷ 자신이 어떤 일을 해낼 수 있다고 믿고 그에 대한 계획도 갖고 있다.　　1　2　3　4　5

❸ 어려운 상황을 재구성해서 '밝은 측면'을 본다.　　1　2　3　4　5

❹ 인내심을 가지고 개인적인 목표를 달성하기 위해 노력한다.　　1　2　3　4　5

❺ 장기적인 목표를 위해 단기적인 방해 요소들을 무시할 수 있다.　　1　2　3　4　5

❻ 압박을 받으면 도움을 청하지만 문제 해결의 책임은 다른 사람에게 전가하지 않는다.　　1　2　3　4　5

❼ 조화를 이루기 위해 다른 사람들의 바람에 맞추고 타협한다.　　1　2　3　4　5

❽ 다른 사람에게 친절하고 관대하게 대한다.　　1　2　3　4　5

❾ 분쟁 해결에서 자발성과 관용을 보여 준다.　　1　2　3　4　5

❿ 다른 사람의 도움과 친절을 항상 고마워한다.　　1　2　3　4　5

　　회복력 역시 행복을 만드는 데 빼놓을 수 없는 중요한 도구이다. 다른 영역도 마찬가지지만 아이의 회복력은 부모와 밀접한 관련이 있다. 부모가 어떻게 아이를 양육하는지에 따라 아이의 회복력이 결정된다.

사람들은 종종 성공, 성취, 승리, 정복하는 그 자체를 좋아한다. 부와 명예, 출세만을 위해 노력하지 않는다는 것이다. 성취는 행복에 기여하기 때문에 긍정심리학의 핵심 요소로 선택된 것이다.

❶ 나는 정말 행복하다. ① ② ③ ④ ⑤

❷ 나로 사는 것이 너무 힘들다고 생각하지 않는다. ① ② ③ ④ ⑤

❸ 난 내가 자랑스럽게 느껴진다. ① ② ③ ④ ⑤

❹ 나는 재능과 학습 능력이 뛰어나다고 생각한다. ① ② ③ ④ ⑤

❺ 나는 내가 다른 사람이었으면 좋겠다고 생각을 하지 않는다. ① ② ③ ④ ⑤

❻ 나는 가족들이나 친구들과 좋은 관계를 맺고 있다. ① ② ③ ④ ⑤

❼ 나는 건강한 육체를 갖고 있으며 외모에도 자신이 있다. ① ② ③ ④ ⑤

❽ 나는 나를 사랑한다. ① ② ③ ④ ⑤

❾ 나는 문제를 피하기보다 적극적으로 도전한다. ① ② ③ ④ ⑤

❿ 나는 내가 소중한 사람이라고 생각한다. ① ② ③ ④ ⑤

점수합계

1	2	3	4	5

자존감은 자신에 대한 사랑과 존중, 믿음과 희망이다. 자신을 사랑하고 존중할 줄 아는 아이는 행복해질 수 있다.

만 1세~만 3세 영유아의 경우 위의 행복지수 테스트를 적용하기 어렵다. 이 시기 아이들의 행복도는 글보다 그림으로 측정하는 것이 더 바람직하다. 아이들의 감정이 어떤지를, 아래의 얼굴 그림을 보고 그림을 가리키는 방식으로 아이들의 행복도를 측정할 수 있다.

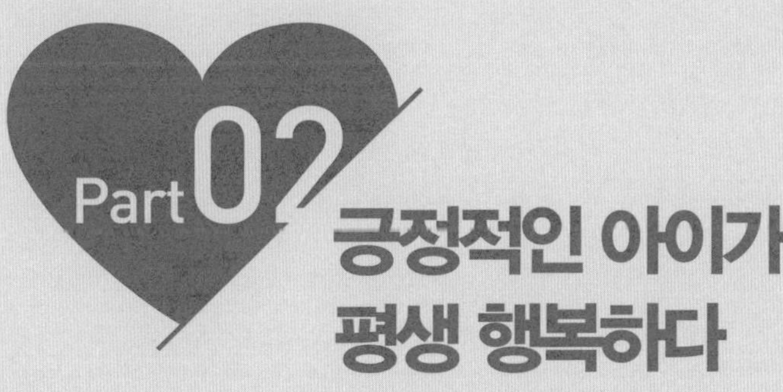

Part 02
긍정적인 아이가
평생 행복하다

아이의 정서가
아이의 인생을 바꾼다

부정정서가 없는 것 또한 행복을 유지하는 데 한계로 작용한다. 음식을 할 때 설탕만 넣을 때보다 소금을 살짝 넣었을 때 단맛이 더 강해진다. 긍정정서만 있을 때보다 부정정서가 적절히 조화를 이룰 때 행복도 극대화될 수 있다.

세환이는 매사에 긍정적인 아이다. 실수로 시험을 못 봐도 '괜찮아. 다음 번에 잘하면 돼.'라고 스스로 위안하며 오랫동안 속상해하지 않는다. 음식을 먹을 때도 '정말 맛있다. 난 엄마가 해 준 음식이 제일 맛있어.'라고 말하며 아주 맛있게 먹는다. 반면 경철이는 초등학생이라고는 믿기지 않을 정도로 걱정이 많다. 워낙 공부를 열심히 해 학업 성적이 뛰어난데도 시험만 보면 속상해한다. 95점을 받았는데도 100점을 받지 못했다며 의기소침해한다. 뭘 해도 자신감이 없다. 엄마가 '반장 선거에 나가보면 어떨까?' 권유해도 '누가 날 뽑아 주겠어요? 난 아이들한테 인기가 별로 없어요.'라며 해 보지도 않고 안 될 것이라는 생각부터 한다.

세환이와 경철이 둘 중 누가 더 행복할까?

두말할 것도 없이 세환이다. 세환이는 경철이에게 부족한 긍정정서를 많이 갖고 있다. 긍정정서는 행복을 만들기 위해 꼭 필요한 필수 도구 중의 하나이다. 두 아이의 예에서도 알 수 있듯 긍정정서를 갖춘다면 환경이나 상황 조건을 뛰어넘을 수 있다. 성적이 좋아도 긍정정서가 부족하면 경철이처럼 불행할 수 있고, 실수로 시험을 못 봐도 긍정정서가 강한 아이는 다음을 기약하며 행복해할 수 있다.

정서와 감정은 많은 부분이 서로 연결돼 있다. 대부분의 사람들이 정서와 감정을 동일시하는 것도 감정이 정서를 만드는 데 중요한 역할을 하기 때문이다. 하지만 정서와 감정은 비슷하면서도 중요한 차이가 있다. 잠시 잠깐 느끼는 행복이 아니라 시간이 지날수록 더욱 커지는 행복감을 키우려면 정서와 감정의 차이를 이해하는 것이 중요하다.

감정은 영어로 'feeling', 우리말로 번역하면 '마음이나 감각을 통한 느낌'이라 할 수 있다. 감정은 '기쁘다', '슬프다', '화가 난다', '우울하다'와 같이 순간적이고 일시적인 마음의 상태라고 이해하면 무리가 없다. 반면 정서는 영어로 'emotion'인데 정서, 감정 등으로 번역된다. 그런데 'emotion' 역시 feeling처럼 감정으로도 번역되다 보니 감정과 정서를 착각할 소지가 충분하다. 하지만 정서는 감정처럼 일시적인 마음의 상태가 아니라 시간과 환경이 바뀌어도 변하지 않는 마음의 상태를 말한다.

다음 예를 보면 정서와 감정을 좀 더 확실하게 이해할 수 있을 것이다.

아빠는 축구라면 사족을 못 쓰는 아들 정훈이를 데리고 모처럼 축구 경기장에 갔다. 그것도 선수들의 표정까지 볼 수 있는 자리를 예약해 함께 경기를 관람했다. 경기를 보는 내내 정훈이는 기쁨을 감추지 못했다. 자신이 응원하는 팀이 골을 넣을 때마다 뛸 듯이 기뻐했고, 있는 힘껏 소리를 지르며 응원하기도 했다. 경기가 끝나고 집에 돌아온 후에도 정훈이는 여전히 들떠 있었다. 엄마와 동생에게 들뜬 목소리로 경기장에서 있었던 일을 이야기하며 즐거워했다. 그날의 여운은 꽤 오래 갔다. 일주일이 지나고, 한 달이 지나도 정훈이는 틈만 나면 경기장에서 본 축구 경기를 그리워했다. 그때의 이야기를 하는 정훈이의 표정은 마치 또다시 축구장에라도 간 듯 황홀해 보이기까지 했다.

정훈이가 축구경기를 보면서 느꼈던 기쁨은 '감정'이라 할 수 있다. 만약 그 감정이 축구장을 나오는 것과 동시에 사라졌다면 단순히 감정으로 끝났을 것이다. 하지만 정훈이는 집에 돌아와서도, 며칠의 시간이 흘러도 축구장에서 느꼈던 감정을 떠올리며 좋아했다. 시간과 장소가 변해도 축구장에서의 기억과 느낌이 되살아나 여전히 즐거워하는 것이 바로 '정서'다.

정서는 감정 외에도 감각, 생각, 행동 등 네 가지 요소로 구성되어 있는데, 감정은 앞에서도 이야기했듯이 기쁨, 쾌락, 만족, 혐오감, 분노, 불안 등의 마음의 상태를 말한다. 감각은 시각, 청각, 후각, 미각, 촉각 등을 의미하는데, 감

각은 감정과도 연결된다. 음식 썩는 냄새를 맡으면 불쾌해지고, 상쾌한 향을 맡으면 기분이 좋아지고, 사랑하는 사람과 스킨십을 할 때 마음이 안정되고 편안해지는 이유가 여기에 있다.

무엇보다 정서는 감정과 감각에 국한되지 않고 생각과 행동에 큰 영향을 미친다. 어떤 정서를 많이 갖고 있느냐에 따라 생각이 달라지고, 행동도 변한다. 그만큼 정서는 삶을 바꿀 수 있는 힘을 갖고 있다. 정서는 다시 두 가지로 나눌 수 있다. 긍정정서와 부정정서가 바로 그것인데, 긍정정서는 주로 기쁨, 쾌락, 만족, 자부심, 희망, 감사, 사랑과 같은 감정이 주를 이루고, 부정정서는 공포, 불안, 분노, 증오심, 혐오감, 긴장, 압박 같은 감정들로 이루어진다. 얼핏 긍정정서의 감정이 행복과 직결되고, 부정정서의 감정들은 행복을 방해하기만 할 것처럼 보이지만, 이 두 가지 정서가 고른 조화를 이루어야만 아이가 행복하게 자랄 수 있다.

한 가지 사례를 들어보자.

아영이 엄마는 아영이의 행복을 위해서라면 목숨까지도 기꺼이 내놓을 수 있을 정도로 아이를 사랑했다. 어찌나 아이를 사랑하는지 아영이가 잠시라도 우울해하거나 속상해하는 모습을 견디지 못했다. 아영이가 좋은 것만 보고 좋은 생각과 감정만 느낄 수 있도록 늘 세심하게 관찰하고 배려했다. 아이에게 부정정서가 끼어들 여지조차 없어 보였다. 하지만 엄마의 기대와 달리 아영이의 긍정정서는 그리 강해지지 않았다. 아영이는 나쁜 일이 생길 때 다른 아이에 비해 대처가 늦었다. 늘 좋은 것만 보아 왔기 때문에 나쁜 일에 대한 면역

력이 부족했던 것이다. 아영이의 긍정정서는 오히려 시간이 지날수록 약해졌
고, 그에 비례해 행복감도 낮아졌다.

아영이의 사례에서도 알 수 있듯이 부정정서가 꼭 나쁜 것만은 아니다. 위
험한 상황에서의 부정정서는 방어선 역할을 한다. 나쁜 사람이 아이를 위협하
거나 해를 끼치려고 할 때 아이가 불안감, 두려움, 무서움을 느끼지 못한다면
도망가거나 다른 사람에게 도움을 요청하지 못하고 그대로 위험에 노출될 수
밖에 없다.

이처럼 부정정서도 아이가 경험해야 할 정서의 일부다. 부정정서를 무조
건 배척할 것이 아니라 적절히 경험하여 위기에 대처하는 방법을 터득해야
행복을 키워 나가는 데 도움이 된다. 다만 비중의 문제다. 가정에서는 긍정정
서와 부정정서의 비율이 5대 1 정도 되도록 조절하는 것이 중요하다.

여기서 주의할 점은 긍정정서와 부정정서가 서로 독립적이라는 것이다.
부정정서를 없앤다고 긍정정서가 저절로 생겨나지 않는다. 서로 뿌리가 다르
다. 긍정정서를 키우려면 비관성을 줄이고 긍정적인 경험을 해야 한다. 하지
만 서로 독립적이라 할지라도 영향을 주고받을 수는 있다. 압박과 긴장 같은
부정정서가 유발되었을 때 긍정정서를 개입시킨다면 부정정서를 상쇄시킬
수도 있는 것이다.

긍정적인 아이가
창의력도 좋다

기분이 좋으면 창의력, 수용력, 기억력이 높아지며 사고의 폭도 넓어진다. 스트레스와 우울감이 줄어들고 기쁨과 만족을 키워 주는 심리적 자원이 많아진다.

우리나라만큼 아이들에게 공부를 많이 하게 하는 나라도 드물다. 초등학교 때부터 공부하는 데 많은 시간을 할애한 결과 확실히 아이들의 지식은 풍부해졌다. 그러나 문제는 공부를 주입식으로 한다는 데 있다. 원리를 이해하고 다양한 사고를 통해 생각을 발전시키는 것이 아니라 무조건 지식을 머릿속에 꽉꽉 눌러 담는 방식으로 공부한다. 그러다 보니 지식은 풍부해졌으되 사고력이나 창의력은 성장하지 못한 경우가 대부분이다. 지식을 달달 외워 객관식 문제를 푸는 데는 능하지만 사고를 요하는 문제를 만나면 어쩔 줄 몰라 당황하는 아이를 보며 부모도 함께 당황한다. 그래서 부모는 아이의 부족한 창의력과 사고력을 따로 키워 주기 위해 다시 돈과 시간을 투자해야 하는 이중고를 겪는다. 많은 부모들이 창의력과 사고력도 지식처럼 학원에서 주입될 수 있다고 믿는다.

미래의 주인이 되는 사람은 주어진 범위 안에서 문제를 잘 푸는 사람이 아니라 새로운 영역을 확장하고 새로운 문제를 찾아내는 사람이다. 행복하고 당당한 모습으로 자기 삶의 주인이 되길 원한다면 창의성이 중요하다.

그렇다면 어떻게 창의성을 키울 수 있을까?

창의성을 키우는 방법은 많지만 긍정심리학의 행복 도구인 '긍정정서'를 빼놓을 수 없다. 긍정정서가 강한 아이들은 대부분 창의성이 뛰어나다. 이를 입증하는 연구가 많은데, 그중 대표적인 것이 바버라 프레드릭슨 교수의 〈긍정정서의 확장 및 구축이론〉이다. 긍정 경험을 하면 일시적으로 사고와 행동 목록이 확장되고 지속적으로 개인의 자원이 구축된다는 것이다.

기분이 좋으면 창의력, 수용력, 기억력이 높아지며 사고의 폭도 넓어진다. 스트레스와 우울감이 줄어들고 기쁨과 만족을 키워 주는 심리적 자원이 많아진다. 이렇게 긍정정서가 확장되면 마음이 열리고 생각이 열리며 행복한 변화가 일어나고, 이 변화는 상향적 선순환을 일으키며 나선형 상승효과로 나타나 주변 전체로 확산되는 것이다.

반면 스트레스를 받아 잔뜩 화가 난 상태에서는 아이들의 사고가 위축된다. 예를 들어 친구와 싸우고 집에 들어와 울고 있는 아이에게 왜 우냐고 물으면, 십중팔구 친구가 자신을 화나게 했다며 억울해한다. 손바닥도 마주쳐야 소리가 나듯이 한 아이의 일방적인 잘못에 의해 싸움이 일어나는 경우는 드물다. 부정정서가 아이를 지배하고 있을 때는 자신에게도 잘못이 있을 수 있다는 생각을 하지 못한다. 모든 잘못은 친구에게 있고 친구만 나쁘다고 생각한다. 싸움의 상황을 목격한 누군가가 객관적으로 두 아이 모두에게 잘못이 있음을 이야기한다 해도, 요지부동 자신에게는 잘못이 없다고 믿는다. 시간이 지나 화가 가라앉고, 마음이 안정된 후에는 사고가 훨씬 유연해진다. 부모가 싸움이 발생하게 된 상황을 예측해 객관적인 입장에서 이야기하면 순순히 받아들이고, 자신에게도 잘못이 있었음을 인정한다.

사고가 위축된 상태에서는 결코 창의적인 생각을 할 수 없다. 바버라 프레드릭슨 교수는 연구 대상을 세 집단으로 나눠 각각 긍정정서, 중립정서, 부정정서를 유발하는 동영상을 보여 주고 창의성을 요구하는 문제를 풀어 보게 했다. 그 결과 긍정정서를 경험한 집단이 가장 창의력 문제를 잘 푼 것으로 나타났다.

칼 던커 Karl duncker의 실험 결과도 이와 비슷하다. 그는 압정 한 통, 성냥 한 갑, 양초 한 자루를 이용해 촛농이 바닥에 떨어지지 않게끔 초를 벽에 붙이는 실험을 제시했다. 창의력을 요하는 실험이었다. 두 집단으로 나눈 뒤 실험에 들어가기 전, 한 집단에는 사탕을 먹거나 재미있는 만화책을 읽거나 감정을 실어 긍정적인 단어들을 큰 소리로 읽게 했다. 잠깐이라도 긍정정서를 경험하도록 하려는 목적이었다. 반면 다른 집단은 그 과정 없이 바로 실험을 시작하게 했다.

그 결과, 실험 전 긍정정서를 배양하고 확장시킨 집단이 과제를 성공적으로 수행했다. 그들은 먼저 통에 들어 있는 압정이나 성냥을 모두 쏟아내고 그 통을 벽에 압정으로 고정시킨 다음, 촛대를 세우고 불을 붙여 촛농이 바닥에 떨어지지 않고 통 안에 떨어지도록 했다.

코넬 대학교 심리학 교수인 앨리스 아이센의 연구도 긍정정서가 창의성을 키우는 데 영향을 미친다는 것을 증명했다. 그는 한 팀에게는 재미있는 텔레비전 쇼를 시청하도록 했고, 다른 팀은 별 재미없는 밋밋한 TV 프로그램을 보여 주었다. 그런 뒤, 두 팀 모두에게 창의력을 요구하는 어려운 문제를 풀게 했다. 실험 결과 재미있는 쇼를 시청하고 기분 좋은 상태에서 문제를 푼 학생들이 그렇지 않은 학생들보다 정답을 맞힌 확률이 3배나 높았다.

이 실험을 바탕으로 서울의 모 유치원에서 실시한 실험 또한 흥미롭다. 한 그룹의 아이들에겐 재미있는 만화영화 〈말썽꾸러기〉를 보여 주었다. 비디오가 시작되자마자 아이들은 웃음을 참다못해 뒤로 쓰러지고 흥겨워서 춤까지 따라 추었다.

또 다른 그룹의 아이들에겐 만화영화 〈엄마 찾아 삼만리〉라는 슬픈 비디오를 보여 주었다. 주인공이 엄마와 헤어졌다가 병든 엄마와 재회하는 장면이 나오자 아이들의 분위기는 심각해졌다. 얼마나 슬펐는지 아이들은 눈물을 흘리며 비디오를 보았다.

비디오를 시청이 끝나고, 두 그룹의 아이들에게 논리 수학 능력을 측정하는 도구로 10분 정도 간단한 게임을 하게 했다. 주사위에 플러스가 나오면 나온 숫자만큼 앞으로 가고 마이너스가 나오면 그 숫자만큼 뒤로 가는 게임이 었다.

교사들은 실수를 체크해 점수를 매겼다. 채점 결과, 즐거운 비디오를 본 아이들이 48점 만점에 평균 44점이 나왔고 슬픈 비디오를 본 아이들의 평균은 그보다 4점이 낮았다. 차이는 점수만이 아니었다. 게임을 진행한 교사는 즐거운 비디오를 본 아이들은 게임이 끝난 뒤에도 기분이 가라앉지 않고 좀 더 활기찬 행동을 보였으며 다른 활동을 더 하고 싶어 하는 의욕을 보였다고 했다. 반면 슬픈 비디오를 본 아이들은 게임이 재미없다고 말하거나 집중하지 못하고 산만한 행동을 보였다고 말했다.

이처럼 긍정정서는 사고를 확장해 창의적인 생각을 할 수 있도록 돕는다. 뿐만 아니라 행동에도 활력이 넘치게 한다. 반짝이는 아이디어가 넘치면 자연스럽게 아이디어를 구현할 방법을 찾기 때문에 활력 넘치고 역동적인 사람으로 변한다. 사고와 행동의 폭이 확장되는 만큼 인생이 행복해질 수 있음은 두 말할 것도 없다.

아이가 즐겨 쓰는 단어 속에 숨은 정서가 있다

감정 표현할 기회를 박탈당하며 자란 아이는 자기도 모르는 사이에 감정을 숨기게 된다. 화가 나거나 슬프고 우울해도 부모 앞에서는 혼이 날까봐 아닌 척 감정을 가장한다. 만약 부모가 평소에 아이들의 감정에 적극 공감하지 않았다면, 겉으로 나타나는 아이의 감정 이면에 숨어 있는 진짜 감정을 살펴봐야 한다.

아이가 자주 표현하는 감정을 잘 살펴보면 아이의 정서를 알 수 있다. 긍정정서와 부정정서를 구성하는 감정 요소들을 아래의 표로 정리했다. 감정 요소는 어떤 정서와 곧바로 연결되지만, 선뜻 연결되지 않는 것들도 있다. 긍정정서와 부정정서에 포함되는 감정의 범위는 넓다. 표를 참조하면 아이의 감정

긍정정서와 부정정서의 감정 요소

구분	감정 요소
긍정정서	만족, 안도감, 성취감, 자부심, 경이, 감사, 용서, 인내, 사랑, 친절, 기쁨, 쾌감, 흥미, 평온함, 열정, 재미, 영감, 몰입, 낙관성, 희망, 회복력, 자신감, 신념, 신뢰(24개)
부정정서	공포, 불안, 분노, 증오심, 압박감, 비난, 불만, 무기력, 질투, 탐욕, 이기심, 포기, 원망, 한, 적개심, 좌절, 근심, 고통, 혐오감, 낙담, 열등감, 비관성, 우울, 슬픔(24개)

을 살펴보는 데 도움이 될 것이다.

아이에게 어떤 감정 요소가 많은지 체크해 보았는가. 그러나 평소 감정을 표현하는 데 익숙지 않은 아이들은 정확도가 떨어질 수 있다. 생각보다 아이의 감정을 억누르는 부모들이 많다. 특히 긍정감정보다는 부정감정을 많이 제어한다. 예를 들어 사내아이는 씩씩하고 용감해야 한다는 사고방식에 사로잡혀 있는 부모라면 아이가 우는 꼴을 용납하지 못한다. 어쩌다 울면, 설령 정말 울만한 일로 울어도 '사내자식이 여자아이처럼 눈물이나 찔찔 짠다'며 꾸중한다. 감정 표현할 기회를 박탈당하며 자란 아이는 자기도 모르는 사이에 감정을 숨기게 된다. 화가 나거나 슬프고 우울해도 부모 앞에서는 혼이 날까봐 아닌 척 감정을 가장한다. 만약 부모가 평소에 아이들의 감정에 적극 공감하지 않았다면, 겉으로 나타나는 아이의 감정 이면에 숨어 있는 진짜 감정을 살펴봐야 한다. 아이가 형제나 친구들과 놀고 있을 때 조금 거리를 두고 객관적인 입장에서 바라보면 아이가 주로 어떤 감정을 드러내는지 살펴볼 수 있을 것이다.

아이의 감정을 살펴볼 때는 감정의 종류와 빈도, 감정을 표현하는 시간을 기록해 보면 더 좋다. 구체적으로 어떤 상황에서 어떤 감정을 드러냈고, 얼마나 오랫동안 그 감정에 사로잡혀 있었는지를 적어두면 좀 더 정확하게 내 아이의 정서를 알 수 있다.

평소에 자주 표현하는 감정을 살피는 것 외에도 아이의 정서를 파악해 볼 수 있는 좋은 방법이 있다. 긍정심리학자들이 사람들이 갖고 있는 정서를 알아볼 때 많이 사용하는 방법이다. 바버라 프레드릭슨은 각종 업무 회의에서 주고받

구분	감정 요소	감정	지속시간
5월 5일	동생과 장난감을 갖고 놀 때	질투, 불만	5분
	동생과 장난감을 갖고 놀 때	탐욕, 불만	15분
	동생과 장난감을 갖고 놀 때	재미, 몰입, 기쁨	30분

는 단어를 기록해 긍정과 부정의 3 : 1 황금비율을 알아냈다. 가정에서의 긍정과 부정의 황금비율을 밝혀낸 존 코트만 박사도 같은 방법을 사용했다.

글을 쓰거나 말을 할 때 자주 사용하는 단어는 정서와 직결된다. 긍정정서가 풍부한 아이들은 주로 긍정적 표현을 많이 쓴다. "오늘 학교에서 친구들이랑 축구를 했는데 정말 재미있었어요.", "수업시간에 선생님한테 칭찬을 받아 기분이 아주 좋아요.", "엄마, 아빠와 모처럼 밖에서 맛있는 피자를 먹으니 행복해요. 피자 정말 맛있어요."

반면 말끝마다 "짜증나.", "기분 나빠.", "별꼴이야."와 같이 부정적인 표현을 붙이는 아이들도 있다. 정말 기분이 좋지 않아 부정적인 표현을 하는 경우도 있지만 습관처럼 부정적인 표현을 입에 달고 사는 아이들도 많다.

'북한도 무서워한다는 중2' 아들을 둔 지인이 언젠가 기가 막힌다는 듯이 하소연을 했다. 중2 아이들이 말끝마다 '개'나 '에이씨'를 붙인다는 것이다. 질풍노도의 시기니 감정이 폭풍전야처럼 불안할 수 있다고 이해하려고 해도 정도가 너무 지나치다는 생각을 떨칠 수가 없다고 했다. '에이씨'보다 더 이해 불가능한 것이 '개'다. '개'는 주로 욕처럼 사용하는 단어의 첫 글자인데, 꼭 기분이 나쁘지 않아도 일단 '개'를 붙여 말한다. 예를 들어 '좋다'는 표현은 "개좋다.", '예쁘다'는 "개예뻐.", '맛있어'는 "개맛있다."와 같이 말이다. 제발 그러지 말라고 해도 소용없다고 했다.

부정적인 표현을 많이 하면 할수록 부정정서도 커진다. 표현은 생각에 의해 나타나며 생각이 정서를 좌우하기 때문이다. 긍정적인 생각이 긍정정서를 일으키는 것이다.

그래서 기분에 따라 표현이 달라지는 것이 아니라 어떤 표현을 하느냐에 따라 기분이 달라진다. 기분이 나빠도 "난 괜찮아. 이 정도는 아무렇지도 않아."라고 긍정적인 단어로 표현을 하면 기분이 안정된다. 반대로 기분이 그렇게 나쁘지 않아도 "에이씨.", "짜증나.", "우울해."와 같은 부정적인 표현을 자꾸 쓰면 정말 기분이 나빠진다.

이처럼 자주 사용하는 단어와 정서는 직접적으로 연결되기 때문에 아이가 어떤 단어를 즐겨 사용하는지를 살펴보면 아이의 정서를 알 수 있다. 바버라 프레드릭슨이 기업에서 정서를 파악할 때처럼 일정한 시간 동안 아이가 사용하는 단어를 기록한 다음 긍정 단어와 부정 단어의 비율을 살펴볼 것을 권한다.

아이의 정서는 0~3세 때 결정된다

애착관계는 아이의 정서뿐만 아니라 인간관계에 중대한 영향을 미치기 때문에 아이가 어렸을 때 안정적인 애착관계가 형성될 수 있도록 노력해야 한다. 특히 애착관계가 주로 형성되는 0~3세 사이에는 더욱 세심하게 아이를 살피고, 사랑하고, 많이 안아 주어야 한다.

아이의 정서는 부모에게 달려 있다고 해도 과언이 아니다. 특히 혼자서 생존할 수 없는 어린 아이는 부모가 어떻게 대하는냐에 따라 정서가 달라진다. 부모의 유전자를 물려받듯 기본적인 정서도 어느 정도 타고 난다. 긍정정서가 강한 부모 밑에서 태어난 아이는 부모처럼 긍정정서가 강할 수 있다는 얘기다. 하지만 긍정정서는 선천적인 유전자보다는 후천적인 환경에 의해 더 크게 좌우된다. 부모가 어떻게 아이를 대하고 양육하느냐에 따라 아이의 긍정정서는 더 크게 자랄 수도 있고, 반대로 부정정서가 강해질 수도 있다.

아이가 세상에 태어나서 처음으로 관계를 맺는 사람은 엄마다. 엄마와 나누는 정서적 유대감을 애착이라고 하는데, 애착은 엄마에게 충분한 사랑을 받을 때 잘 형성된다. 아기가 처음 만나는 세상은 낯설고 불안하다. 따뜻하고 편안한 엄마 뱃속과는 전혀 다르다. 이런 불안감은 엄마가 많이 안아 주고, 사랑을 듬뿍 주면 사라진다. 엄마와의 애착관계는 아이들이 경험하는 최초의 긍정 정서라 할 수 있다.

애착은 보통 0~3세 사이에 형성된다. 이때 형성된 애착관계는 아이의 정서에 평생 영향을 미친다. 엄마의 사랑 가득한 눈빛을 마주하며 젖을 먹는 아이는 긍정정서를 많이 갖게 된다.

반면 아이가 울어도 엄마가 잘 안아 주지 않고 젖을 먹일 때도 아이를 바닥에 누인 채 눈도 마주치지 않으면, 애착관계가 잘 형성되지 않는다. 아이의 부정정서가 강해질 수밖에 없다.

어렸을 때의 애착관계는 정서에만 영향을 미치는 것이 아니라 성인이 된 후 다른 사람들과 관계를 맺을 때도 많은 영향을 미친다. 안정적인 애착관계를 경험한 아이는 자라서 안전하고 원만한 관계를 맺을 수 있고, 불안정한 애착관계를 경험한 아이는 자라서도 인간관계를 잘 맺지 못하고 회피하거나 불안한 관계를 맺을 가능성이 높다.

이처럼 애착관계는 아이의 정서뿐만 아니라 인간관계에 중대한 영향을 미치기 때문에 아이가 어렸을 때 안정적인 애착관계가 형성될 수 있도록 노력해야 한다. 특히 애착관계가 주로 형성되는 0~3세 사이에는 더욱 세심하게 아이를 살피고, 사랑하고, 많이 안아 주어야 한다.

애착 연구의 선구자인 존 보울비와 메리 에인스워스에 의하면 애착의 패턴은 크게 안정애착, 불안애착, 회피애착 세 가지로 구분할 수 있다고 한다. 애착패턴에 따라 아이의 상태와 행동과 반응이 달라지는데, 당신의 아이는 어떤 패턴에 속하는지 자세히 살펴보자.

애정을 쏟으면 자연스럽게 형성되는 안정애착

다른 사람에게 아이를 맡기고 급하게 외출해야 할 때가 있다. 이때 아이가 어떤 반응을 보이는가. 만약 아이가 울고불고 떼를 쓰면서 따라가겠다고 고집을 피운다면 안정애착이 형성되었다고 볼 수 없다. 안정애착이 형성된 아이는 잠시 칭얼거리나 떼를 쓸 수는 있지만 곧 진정하고 다른 보호자와 잘 지낸다. 설령 다른 사람과 있는 것이 엄마와 있을 때만큼 편안하지 않고 조금 불안하더라도 엄마가 돌아오면 급속도로 안정된다.

안정애착은 엄마의 양육 태도와 밀접한 관련이 있다. 일관성 있게 아이를 대하고, 애정을 쏟으면 자연스럽게 형성된다. 안정애착이 형성된 아이는 자신을 지켜 주는 엄마라는 안전기지가 있기 때문에 세상 역시 안전한 장소로 생각하고 마음껏 뻗어 나간다는 것이다. 안정애착이 형성된 아이는 일반적으로 다음과 같은 특징을 보인다.

- 또래 아이들보다 더 건강하다.

- 호기심과 탐험심이 강하다.

- 새로운 일에 대한 자신감이 있고 힘든 상황에 직면하더라도 잘 대처한다.

- 독립적이고 끈질기게 문제를 해결하려고 하며 성취 지향적이다.

- 자존감이 높고 불쾌감을 잘 조절하며 스트레스를 효과적으로 이겨 낸다.

- 실패를 해서 좌절했을 때는 적극적으로 도움을 청하며 마음의 평화를 찾으려 애쓴다.

- 친구들과 잘 어울린다.

- 수업시간에 집중하고 규칙을 잘 지키기 때문에 교사들에게 예쁨을 받는다.

- 아이들에게 괴롭힘을 당하거나 남을 괴롭히는 경우가 적다.

- 학교에서 규율을 잘 따르며 충동적인 행동을 하는 경우가 적다.

부모의 변덕스런 양육태도가 불안애착을 만든다

외출할 때 아이가 울면서 매달리면 엄마의 마음은 무거울 수밖에 없다. 우는 아이를 억지로 떼어놓은 것이 마음에 걸려 엄마는 최대한 서둘러 집으로 돌아온다. 그런데 기뻐서 달려 나올 줄 알았던 아이가 엄마에게 안기려 하지 않고 본척만척한다면 불안애착일 가능성이 크다.

불안애착관계를 형성한 아이는 엄마가 곁에 있는지 늘 신경 쓴다. 잠시라도 엄마가 보이지 않으면 극도로 불안해하다가도 막상 엄마가 돌아와 달래면 밀쳐 내며 저항한다. 엄마가 아이를 양육할 때 일관성 없이 행동하거나 비판적일 때 혹은 거부적인 행동을 할 때 불안애착관계가 형성된다.

일관성 있게 양육하기란 생각보다 어렵다. 부모도 감정의 동물이기 때문에 감정에 따라 기분 좋을 때는 아이의 실수를 너그럽게 넘기고, 기분 나쁠 때는 별것 아닌 일에도 아이를 호되게 야단치게 된다. 그러나 이런 변덕스러운 부모의 양육태도가 아이를 불안하게 만든다.

부모가 부정감정을 아이에게 이입해도 불안애착이 형성될 수 있다. 피곤하고 힘들다는 이유로 놀아달라는 아이를 혼내거나 밀쳐 내면 아이는 불안할 수밖에 없다. 어떤 때에는 잘 놀아 주는 좋은 엄마, 또 어떤 때에는 자신을 거부하는 나쁜 엄마가 공존하기 때문에 엄마를 안전기지로 여기지 못한다. 그래서 세상 역시 위험한 장소로 생각하고, 다른 사람과도 편안하게 관계를 맺지 못한다. 부정정서가 강해진 아이의 특징은 다음과 같다.

- 정서적으로 불안정하다.

- 갑작스러운 기분 변화나 상황에 대처하지 못하고 당황하며, 감정적 발달이 미숙하다.

- 또래들과 잘 어울리지 못한다.

- 융통성이 없고 고집을 부리거나 위축되는 경향이 있다.

- 쉽게 좌절한다.

- 안정애착 아이에 비해 인지적, 사회적, 정서적 발달이 떨어진다.

부모가 아이를 귀찮게 여길 때 형성되는 회피애착

불안애착 못지않게 아이에게 좋지 않은 영향을 미치는 것이 회피애착이다.

진영이 엄마는 진영이 때문에 늘 속상하다. 맞벌이를 하느라 아이를 할머니에게 맡기고 출근하는데, 처음에는 헤어지지 않으려고 울고불고 하던 아이가 언제부터인가 무심해졌다. 엄마가 출근하든 퇴근하든 신경을 쓰지 않는다. 안으려 해도 잘 안기지 않는다. 그런 아이가 오히려 낯선 사람이 오면 더 반가워하니 '내가 엄마 맞나?' 하는 생각이 절로 든다.

진영이는 회피애착이 형성된 경우다. 엄마와 회피애착관계를 형성한 아이는 엄마와의 이별에 무관심하고 엄마가 돌아와도 품에 안기기를 회피한다고 한다. 겉으로는 엄마에게 관심이 없는 것 같지만 사실은 그만큼 이별에 대한 스트레스가 강해 엄마와 거리를 두는 것이다. 자신이 거부당한 것에 대한 방어기제로 이해할 수 있다.

부모가 아이를 귀찮게 여기는 일이 반복될 때 회피애착이 형성된다. 아이에게 엄마는 낯선 사람과 별다를 바가 없다. 반대로 아이는 원하지 않는데 엄마가 아이에게 지나친 관심을 갖는 경우에도 회피애착이 형성될 수 있다. 부모와 함께 있는 게 부담이 되고 즐겁지 않아 부모를 무시하거나 회피할 가능성이 높다. 회피애착을 형성한 아이의 특징은 다음과 같다.

- 책, 장난감과 같은 무생물 대상을 사람보다 더 좋아한다.

- 공격적인 아이가 될 가능성이 높다.

- 다른 친구들을 괴롭히는 경향이 있다.

- 책임을 떠넘기고 거짓말하기도 한다.

- 외로워하면서도 함께 어울리기보다는 혼자 놀기를 좋아하고 무슨 생각을 하는지 알기 어려운 경우가 많다.

- 자기감정을 혼자서 해결하려고 한다.

*

부모와 안정적인 애착관계가 형성되려면 아이의 말과 행동에 잘 반응해 주는 것이 중요하다. '울음'이 언어인 아이가 배가 고프거나 기저귀가 젖어 울 때 그냥 내버려두면 어떻게 될까? 울음으로 자신의 상태를 알렸지만 부모가 반응하지 않으면 아기는 불안해하고 심할 경우 버림받은 것 같은 공포를 느끼게 된다. 그렇게 자란 아이는 당연히 부정정서가 강해질 수밖에 없다.

반면 부모가 아이의 울음에 바로 반응해 우유를 주거나 기저귀를 갈아주는 등의 적절한 조치를 취하면 아이는 편안함을 느끼고 부모를 신뢰하게 된다. 혼자가 아니라는 안정감, 도움을 요청하면 부모가 들어 줄 것이라는 믿음을 갖게 된다. 부모가 든든한 안전기지 역할을 하니, 아이는 어떤 일이든 자신감을 갖고 시도하며 자립심 또한 강해진다. 한마디로 긍정정서가 아이를 강한 아이로 자라나게 하는 것이다.

아이가 0~3세일 때 반응을 잘해 주면 안정애착이 잘 형성된다. 이미 3세가 넘어 애착패턴이 형성되었다 하더라도 실망할 필요는 없다. 이미 애착패턴이 형성된 후에도 부모의 반응은 여전히 아이의 정서에 많은 영향을 미친다. 악플보다 무플이 더 무섭다는 말이 있듯 사람과의 관계에서 무관심만큼 사람에게 상처를 주는 것도 드물다. 화를 내 아이를 불안하게 만드는 것도 나쁘지만 아이의 말과 행동에 반응을 보이지 않는 것은 아이에게 더 큰 상처를 준다.

무조건적인 칭찬이
아이를 망친다

긍정정서는 타고나는 것이 아니라 키우는 것이다. 칭찬과 벌의 강도를 잘 조절하여 아이
가 스스로 잠재적인 개발 능력을 키워 나가도록 해야 한다.

많은 부모들이 아이에게 무조건적인 사랑을 베풀고 싶어 하기를 원하고
또 그렇게 행동한다. 부모의 사랑은 아이들의 긍정정서를 키우는 데 큰 도움
이 된다. 사랑과 정성을 듬뿍 받은 아이는 마음이 안정되기 때문이다. 안정감
이 클수록 호기심이 강해지고 새로운 능력을 익히고 싶어 한다.

그러나 그 무조건적인 사랑에 칭찬만을 앞세우는 반응이 포함된 경우라면
고민해 보아야 한다. 칭찬은 아이의 긍정정서를 키우는 중요한 요소이다. 그
러나 아이의 기를 살려 준다는 이유로 무턱대고 칭찬을 남발하는 것은 곤란
하다. 무조건적인 칭찬이 아니라 아이가 한 행동에 걸맞은 칭찬을 하는 것이
중요하다. 아이는 그저 마땅히 해야 할 일을 했을 뿐인데 대단한 일을 해낸 것
처럼 부모가 반응한다면 아이에게 악영향을 미치게 된다. 아이가 학교 숙제를

다 했을 경우 '애썼어.' 정도가 적절한 반응인데, 마치 대단한 일을 해낸 것처럼 과장해 '우리 아들은 어쩜 이렇게 숙제도 잘할까? 정말 대단해. 천재야, 천재!'라고 칭찬한다면 역효과가 생길 수 있다. 자신이 한 일보다 부모의 반응이 더 중요해진 아이는 언제나 부모를 기쁘게 해 주고 싶고 언제나 부모에게 인정받는 아이가 되고 싶어 한다. 잘 인식하지 못하지만 아이는 부담감에 휩싸이게 된 것이다. 자신이 어떤 일을 해내기까지의 과정을 생각하며 뿌듯해하거나 노력하면 더 잘할 수 있을 거라는 자기 격려를 사라지도록 만드는 것이 바로 그런 종류의 칭찬이다. 사소한 일이든, 대단한 일이든, 과정이나 결과가 어떠하든 늘 대단한 칭찬을 받아 온 아이는 객관적으로 자신의 능력을 바라보는 힘을 잃게 된다. 그에 따라 소극적인 성향이 생겨나고 다른 사람으로부터 부정적인 피드백을 받으면 쉽게 그 사람을 미워하거나, 자책하기도 한다. 칭찬의 강도를 잘 조절해야만 정말 대단한 일을 해냈을 때 극찬이 큰 효과를 발휘할 수 있다.

무조건적인 칭찬이 꼭 좋은 것만은 아니듯 벌도 꼭 나쁜 것만은 아니다. 일반적으로 벌은 긍정정서를 약화시킨다. 벌로 인해 발생하는 공포와 두려움이 아이의 정서를 파괴한다. 잦은 벌은 잦은 칭찬과 마찬가지로 눈치 보는 아이, 맘껏 행동하지 못하는 아이를 만든다. 스스로를 개발하는 능력도 방해한다.

그러나 벌은 잦은 긍정적 배려나 칭찬만큼 문제가 심각하지는 않다. 행동주의 심리학자 프레더릭 스키너Frederic Skinner는 벌이 비효과적이라고 주장했지만, 다른 많은 연구자들이 반박 연구 자료를 내놓고 있다. 바람직하지 않은 행동을 할 때 벌이라는 불쾌한 일을 겪게 함으로써 긍정적인 효과를 얻을 수 있다는 것은 숱한 실험을 통해 입증되고 있기 때문이다.

다만 벌 그 자체보다 아이가 이유도 모른 채 벌을 받게 될 때 문제가 된다. 이유를 모르고 벌을 받을 때, 아이는 벌 받을 때 느끼는 두려움과 고통이 벌주는 사람의 목적이라고 오해한다. 두려움을 느끼게 만드는 것이 벌이 되고 부모가 그런 두려움을 느껴야 하는 대상이 될 때, 아이는 두려움이 습관화되고 위축된 채 자라나게 된다. 부모를 두려운 존재로 여기고 회피한다.

그래서 벌을 줄 때는 어떤 행동 때문에 벌을 받는 것인지 정확하게 알려줄 필요가 있다. 아이가 벌을 두려움으로 느끼는 이유 중에 하나는 부모의 감정적인 태도 때문이디. 대게 이유를 모르고 받는 벌에는 부모의 감정적인 화가 뒤따르는 경우가 많다. 따라서 야단을 치거나 벌을 줄 때는 현재 일어난 잘못에 대해서만, 객관적이고 이성적으로 나무라는 훈련을 해야 한다. 야단을 치다보면 예전에 잘못했던 것까지 들추는 경우가 많은데, 그렇게 되면 아이가 야단을 맞거나 벌을 받아야 하는 이유가 흐려지게 돼 아이는 당황하거나 움츠러든다.

*

긍정정서는 타고나는 것이 아니라 키우는 것이다. 칭찬과 벌의 강도를 잘 조절하여 아이가 스스로 잠재적인 개발 능력을 키워 나가도록 해야 한다. 어떤 아이는 긍정정서 상태를 평생 유지하기도 하지만 환경에 따라 긍정정서가 낮아지기도 한다. 그렇기 때문에 긍정정서를 키우는 데에는 노력이 따른다.

예로부터 전해오는 이야기가 있다. 늙은 인디언 추장이 어린 손자에게 말했다.

"얘야, 우리 모두의 마음속에는 두 마리의 늑대가 싸우고 있단다. 한 마리는 분노, 불안, 슬픔, 이기심, 질투, 탐욕을 가지고 있고, 다른 한 마리는 기쁨, 겸손, 사랑, 인내, 친절, 평안을 가지고 있단다."

"어떤 늑대가 이기나요?"

손자가 물었다. 추장은 망설이지 않고 대답했다.

"네가 먹이를 주는 녀석이 이긴단다."

우리 마음속에서 부정정서와 긍정정서는 끊임없이 충돌한다. 긍정 마인드를 유지한다는 것은 우리를 행복한 삶으로 인도할 수 있는 마음속 늑대에게 매일 먹이를 주는 일과 같다. 부모가 솔선하여 긍정정서를 배양하는 것은 아이에게 평생 행복하게 살 수 있는 중요한 도구 하나를 선물하는 것이다.

진짜 웃음
가짜 웃음

흉내 내는 긍정정서는 도리어 스스로에게 해를 입히게 될 것이다. 가짜 미소와 거짓말로
'나는 행복하다'고 백날 말한다한들 그 사람은 행복한 사람이 될 수 없다.

행복해서 웃는 것이 아니라 웃어서 행복하다는 말을 많이 한다. 이 말엔
억지로라도 웃으면 행복해진다는 의미가 함축되어있다. 이는 무척 위험한 말
이다. 가짜 웃음이기 때문이다. 웃음에도 진짜 웃음이 있고 가짜 웃음이 있다.
진짜 웃음은 행복해서 웃는 웃음이다. 진짜 웃음은 진정어린 긍정정서로 아이
를 행복하게 만들어 주지만 가짜 웃음은 부정정서를 유발해 아이를 불행하게
만든다.

긍정심리학을 연구하는 사람들에게 학교 졸업 앨범은 금광 같은 귀중한
연구 자료다. '여길 보고 웃으세요.', '김치!'라는 사진사의 말에 따라 누구나
으레 가장 멋진 웃음을 지으려고 애쓴다. 그런데 웃는다는 것은 말처럼 쉽지
않다. 정말 즐거운 마음으로 환하게 웃는 사람도 있지만, 대부분은 억지로 웃

는 표정을 짓는다.

웃음에는 진짜 웃음과 가짜 웃음 두 종류가 있다.

진짜 웃음이 보이는 특징을 처음 발견한 사람은 프랑스의 기욤 뒤셴 Guillaume Duchenne이다. 그래서 진심에서 우러나오는 웃음을 '뒤셴 미소'라 한다. 양 입꼬리가 위로 올라가고 눈꼬리에 까마귀나 매의 발 같은 주름이 생긴다면 진짜 웃음이다. 반면 가짜 웃음은 '팬아메리칸 미소'라 불린다. 지금은 없어진 팬아메리칸 항공사의 텔레비전 광고에 나온 승무원들의 미소를 빗댄 이름이다. 이 미소는 뒤셴 미소의 특징이 전혀 나타나지 않는다. 팬아메리칸 미소는 행복한 웃음이라기보다 공포에 질린 동물의 표정에 훨씬 더 가까워 보인다고 마틴 셀리그만은 말했다.

경험 많은 심리학자는 사람들의 웃음이 진짜 웃음인지 가짜 웃음인지 한 번에 가려낼 수 있다. 캘리포니아 버클리 대학교의 켈트너Keltner와 하커Harker 교수가 밀스 대학의 1960년도 졸업생 141명을 대상으로 졸업사진 속 그들의 웃음을 분석했다. 졸업 앨범에서는 3명을 제외한 모든 여학생들이 웃고 있었고, 그중 뒤셴 미소를 띤 학생은 절반 정도였다. 이 여학생들이 27세, 43세, 52세가 될 때마다 연구진들은 이들을 만나 결혼이나 생활의 만족도를 조사했다. 1990년에 전임자로부터 이 연구를 이어받은 사람들은 과연 졸업사진 속의 미소만으로 그들의 결혼생활을 예측할 수 있을지 의문이었다. 그런데 놀랍게도 졸업사진에서 뒤셴 미소를 지었던 여학생들 대부분이 30년 동안 행복한 결혼생활을 유지하고 있었고, 신체적으로도 건강했다. 진짜 웃음이 행복을 예측하는 척도가 될 수 있다는 것이 확인된 셈이었다.

또 다른 연구 결과도 흥미롭다. 노스캐롤라이나에서 세일즈 매니저로 일하는 빅터는 59세 남성으로 1년 전 심장마비를 겪었다. 그는 듀크 대학 의료센터에서 실시하는 연구에 참여했다. 행동과 관상동맥성 심장질환의 상관관계를 알아보는 연구였다. 질문자가 빅터에게 몇 가지 질문을 하는 동안 연구자들은 영상기법을 사용해 빅터의 심장에 나타나는 변화를 관찰했다. 면담 장면도 녹화했다. 빅터는 여러 질문 중에서 특히 한 가지 질문이 바보 같다고 생각했다. "당신이 화가 나거나 언짢으면, 주변 사람들이 그 사실을 알아차립니까?"라는 질문이었다. "당연하죠! 그들이 절 화나게 한 장본인들이니까요."라고 빅터는 지체 없이 대답했다. 빅터는 한심한 질문 때문에 점점 짜증이 났지만 질문자에게 예의를 지키기 위해 간간이 어지 미소를 지어 보이며 애써 정서를 감추었다. 그런데 빅터가 분노에 대해서 질문 받았던 2분 동안 무증상 허혈이 발생했음을 영상 기록을 통해 알 수 있었다. 이는 빅터의 심장 질환이 다시 심장마비로 이어지거나 생명을 앗아갈 수도 있음을 뜻하는 심각한 징후였다.

연구진은 이후 몇 개월 동안, 빅터를 비롯한 다른 참가자들의 면담 녹화 내용을 상세하게 분석했다. 그리고 면담 도중 심장에 변화가 나타났던 순간의 얼굴 표정을 다른 표정들과 일일이 비교했다. 참가자들은 약 2~3초 간격으로 계속해서 새로운 정서를 표현했다. 분석 결과 분노와 미소 이 두 가지 표정만이 심근허혈과 관련이 있다는 것을 밝혀냈다.

본래 이 연구를 수행한 목적은 분노를 나타내는 표정이 허혈과 관련이 있을 것이라는 가설을 확인하는 데 있었다. 그 예상은 적중했고 뜻밖이지만 미소도 허혈과 관련 있다는 것을 알게 된 것이었다. 모든 미소가 다 그런 것이 아니라, '가짜 미소'만이 거기에 해당됐다. 이는 가짜 미소가 본질적으로 진실한 긍정정서가 아님을 의미한다. 거짓 미소가 분노만큼이나 연구 대상자들의 관상동맥 질환의 위험을 야기한다는 것을 발견한 것이다. 분노가 사람들을 죽음으로 몰고 간다고 말하는 연구 결과는 무수히 많았지만, 거짓된 미소도 치명적일 수 있다는 것은 새로운 발견이었다.

우리가 삶에서 긍정정서를 증가시키려는 시도를 할 때, 이 연구 결과는 엄중한 경고가 되어 준다. 마음으로 긍정정서를 느끼지 못한다면 도리어 해를 입을 수도 있다는 경고 말이다. 흉내 내는 긍정정서는 도리어 스스로에게 해를 입히게 될 것이다. 가짜 미소와 거짓말로 '나는 행복하다'고 백날 말한다한들 그 사람은 행복한 사람이 될 수 없다. 마음 깊은 곳에서 우러나오는 진심어린 긍정정서만이 아이의 창의성과 인성을 높이는 데 도움을 줄 것이다. 내가 '진심 어린 긍정정서'라는 말을 강조하는 이유는, 긍정정서의 진정성이 중요하다는 사실이 과학적으로 증명되었기 때문이다.

젠의 사례를 한 번 살펴보자. 38세 여성인 젠은 세 자녀를 두었고 그중 막내가 자폐증을 앓고 있다. 그녀는 최근 한 대학에서 실시하는 연구에 지원한 적이 있었다. 만성질환을 가진 자녀를 보살피는 어머니들이 그로인해 발생되는 스트레스에 어떻게 대처하고 있으며, 그 대처 방식이 그들의 건강에 어떤 영향을 미치는가를 알아보는 연구였다. 그녀는 설문에서 막내를 키우는 것이 고생스럽긴 하지만 좋은 점도 있다고 답했다. 어려움을 헤쳐 나가면서 전에는 미처 깨닫지 못했던 자신의 강점들을 발견했고, 신앙심도 깊어졌다는 것이다.

 만 3세부터 행복을 가르쳐라

젠은 '이점발견'이라는 항목에서 다른 참가자들보다 높은 점수를 기록했다. 이 검사 결과만 봤을 땐 젠이 다른 엄마들에 비해 더 건강한 사람으로 분류될 수 있겠지만, 사실은 그렇지 않았다. 젠은 긍정정서를 표현하는 데는 능숙했지만, 그 긍정정서를 진정으로 느끼지는 못했기 때문이다. 평범한 일상생활에서 행복하거나 흥분되거나 만족스러운지를 묻는 질문들에서, 젠은 '전혀 그렇지 않다'에 가장 많이 응답했다. 젠의 진심 어린 긍정정서 수준은 다른 사람들에 비해 오히려 낮았던 것이다. 힘겨운 경험 속에서 이점을 발견하는 동시에 일상생활 속에서도 긍정정서를 느낀다고 보고했던 엄마들의 경우, 스트레스 호르몬인 코티졸 수치가 정상 범위 내에 있다는 것을 연구진은 발견했다. 그러나 젠의 코티졸 수치는 하루 종일 높았으며, 건강에 해로운 수준이었다. 그녀의 긍정정서는 진심에서 우러난 것이 아니었기 때문이었다.

프레드릭슨에 의하면 긍정정서에는 '유사품'과 '먼 친척들'이 있다고 한다. '유사품'은 긍정정서에 대한 고대 지혜의 현대적 남용으로써, 마약과 도박, 갖가지 나쁜 중독들을 말한다. '먼 친척들'은 폭식이나 성적 흥분 같은 신체적 쾌락을 말한다. 이런 가짜 긍정정서는 기분을 좋게 하는 효과가 일시적이며, 결과적으로도 악영향을 미친다. 진심 어린 긍정정서만이 지속적인 행복으로 우릴 이끈다.

이제 이를 바탕으로 과거, 현재, 미래의 진심 어린 긍정정서를 키우는 방법에 대해 이야기해 보자.

감사일기를
써라

오프라 윈프리가 토크쇼의 여왕으로 성공할 수 있었던 비결은, 어떤 상황에서도 절망하지 않고 모든 일에 감사하는 습관을 가진 덕분이었다. 그녀는 15살 때부터 지금까지 하루도 빠지지 않고 감사일기를 썼다고 한다.

지혜 엄마는 딸을 보면 늘 안쓰럽다. 지혜가 초등학교 1학년일 때 지혜 엄마는 지혜 아빠와 이혼했다. 부모가 이혼하면 대부분의 아이들은 그 원인을 자신에게서 찾는다. 죄책감을 갖게 됨과 동시에 버림받았다는 생각을 한다. 초등학교 6학년인 지혜도 예외는 아니었다. 엄마보다 아빠를 더 잘 따랐던 지혜는 엄마와 둘이 살게 되면서 약간의 우울증을 앓았다. 조금 나아지긴 했지만, 지혜는 여전히 엄마마저 자신을 버리지 않을까 하는 불안에 시달린다. 행여 엄마 마음을 상하게 할까봐 지나치게 조심하는 딸을 볼 때마다 지혜 엄마는 가슴이 미어진다.

지혜처럼 과거의 상처로부터 헤어 나오지 못하고 힘들어하는 아이들이 많다. 하지만 과거에 상처를 받았다고 꼭 불행해지는 것은 아니다. 잘 극복하면 얼마든지 행복한 삶을 살 수 있다. 어른들도 그렇지만, 아이들도 마찬가지다. 살다보면 좋은 일도 생기고 나쁜 일도 생긴다. 완벽하게 좋은 일만 생기거나 나쁜 일만 생기는 경우는 거의 없다. 다만 부정정서가 강한 사람들은 나쁜 일을 떠올리며 불행해하고, 긍정정서가 강한 사람은 좋은 일을 떠올리며 행복해한다는 차이가 있을 뿐이다. 과거의 나쁜 경험을 지속적으로 떠올리는 한 긍정정서는 자랄 수 없다. 나쁜 기억보다 좋은 기억을 더 많이 떠올릴 수 있도록 부모가 도와야 한다.

여기 과거의 부정정서를 긍정정서로 바꿀 수 있는 좋은 방법이 있다. 그 첫 번째는 '감사하기'다.

감사하는 방법에는 여러 가지가 있지만, 아이와 부담 없이 함께 할 수 있는 방법이 '감사일기' 쓰기다. 누군가에게 도움을 받았거나 인정받았을 때 고마워하는 것은 긍정정서다. 심리학자인 로버트 에먼스와 마이클 맥컬로는 실험 참가자들에게 하루에 다섯 가지씩 감사한 일을 쓰도록 했다. 그 결과 감사를 표현한 사람이 그렇지 않은 사람보다 훨씬 삶을 긍정적으로 수용하고 더 행복하게 사는 것으로 나타났다. 감사일기로 긍정정서를 배양한 사람들은 육체적인 질병에 걸리지 않고 오래 살았다.

감사일기 하면 오프라 윈프리가 떠오른다. 그녀는 어린 시절 그리 행복하지 않았다. 사생아로 태어나 지독한 가난에 시달리며 자랐다. 너무 가난해 감자 포대로 만든 옷을 입었다. 14살 때 사촌에게 당한 성폭행으로 미혼모가 되었고, 아기는 태어난 지 2주 만에 세상을 떠났다. 그 충격으로 그녀는 한동안

마약에 빠져 살기도 했다. 이렇듯 오프라 윈프리의 과거는 상처투성이였다.

그럼에도 그녀가 토크쇼의 여왕으로 성공할 수 있었던 비결은, 어떤 상황에서도 절망하지 않고 모든 일에 감사하는 습관을 가진 덕분이었다. 그녀는 15살 때부터 지금까지 하루도 빠지지 않고 감사일기를 썼다고 한다.

좋은 일보다 나쁜 일을 먼저 떠올리는 사람은 감사할 일이 없는데 어떻게 감사일기를 쓰냐고 반문할 수 있다. 그러나 그렇지 않다. 찾아보면 감사할 일은 얼마든지 있다. 오늘 하루 세끼 식사를 했고 별다른 사고 없이 잠자리에 들게 됐다면 그것으로도 충분히 감사할 일이다. 아프지 않고 건강한 것도, 사랑하는 사람들이 여전히 곁에 있다는 것도 감사할 일이다.

감사가 익숙하지 않다면, '~때문에 감사하다.', '~그럼에도 불구하고 감사하다.'의 문장에 넣을 수 있을 말들을 떠올려 보자. 아프지 않기 때문에 감사한다든가, 손가락이 조금 불편함에도 불구하고 글을 쓸 수 있다는 것에 감사한다든가 하는 식으로 말이다. 그것도 어렵다면, 무조건 감사해 보자. 낳아준 부모님께, 숨 쉴 수 있는 것에, 창조주 하나님께, 공기에, 물에, 바람에 모든 것에 무조건 감사해 보는 것도 도움이 될 것이다.

사소한 감사일지라도 감사할 것을 찾아본다는 그 자체만으로도 긍정정서는 자라난다. 오프라 윈프리도 매일 다섯 가지씩 감사한 일을 적기 시작하면서부터 자신의 인생이 달라졌노라고 고백했다. 감사로 가꿔진 그녀의 긍정이, 그녀를 방송국에서 일할 수 있게 도왔고 좋은 이들을 만나게 했고 경제적인 부富도 얻게 했다.

감사하는 방법은 다양하지만 이왕이면 비교적 쉽게 실천할 수 있으면서 과학적으로 그 효과가 검증된 방법을 선택하는 것이 좋다. 긍정심리학 전문가 셀리그만이 개발한 감사일기(하루에 감사한 일 세 가지와 그 이유 쓰기)의 효과는 과학적으로도 입증되었다. 셀리그만의 연구 내용은 2005년 〈타임〉지의 커버스토리에 실렸다. 셀리그만은 우울증 환자 50명을 대상으로 우울 정도와 행복도를 검사했다. 그들의 평균 우울증 점수는 34점으로 '극단적' 우울증 범주에 속해 있었다. 셀리그만은 그들에게 일주일 동안 매일매일 감사한 일 세 가지를 쓰게 하고, 감사의 이유도 함께 적도록 했다. 일주일 뒤, 우울증 검사와 행복도 검사를 다시 한 결과 평균 우울증 점수가 34점에서 17점으로 크게 내려간 것을 확인할 수 있었다. 그들의 우울증이 극단적 우울증에서 경미한 우울증으로 호전된 것이었다. 행복 백분위 점수도 15점에서 50점으로 올라갔는데, 50명 중에서 47명이 전보다 덜 우울하고 전보다 더 행복하다고 느꼈다. 셀리그만은 지난 40년 동안 심리치료와 약물로 환자들의 우울증을 치료했지만 이런 결과를 목격한 적이 한 번도 없었다고 했다. 심리치료나 약물로는 우울 증세가 더 악화되는 것을 막거나 그 수준을 유지하는 정도 아니면 일시적으로 나아지게 하는 정도로밖에 우울증을 치료할 수 없었다. 심리치료나 약물이 근본적이 치료 방법이 될 수 없다는 것을 시인하는 말이었다. 그와 동시에 긍정정서를 배양시키는 방법이 우울증을 경감시키는 데 근본적으로 도움을 준다는 것을 공포하는 말이기도 했다. 암울하기만 했던 치료 체계에 신경지를 찾아냈으니, 어쩐지 이 사건 또한 우울에서 행복으로 건너간 일 같지 않은가. 어쨌든 셀리그만의 이 연구 성과로 인해 우울증 치료는 새로운 국면을 맞게 된 것이다.

그런 흐름을 타고 호주의 질롱 그래머스쿨은 전교생에게 감사일기를 쓰도록 권고한 사례도 있다. 그 학교에선 긍정심리학을 가르치고 학생들은 학교에서 배운 것을 실생활에 응용했다. 수업을 시작하기에 앞서 "어제 저녁에 감사했던 일은 무엇이었나요?"라고 선생님이 묻자 아이들이 앞다투어 대답했다.

"어제 제가 제일 좋아하는 거 먹었어요, 스파게티요."

"형하고 체스를 두었는데 이겼어요."

"저녁 먹고 나서 누나랑 같이 현관을 청소했어요. 청소를 하고 나서 엄마가 저희를 껴안아 주셨어요."

감사한 일을 이야기하는 게 왜 중요한지를 선생님이 묻자, 기분이 좋아지고, 엄마가 행복해하고, 엄마가 행복하면 가족 모두 행복하다는 식의 답변들이 줄을 이었다.

이렇듯 감사일기를 쓰는 방법은 그리 어렵지 않다. 하루에 세 가지씩 자연스럽게 떠오르는 감사한 일을 적으면 된다. 처음 감사일기를 쓸 때는 누구든 막연할 수 있다. 그러나 꼭 거창한 것이 아니더라도 찾아보면 감사할 수 있는 일은 얼마든지 있다. 호주의 질롱 그래머스쿨 아이들처럼 맛있는 음식을 먹은 것, 친구들과 재미있게 논 것, 수업시간에 발표를 잘한 것 모두 감사의 대상이 될 수 있다. 그동안 당연하게 생각해 왔던 것들도 감사의 대상이 될 것이다.

감사한 일을 매일 세 가지씩 적고 왜 감사한지 이유를 쓰면 그 자체로 훌륭한 감사일기가 된다. 감사한 일만 쓰는 것보다 감사한 이유를 쓰면 감사의 의미를 더 깊게 느낄 수 있다.

감사일기는 꾸준히 쓰면 쓸수록 효과가 좋다. 마틴 셀리그만은 감사일기를 꾸준히 쓰면 향후 6개월 안에 행복감이 증진된다고 했다. 또한 1주 이상 감사일기를 쓰는 연습을 지속한 사람은 실험이 끝난 후에도 계속 감사일기를 쓸 가능성이 높은 것으로 나타났다. 실험이 끝나고 6개월이 지났지만 약 60%의 참가자들이 감사일기를 유지하고 있는 것으로 확인됐다. 이는 감사일기 쓰기가 처음에는 어색해도 1주일이나 2주일이 지나면 익숙해진다는 것을 의미한다. 감사하는 일이 자신을 긍정적으로 이끌고 있다는 것을 느끼게 되면 자신도 모르게 감사하는 일을 유지하게 될 것이다. 감사일기를 씀으로 발생되는 긍정에너지가 감사하게도 꾸준히 감사일기를 쓸 수 있는 원동력이 된다. 이런 중독은 기분 좋은 중독, 행복한 중독이다. 감사한 일을 생각하다 보면, 과거의 아픈 기억은 어느새 사라지고 긍정적인 기억들로 마음이 편안해질 것이다.

마틴 셀리그만이 적극적으로 추천하는 감사 방법 중에는 감사방문이라는 것도 있다. 감사방문은 누군가에게 감사의 마음을 담아 편지를 쓴 뒤 그 편지를 상대방에게 직접 전달하는 것이다. 이것은 진심으로 감사를 표현하는 게 어떤 일인지 알게 해 준다는 점에서 감사일기와 함께 추천할 만한 방법이다.

고마운 사람의 얼굴을 떠올리는 것만으로도 가슴이 뭉클해지면서 나의 인생이 불행했던 것만은 아니라는 생각이 들 것이다. 그 마음 그대로 감사편지를 쓰자. 편지는 가능한 700자 정도로 구체적으로 쓰는 것이 좋다. 그 사람이 나를 위해 어떤 말을 했는지, 어떤 행동을 했는지, 그리고 그 사람이 나의 인생에 어떤 영향을 끼쳤는지 자세하게 쓰자. 그 사람에게 감사하고 있다는 걸 알리고 얼마나 자주 그 고마움을 기억하는지도 언급하는 게 좋다. 충분한 시간을 두고 편지를 썼다면 이제 그를 방문할 시간이다. 감사편지에 대한 얘기는 언급하지 말고 그냥 찾아가자. 그리고 그 사람과 마주 앉아 편지를 쓰던 그 마음 그대로 편지를 읽자. 감사방문에서 중요한 건, 편지를 쓸 때도 읽을 때도 진심을 담아 감사를 표현해야 한다는 것이다. 편지를 읽는 동안 나는 어떤 느낌인지, 상대방의 표정과 반응은 어떤지 등을 살폈다가 편지를 다 읽고 난 후 서로의 감정을 나누자. 어떤 변화가 있는가? 아이들에게도 고마운 사람에게 감사편지를 써 방문해 보도록 권해보자. 부모가 먼저 아이들에게 감사하다는 편지를 써 보는 것도 좋겠다. 감사방문으로 편지를 보내는 이는 물론 받는 이도 행복을 느끼게 될 것이다. 셀리그만의 연구에 의하면 참가자들 대부분이 감사방문 한 번으로 한 달 동안 행복했다고 한다.

 　　　　　　　　　　　　　　　　　　　　　　　만 3세부터 행복을 가르쳐라

나에게는 감사한 분들이 참 많다. 그중에서도 가장 감사한 분을 꼽으라고 하면, 단연 어머니를 꼽을 것이다. 어릴 적 나에게 어머니는 늘 "넌 잘생겼어. 신익희 선생 닮았어!"라고 말씀해 주셨다. 그래서 난 내가 세상에서 가장 잘생긴 줄 알고 자랐다. 신익희 선생은 제헌 국회 국회의장이었고, 이승만 대통령과 대결했던 3대 민주당 대통령 후보였다. 그런 분과 닮았다고 하니, 우쭐하지 않았겠는가? 그래서 초등학교밖에 나오지 않았지만 어디를 가더라도 기죽지 않고 당당했다. 열정적으로 나를 표현하는 데도 늘 주저함이 없었다. 어머니의 그 말씀이 오늘의 나를 만들어 준 것이다. 3년 전 어머니는 돌아가셨고 어머니 생전에 감사하다는 말을 전하지 못한 것이 늘 마음 한편에 얹혀있었다. 이미니 영진을 빙문해 어머니께 쓴 감사편지를 읽어드리고 왔다. 어머니와 한참 마음으로 이야기를 나누었다. 돌아가신 분이라도 감사를 전하고 싶다면, 감사편지를 써 찾아가자. 눈물이 많이 나겠지만 뿌듯함과 기쁨을 느낄 것이다. 나 또한 어머니께 감사편지를 읽어드린 일이 두고두고 생각나고 다시 그 편지를 꺼내 읽을 때마다 어머니와 함께인 듯 행복하다.

사랑하는 엄마에게

엄마, 나 왔어, 문식이. 잘 계셨어? 엄마 보고 싶어 왔지. 나 자주 안 온다고 서운했어? 서운하게 생각하지 마! 나 매일 아침저녁으로 엄마하고 책상 앞에서 얘기하잖아. 기도하고……

엄마 어릴 때 항상 나보고 신익희 선생 닮았다고 했지? 잘생겼다고……, 엄마의 그 말이 나에겐 얼마나 큰 힘이 됐는지 몰라. 내가 초등학교밖에 안 나왔지만 기죽지 않고 사회활동 활발하게 했던 거 다 엄마의 그 말 때문이었어. 나는 잘생기고, 신익희 선생 닮았다고. 그래서 어디를 가나 기죽지 않고 늘 당당하고 자신이 있었지.

엄마가 더 오래 사셨으면 좋았을 텐데……. 엄마가 그전에 늘 부러운 듯 얘기했잖아.

"누구는 괴동학교 나왔디야!"

엄마 아들도 대학 나오고 박사도 되고 대학 교수도 됐어! 엄마 지금 기분 겁나게 좋지?

엄마, 다음 달에 내 세 번째 책이 나와! 이 책 베스트셀러 됐으면 좋겠어. 엄마가 천국에서 기도 좀 많이 해 줘. 왜 이렇게 눈물이 나지?

오늘 엄마가 더 보고 싶다.

엄마 고마워! 엄마의 그 말 "너는 잘생겼어, 신익희 선생 닮았어."가 오늘의 나를 만든 거야. 엄마 살아계실 때 진작 감사의 마음을 전했어야 했는데 이제야 하네. 엄마, 미안해! 대신 앞으로 더 노력해서 많은 사람들에게 행복을 만들어 주는 사람이 될게. 그래서 이 담에 하늘나라 가서 엄마 만나면 더 멋진 아들 모습 보여줄게.

엄마 사랑해!!

셋째 아들 문식이가

마지막으로 놀이 형식을 빌려 감사하기를 연습할 수 있다. 이 놀이는 양육 전문가인 크리스틴 카터 박사가 제안한 것이다.

만 3세부터 행복을 가르쳐라

먼저 아이와 함께 감사 상자를 하나 만든 뒤, 감사한 일을 종이에 적어 매일 상자 안에 넣어 보자. 규칙은 가족 모두 하루에 한 가지씩 감사 메시지를 적어 상자에 넣어야 한다는 것, 일주일 동안 누가 뭘 썼는지 들춰보면 안 된다는 것 정도이다. 감사하기를 놀이처럼 진행하기 위해서는 아이 혼자보다 가족 모두가 참여하는 것이 더 즐겁다. 또 지켜야 할 내용을 정하는 것이 아이들의 흥미유발에 도움이 된다. 가족마다 나름의 규칙을 정해 재미있게 감사하기를 진행하면 된다. 일주일에 한 번 가족이 모두 모일 수 있는 날을 정하고 가족 모두 둘러앉아 감사 메시지 상자를 개봉한다. 무작위로 감사 메시지를 집어 들고 돌아가며 읽는다. 비판이나 비난이 아닌 감사의 내용들이기 때문에 메시지를 읽는 내내 가족들은 서로에게 감사하다는 말을 진하게 될 것이다. 고마워해 줘서 고마워, 이렇게 말이다. 이 감사하기 방법은 가족 모두의 긍정정서에 영향을 준다는 장점이 있다.

메모를 적는 방법이 가족들에게 맞지 않다면, 저녁 식사 시간에 서로에게 고마운 점 한 가지씩을 말해 보는 것도 좋다. 아니면 큰 종이를 냉장고에 붙여 두고 감사한 일을 적는 것도 도움이 된다.

좋은 하루 보내기 노트 쓰기

아이가 더 좋은 하루를 보내게 하기 위해선, 부모나 선생님에 의해서가 아닌 아이가 주도적인 역할을 할 수 있도록 코치해 주는 것이 좋다.

'우리 이제부터 매일매일 좋은 하루를 보내 보자.'라는 막연한 약속으로는 아이에게 좋은 하루를 만들어 줄 수 없다. 크리스토퍼 피터슨이 개발한 방법을 이용해 볼 것을 권한다.

우선 좋은 하루를 보내려면, 무엇을 하며 보낸 날이 좋았는지부터 알아봐야 한다. 어떤 날이 좋았고 어떤 날이 좋지 않았는지 알아야 좋았던 요인을 늘리고 기분 나쁘게 한 요인들을 줄여 좋은 하루를 만들 수 있다.

아이와 함께 '좋은 하루 보내기 노트'를 만들자. 매일 저녁 아이와 함께 노트를 펼치고 하루 동안 무엇을 했는지 적어 보자. 시간대별로 그 날의 일을 적어도 좋고, 시간과 상관없이 그 날 일어났던 일 중 특별한 사건을 적어도 괜찮다. 그런 다음 그 날 하루를 평가해 보자. 평가 역시 막연히 좋았다, 나빴다만으로는 부족하다. 다음과 같이 10점 만점을 기준으로 총체적으로 평가해 보도록 하자.

10 인생에서 가장 훌륭했던 하루 중 하나
9 굉장했던 하루
8 훌륭했던 하루
7 아주 좋았던 하루
6 좋았던 하루
5 평균적이거나 평범했던 하루
4 평균 이하였던 하루
3 나빴던 하루
2 끔찍했던 하루
1 인생에서 최악이었던 하루

좋은 하루 보내기 노트는 최소한 2주 이상은 기록해야 정확한 데이터가 나온다. 가능하다면 한 달 동안 지속하면 더 정확한 결과를 얻을 수 있다. 2주면 2주, 한 달이면 한 달 기록이 다 끝날 때까지 이전에 썼던 것은 되돌아보지 말아야 한다. 정해진 기간이 모두 끝난 후 한꺼번에 지난날을 되돌아보며 어떤 날이 좋았는지 어떤 날이 나빴는지 비교해 보아야 한다. 좋은 하루 보내기 노트를 기록해 보면 아이들은 생각보다 단순하고 평범한 일에 기쁨을 느낀다는 것을 알 수 있다.

지환이 엄마는 지환이와 좋은 하루 보내기 노트를 만들어 보고 깜짝 놀랐다. 지환이가 좋았던 하루라고 평가했던 날을 보면 '엄마가 아침에 혼내지 않고 웃으면서 깨워 기분이 좋았다.', '엄마가 내가 좋아하는 맛있는 돈가스를 만들어 주셨다.', '놀이 공원에서 아빠와 축구를 했다.', '선생님이 심부름을 잘 했다고 칭찬해 주셨다.' 등 지극히 소박하고 평범한 것들에 행복을 느끼고 있었기 때문이었다.

좋은 하루 보내기 노트를 보면 아이들은 역시 부모의 영향을 많이 받는다는 것을 알 수 있다. 아이의 좋은 하루는 부모하기에 달렸다고 해도 과언이 아니다.

아침에 일어날 때부터 부모에게 잔소리를 들어야 하는 아이라면 어떨까. 학교에 가야 하는데 몇 번을 깨워도 침대에서 일어나지 않으니 부모는 어쩔 수 없이 소리를 지르거나 혼을 낸다지만, 그것으로 그 날 아이의 하루는 전반전을 치르기도 전에 끝나버린 게임이 된다. 부모라고 화로 시작된 하루가 좋을 리 있겠는가. 풀이 죽어 등교한 아이가 내내 눈에 밟힐 것이다. 모두에게 손해인 하루가 되는 것이다. 하루의 시작을 기분 좋고 자연스럽게 하는 것이 좋은 하루 보내기의 시작이다.

아이가 더 좋은 하루를 보내게 하기 위해선, 부모나 선생님에 의해서가 아닌 아이가 주도적인 역할을 할 수 있도록 코치해 주는 것이 좋다.

예를 들어 '오늘 축구시합에서 골을 넣었다. 오늘 토론회에서 사회를 맡았다. 오늘 독서를 통해 존경하는 인물을 만났다. 오늘 싸움을 하는 친구들을 말리고 화해를 시켰다. 오늘 멋진 그림을 그렸다. 오늘 유머를 발휘해서 친구들을 즐겁게 해 주었다. 오늘 내가 주도적으로 동아리를 만들었다.'와 같이 아이가 실천을 통해 스스로 주도적으로 더 좋은 하루를 만들어 갈 수 있도록 말이다.

용서하는 법을 익힌 아이가 평생 행복하다

아이가 흔들릴 때마다 용서편지를 읽게 하면서 '나는 용서했다'는 말을 되뇌게 하는 것도 도움이 된다. 용서란 원한을 말끔히 지워 없애는 게 아니라 기억 끝에 매달려 있는 부정적인 꼬리말을 긍정적으로 바꾸는 것이다.

올해로 35세가 된 미애 씨는 요즘 들어 부쩍 '더 늦기 전에 결혼해야 한다.'는 말을 자주 듣는다. 그때마다 애매하게 '곧 해야지요.'라고 말하며 웃어 넘기지만 속마음은 다르다. 그녀는 결혼할 생각이 추호도 없다. 그녀가 생각하는 결혼은 행복이 아니라 불행의 씨앗 그 자체이기 때문이다.

어린 시절 그녀는 늘 부모님이 싸우는 모습을 보고 자랐다. 아버지는 알코올 중독자였다. 거의 매일 술을 마셨는데, 술만 마시면 집안 가구들을 때려 부수거나 엄마에게 손찌검을 했다. 가족을 돌보는 일에 전혀 관심이 없던 아버지를 대신해 엄마가 생계를 꾸려나갔다. 식당에서 밤낮 설거지를 해 번 돈으로 근근이 생계를 유지했다. 아버지는 술 살 돈을 내놓으라며 녹초가 된 엄마를 때리고 또 때렸다. 행여 자식들이 아버지에게 증오를 품을까 엄마는 미애 씨에게 아버지는 아픈 거라고 말해 주었다. 그런데 아버지가 어린 미애 씨와 미애 씨 동생에게까지 손을 대기 시작하면서 엄마는 결단을 내렸다. 아이들을 데리고 아버지로부터 멀리 도망쳤던 것이다. 미애 씨와 미애 씨 동생은 안정을 되찾았고 열심히 공부해 안정적인 직장도 얻었다.

어린 시절의 그늘을 발견할 수 없을 정도로 미애 씨는 항상 웃지만, 여전히 어렸을 때 받은 상처로부터 헤어 나오지 못하고 있었다. 그런 그녀가 행복한 결혼을 꿈꾼다는 것은 어려운 일이었다. 미애 씨는 지금도 아버지에 대한 원망과 분노로, 사방이 어둠으로 가로막힌 곳에 서 있었다.

과거의 상처는 집요하리만큼 개인의 정서를 지배한다. 행복할 권리를 송두리째 빼앗긴 어린아이들이 우리 주변에는 너무도 많다. 아픈 사람이 많다. 솟구치는 부정정서가 자신의 삶에 도움이 되지 않는다는 것은 잘 알지만, 어떻게 벗어나야 하는지 어떻게 행복해질 수 있는지는 잘 알지 못한다. 시간이 흐르면 저절로 사라지는 부정정서가 있는 반면 미애 씨가 품고 있는 부정정서는 그런 차원의 것은 아니다. 어떻게 하면 과거의 부정정서를 긍정정서로 변화시킬 수 있을까.

어렵겠지만, 가장 효과적이면서도 유일한 방법은 바로 '용서하기'다.

사소한 피해를 준 사람은 비교적 용서하기 쉽다. 하지만 미애 씨처럼 부모로부터 상습적인 폭행을 당했거나, 친구들에게 심각한 수준의 집단 따돌림을 당한 경우라면 이야기는 달라진다. 잊으려고 애를 써도 마음의 상처는 쉽게 아물지 않는다. 오히려 시간이 지날수록 아픈 기억이 또렷해져 사는 것 자체를 힘들게 생각하는 사람들도 많다. 하지만 과거의 아픈 상처를 치유하고 부정정서에서 벗어나기 위해서라도 용서는 꼭 필요하다. 용서는 상처 준 사람을 위한 것처럼 보이지만 실상은 상처받은 사람을 위한 것이다. 용서는 상처와 작별하는 구체적 행동이다.

경쟁에서 살아남는 법을 익히느라 우리 아이들은 용서하는 법을 배운 적이 없다. 이 말은 우리 아이들이 상처를 극복하는 법에 익숙하지 않다는 것을 의미한다. 무조건적인 용서가 아니라 상처를 극복하는 대안으로써의 용서가 상처받은 이들에게 절실하다.

물론 아이가 학교에서 학교 폭력의 희생양이 되었다면 선뜻 가해 학생을 용서하기 어렵다. 몸과 마음에 치명적인 상처를 입은 아이에게도 그 부모에게도 당장은 어려운 일이다. 분노가 치밀어 내 자식이 당한 만큼 가해 학생에게도 똑같이 복수하고 싶다. 그러나 그런 선택을 하는 사람들은 드물다. 마음에서 일어나는 분노를 용서라는 도구로 억지로 잠재우라는 것이 아니다. 아파할 시간도 상처받은 이들에겐 필요한 법이다. 그러나 분명한 것은 용서하는 법을 배운 아이들이 상처로부터 자유로워지는 시간이 더 빨리 온다는 것이다. 과거의 상처를 치유하기 위해 용서를 배우든, 미래의 상처를 치유하기 위해 용서를 배우든 용서라는 것이 있다는 것을 아이들에게 가르쳐야 한다. 분노와 좌절과 자학과 자해와 자살로 이어질 수 있는 과거의 상처로부터 우리 아이들을 구출할 수 있는 유일한 대안이기 때문이다.

과거의 상처로부터 벗어나야 할 필요성을 절감하는데 상처 준 사람을 도저히 용서할 수 없다면, 심리학자 워딩턴 박사가 제안한 용서의 방법을 권한다.

워딩턴 박사도 도저히 용서하기 힘든 사건을 경험했다. 박사의 노모는 쇠막대기와 야구방망이에 맞아 돌아가셨는데 끔찍하게도 범인은 노모의 음부에 술병을 꽂아두었다고 한다. 어떻게 이런 짓을 저지른 범인을 용서할 수 있을까마는 박사는 범인을 용서했다. 비록 그 과정이 쉽지 않았고 고통스러웠지만, 그때의 용서를 발판삼아 '용서에 이르는 길'을 고안해 냈다. 그가 제안하는 용서의 방법은 많은 사람들에게 행복을 선물하고 있다.

그는 용서에 이르는 길을 5단계로 나누어 설명했는데, 각 단계의 앞 글자를 따 '리치REACH'라고 부른다.

• R(Recall) : 현재의 자리로 상처를 불러와 상처와 마주하자

아이는 상처를 안으로 꽁꽁 감추거나 잊고 싶어 한다. 그건 어른들도 마찬가지다. 감추고 싶고 잊고 싶은 상처에 갇혀 더 아프고 더 괴로운 나날을 지속하게 된다. 이런 상처를 치유하기 위해서는 힘들더라도 아이가 받은 상처를 정면으로 볼 수 있게 도와주어야 한다. 상처를 회피하는 방식은 상처를 치유하는 방법이 아니라 더 곪게 하는 방법이기 때문이다.

아이가 자신의 상처를 불러와 현재의 눈으로 생생하게 응시하고 증언할 때, 부모는 가능한 한 제3자의 입장에서 담담하게 아이의 상처를 돌아보아야 한다. 부모가 유지해 주어야 할 객관성은 들어주는 것이다. 아이에게 상처를 준 사람이 나쁘다는 발언도, 상처를 입은 아이가 불쌍하다는 발언도 하지 않는 것이다. 아이가 자신의 상처를 다시 불러와 현재의 자리에서 마주볼 수 있게 하기 위해서는 상처를 받게 된 시간으로부터 상처 준 사람으로부터 사건이 일어난 장소로부터 물리적 거리를 어느 정도 주는 것이 좋다. 이 단계에선 아이가 자신의 상처를 감추지 않고 발화하게 하는 데 그 목적을 두어야 한다. 아이가 어떻게 상처받았는지를 부모가 흔들리지 않고 들어줄 준비가 되었음을 아이에게 알려야 한다. 부모가 아이가 받은 상처로부터 조금 떨어져 객관을 유지해야 하는 이유는, 부모가 흥분하거나 속상해하면 아이는 상처를 다 꺼내놓기도 전에 다시 감추려 할 것이기 때문이다.

받은 상처를 돌이켜 생각하게 할 수 있으려면, 아이가 상처를 꺼내놓을 수 있는 환경이 마련되어야 한다. 혼자 상처를 되뇌는 것은 더 깊은 상처로의 회귀라는 것을 명심하자.

• E(Empathize) : 감정이입을 하자

상처를 끄집어내 마주 보는 데 성공했다면 그다음엔 아이에게 상처를 준 사람을 이해해 볼 수 있도록 해야 한다. 이 단계에서는 상처를 준 사람이 어떻게 상처를 줬는지를 되짚기보다 왜 상처를 주게 됐는지를 함께 생각해 보아야 한다. 많은 경우 상처받은 마음으로 다른 사람에게 상처를 주는 경우가 많다. 학교폭력 가해 학생들은 과거 또 다른 폭력의 희생양이었던 경우가 대부분이다. 가해자들도 피해자와 마찬가지로 자신의 상처를 어떻게 극복하는지 모른다. 그래서 상처 받은 학생들의 경우 다른 학생을 괴롭히는 방법으로 분노를 표출하기도 하는 것이다. 여리고 상처 많은 아이들이 의외로 폭력적인 성향을 나타낸다. 자신을 방어하기 위해 다른 사람에게 해를 끼치는 것이다. 물론 상처가 있다고 모두 폭력을 행사하는 건 아니지만, 그래서 더욱 이해하기 어렵겠지만, 이해해 보려고 노력하자. 추측으로 상처 준 사람을 이해하는 것은 어렵다. 가능하다면, 상처 준 사람과 진솔한 대화를 나눠 보는 것도 도움이 될 것이다.

• A(Altruistic gift) : 용서는 이타적 선물임을 기억하자

아이들에게 피해를 입힌 사람을 용서해야 한다고 하면 '잘못을 뉘우치지도 않고 용서를 구하지도 않는데 왜 내가 용서를 해야 되죠?'라고 묻는다. 충분히 그렇게 말할 수 있다. 하지만 용서는 나를 위한 선물임과 동시에 상대방에게 줄 수 있는 최고의 선물이다. 아이가 용서하기를 주저한다면 아이가 잘못을 저질렀을 때 다른 사람에게 용서를 받았던 기억을 되살려보도록 하자. 대부분 용서를 받기 전에는 마음이 불편하고 괴로웠는데, 용서를 받고 난 후 마음도 편해지고 고마운 마음이 들 것이다. 그 마음을 상기시키면 아이가 상처를 입힌 사람을 용서하기 한결 쉬워질 것이다.

• C(Commit) : 공개적으로 용서를 밝히자

상처 입힌 사람을 용서하기로 했다면 그 사실을 공개적으로 밝히는 것이 좋다. 다른 사람들에게 가해자를 용서했음을 알려도 좋고, 가해자에게 당신을 용서했다는 편지를 써도 좋다. 쑥스럽다면 일기나 시의 형식을 빌려 용서를 표현할 수도 있다. 이를 권하는 이유는 그렇게 했을 때 용서하는 마음을 지키기가 쉽기 때문이다. 부정정서는 생각보다 집요해 그 순간에는 진심으로 용서했는데도 시간이 지나면 또 다시 불쑥 고개를 내민다. 다시 화가 나는 상황이 오더라도 이미 공개적으로 용서했다면 다른 사람들을 의식해서라도 분노의 감정을 빨리 수습하려 노력할 것이다.

용서편지를 쓸 때 특별한 형식은 필요 없지만 이왕이면 다음 몇 가지 기준을 맞추도록 하자. 먼저 용서편지를 쓰는 이유를 쓰고, 무엇에 분노했는지 구체적으로 쓴다. 그다음 가해자의 행동이 피해자에게 어떤 영향을 주었는지를 쓰고, 가해자의 입장과 행동을 이해하려 노력한다고 쓴다. 마지막으로 앞으로 계속되는 분노를 어떻게 다스릴지를 쓰고, 용서하겠다는 내용을 쓴다. 그리고 앞으로 모든 것이 원하는 대로 잘되기를 바란다는 마음을 표현하는 것으로 마무리하면 좋다.

용서편지는 꼭 가해자에게 전달하지 않아도 된다. 혼자 간직하면서 가끔씩 꺼내 읽어 보는 것만으로도 마음이 편해진다. 처음에는 용서편지를 읽으면서 다시 화가 날 수도 있지만 시간이 지날수록 희미해질 것이다. 그러다 용서편지를 읽을 때 더 이상 가해자에 대한 부정정서가 생기지 않는다고 느끼면 그때 태워 버리면 된다.

• H(Hold) : 용서하는 마음을 굳게 지키자

애써 용서를 했어도 불쑥불쑥 과거의 상처가 되살아날 때가 있다. 그런 아이를 절대 다그쳐서는 안 된다. 서두르지 말고, 용서를 했는데도 또 다시 화가 나는 것은 당연하고 자연스러운 일이라고 위로를 해 준다. 그런 다음 원한을 품고 과거에 얽매여 평생을 불행하게 사는 것보다 빨리 과거의 상처에서 벗어나 행복한 미래를 만드는 것이 중요하다는 것을 확인시켜 준다. 아이가 흔들릴 때마다 용서편지를 읽게 하면서 '나는 용서했다'는 말을 되뇌게 하는 것도 도움이 된다. 용서란 원한을 말끔히 지워 없애는 게 아니라 기억 끝에 매달려 있는 부정적인 꼬리말을 긍정적으로 바꾸는 것이다.

용서란 스스로에게 주는 가장 큰 선물이며 기회이다.

한 시간 동안 행복하고 싶거든 낮잠을 자고, 하루 동안 행복하고 싶거든 낚시를 하고,

한 달 동안 행복하고 싶거든 결혼을 하고, 한 해 동안 행복하고 싶거든 유산을 물려받고,

평생 동안 행복하고 싶거든 남을 용서하고 베풀어라.

몰입은
심리적 성장이다

몰입은 심리적 성장을 나타내는 정신 상태이며, 미래의 심리적 자산을 축적하고 있음을 알려 준다. 이런 맥락에서 본다면 쾌락은 생리적 포만감을 나타내는 특징인 데 비해 만족은 심리적 성장을 나타내는 특징이라 할 수 있다.

카르페 디엠carpe diem, 우리말로 번역하면 '현재를 살아라' 혹은 '현재를 즐겨라'라는 뜻인데, 이 말은 긍정정서를 키울 때도 그대로 적용될 수 있다. 긍정정서를 키우는 데 있어 과거, 현재, 미래의 긍정정서 모두 중요하다. 세 가지 긍정정서가 조화를 이룰 때 행복은 극대화된다. 하지만 우리는 늘 현재를 산다. 현재를 즐겁게 살며 긍정정서를 키우면 과거와 미래의 긍정정서 또한 강해질 수밖에 없다.

현재의 긍정정서는 '쾌락 Pleasure'과 '만족 Satisfaction'이 주도한다. 쾌감은 원초적인 감정과도 같아서 특별히 생각하지 않아도 감각기관을 통해 바로 느껴진다. 대신 지속 시간이 짧다. 예를 들어 맛있는 음식을 먹었을 때 기분이 좋아지거나 재미있는 영화를 볼 때 짜릿한 희열을 느끼는 것은 쾌락에 해당한다. 반면 만족은 원초적인 감정이 아니다. 자기가 좋아하는 일을 하면, 매순간 순간적 쾌락을 느끼기는 어렵지만 오랫동안 좋은 기분을 유지할 수는 있다. 힘이 드는 순간도 많지만 온몸을 꽉 채우는 만족감이 즐겁게 일할 수 있도록 돕는다. 좋은 향기를 맡거나 맛있는 음식을 먹거나 멋진 이성을 만나게 되면 순간적으로 기쁨을 느끼지만 그것이 미래를 건설적으로 이끌어 가지는 않는다. 이런 활동을 쾌락적인 활동이라 하는데, 미래를 위한 투자가 아니므로 결국 아무것도 축적하지 못한다. 반면 만족이나 몰입을 경험하는 활동은 다르다. 몰입은 심리적 성장을 나타내는 정신 상태이며, 미래의 심리적 자산을 축적하고 있음을 알려 준다. 이런 맥락에서 본다면 쾌락은 생리적 포만감을 나타내는 특징인 데 비해 만족은 심리적 성장을 나타내는 특징이라 할 수 있다.

칙센트미하이가 이끄는 연구진은 경험 표집법ESM:experience sampling method을 활용하여 몰입의 빈도를 측정했다. 이 방법은 참가자들에게 무선호출기를 나눠 주고 밤낮없이 무작위로 호출한 뒤 호출을 받은 그 순간에 그들이 하는 생각, 느끼는 감정, 몰입의 정도를 기록하는 것이다. 이 연구진은 다양한 직종에 종사하는 수천 명을 대상으로 100만 가지가 넘는 데이터를 수집했다. 그 결과 실험 대상자 중에는 몰입을 자주 경험하는 사람들도 있지만 거의 느끼지 못하는 사람들도 많았다.

칙센트미하이가 한 연구 중에 몰입 정도가 높은 10대와 낮은 10대를 각각 250명씩 정하여 추적 조사한 것이 있다. 몰입 정도가 낮은 10대들은 여가시간에 주로 친구들과 몰려다니며 백화점 쇼핑을 즐기거나 텔레비전을 많이 보는 것으로 나타났다. 몰입 정도가 높은 10대들은 취미 활동이나 스포츠 활동으로 여가시간을 보내고 있었고 숙제를 열심히 한다는 특징이 있었다.

두 집단을 비교해 본 결과 거의 모든 면에서, 몰입 정도가 높은 10대들의 정신이 더 건강한 것으로 나타났다. 단, 즐거움 면에서는 몰입 정도가 낮은 10대들이 앞섰다. 몰입 정도가 높은 10대들은 몰입 정도가 낮은 10대들을 훨씬 더 즐겁게 생활하는 사람들로 여기며 그들처럼 해 보고 싶어 했다. 그러나 몰입 정도가 높은 10대들이 주로 하는 활동들은, 당장은 재미없게 느껴지지만 훗날 삶에서 크게 보상받을 수 있는 것들이었다. 몰입 정도가 높은 10대들은 대학교에 진학할 확률이 높고 원만한 대인 관계를 이루기도 쉬워 성공할 확률도 그만큼 높아진다. 이는 몰입이 훗날 활용할 수 있는 심리적 자산을 형성하는 정신 상태라고 한, 칙센트미하이의 이론과 일치한다.

그렇다면 아이들의 몰입도를 높이려면 어떻게 해야 할까? 작곡가가 작곡을 하거나 등반가가 암벽 등반을 할 때 몰입을 할 수 있는 이유는, 이러한 활동에 규칙이 있고 기술이 필요하며 그들의 목표가 분명하기 때문이다.

칙센트미하이는 몰입을 경험하기 위해서는 명확한 목표, 신속한 피드백, 과제와 능력 사이의 균형을 맞추라고 말한다. 현재 하고 있는 일이 불분명하거나 오랜 기간이 소요되는 일이라면 몰입이 잘 이루어지지 않는다. 목표가 명확하고 짧은 시간 안에 결과를 만들어 낼 수 있는 일에 몰입이 잘된다. 내가 이 일을 왜 해야 하는지, 어떠한 결과를 창출할 것인지 분명한 목표가 없고 일에 대한 즉각적이고 적절한 피드백이 없다면 몰입을 유지하기 어렵다. 스포츠

나 게임에 몰입이 잘되는 것은 재미도 있지만 그때그때마다 즉각적인 피드백이 있기 때문이다. 어떤 과제가 주어졌을 때 너무 어렵거나 쉬워도 몰입 경험이 잘 일어나지 않는다. 버거운 과제를 달성했을 때 최고의 몰입을 경험할 수 있다. 아무리 호기심이 생기는 일이라도 능력이 따라 주지 못해 해낼 자신이 없다면 몰입은커녕 시작도 못하거나 시작했다가도 금방 포기하게 된다. 공부를 잘하는 학생들은 대부분 공부할 때 몰입을 잘한다. 그만큼 실력을 갖추었기 때문이다. 반대로 학습 능력이 떨어지는 학생들은 몰입을 잘 못한다. 열심히 공부해도 실력이 부족하니 따라갈 수가 없고 공부 의욕이 떨어질 수밖에 없다. 하지만 누구나 더 열심히 노력해서 능력과 실력을 키운다면 과제와 능력의 균형을 맞추어 몰입을 경험할 수 있다.

이처럼 긍정정서를 키우는 방법 중 하나는 지금 하고 있는 일이 쾌락이냐 만족이냐에 따라 달라진다. 만족은 자신의 강점을 찾고 몰입했을 때 느낄 수 있지만, 쾌락은 순간적인 중독에 불과하다. 좋지 않은 습관에 중독되기 전, 아이가 몰입할 수 있는 거리를 다양하게 만들어 주는 것이 긍정정서를 키우는 데 중요하다.

오감을 열고
오직 그것을 음미하라

진정한 몰입은 화분에 물을 뿌리면서 외줄을 타는 것이 아니다. 외줄을 타는 데 온 신경과 정신을 집중하는 것, 그렇게 이쪽에서 저쪽으로 건너가는 일이다.

요즘은 어른들보다 아이들이 더 바쁘다. 초등학생들만 해도 학교와 학원을 쳇바퀴처럼 왔다 갔다 하느라 현재를 즐길 여유가 없다.

초등학교 6학년 수연이도 마찬가지였다. 워낙 욕심도 많고, 어떤 일을 하면 꼭 잘해야 한다는 강박관념을 갖고 있었다. 수연이는 공부도 잘하고 뭘 하든 잘한다는 칭찬을 많이 듣지만, 부모는 그런 수연이가 대견하면서도 걱정이었다. 어떤 일을 시작할 때 수연이가 부적 조바심 내는 일이 많아졌기 때문이었다. 과연 아이가 잘 자라고 있는 것인지, 행복하게 커나가고 있는 것인지 부모는 많은 것이 걱정이었다. 수연이는 바쁜 일상 때문에 집안 행사에도 잘 참석하지 않았다. 가족들이 모여 모처럼 만에 가족여행을 계획해도 수연이는

'숙제가 많아서 전 못 가요.', 혹은 '내일 시험이 있어서요.'라며 거절했다. 외식을 할 때도 식사를 끝내기가 무섭게 집에 가고 싶어 안달했다. 가족끼리 오순도순 이야기도 나누며 천천히 식사를 즐기면 좋으련만 수연이에게는 그럴 만한 여유가 없었다. 할머니 칠순 잔치가 있기 전까지 부모는 문제의 심각성을 잘 몰랐다. 다른 집 부모들은 아무리 '공부해라.' 잔소리해도 아이들이 듣지 않아 고민인데, 수연이는 누가 시키지 않아도 스스로 공부하겠다고 애를 쓰니 부모는 솔직히 다행이라고 생각했다. 하지만 수연이가 할머니 칠순 잔치에 안 가겠다고 고집을 피우면서 뭐가 잘못돼도 크게 잘못됐다는 생각을 뿌리칠 수가 없었다. 이유가 전혀 없는 것은 아니었다. 칠순 잔치 다음 날부터 중간고사가 시작되기 때문이다. 중학교 들어와서 처음 보는 시험이라 중요하긴 하지만, 할머니의 칠순 잔치는 일생에 단 한 번뿐이었다. 더구나 어렸을 때부터 할머니 손에 자란 수연이기에 수연이에 대한 할머니의 사랑은 각별했다. 쥐면 부서질까 불면 날아갈까 애지중지 키웠는데, 그런 할머니의 칠순 잔치에 빠지겠다는 수연이가 괘씸하기만 했다. 어르고 달래 수연이를 칠순 잔치에 겨우 데려갈 수 있었다. 이왕 잔치에 참석했으니 진심으로 할머니의 칠순을 축하하고 고마움을 전했으면 좋겠는데, 수연이의 마음은 이미 집으로 향해 있었다. 칠순 잔치가 빨리 끝났으면 좋겠다는 표정으로 시계만 자꾸 들여다봤다.

이는 비단 수연이만의 이야기는 아닐 것이다. 요즘 아이들은 자신이 관심 두거나 좋아하는 일 외에는 무심하다. 아이들이 이렇게 된 데는 어른들의 잘못이 크다. 어렸을 때부터 오직 공부만을 강조한 탓에 아이들은 일찌감치 현재를 즐길 감성을 잃어버리고 학업 스트레스에 시달리며 무미건조한 하루하루를 보내고 있다. 삶을 천천히 음미할 여유가 없는 것이다.

'음미하기'는 행복을 만드는 데 있어 매우 중요하다. 로욜라 대학교의 브라이언트와 베로프 교수는 음미하기와 관련해 실험을 한 적이 있다. 가장 행복했던 순간이나 좋은 경험을 음미하는 사람, 좋은 기억과 관련된 기념물을 보면서 음미하는 사람, 아무 기억도 음미하지 않는 사람을 세 집단으로 나누어 그들의 행복도를 실험했다.

그 결과 아무것도 음미하지 않은 사람보다 좋은 경험을 음미한 사람이 더 행복해했다. 특히 기억과 관련된 기념물을 보면서 음미한 사람의 행복도가 더 높았는데, 기념물을 통해 좋은 경험을 더 선명하게 기억할 수 있기 때문으로 보인다.

음미하기는 과거의 좋은 경험들을 떠올릴 때도 필요하지만 현재를 즐기는 데도 아주 좋다. 음미하기는 지금껏 무심하게 스쳐갔던 모든 것에 관심을 기울이는 일이다. 관심을 갖고 보면 평범한 일상이 180도 달라진다. 길가에 무심히 핀 꽃을 보거나 한가롭게 거리를 걸으면서도 살아 있는 행복을 느낄 수 있다.

아이들에게 현재를 음미할 수 있는 방법을 가르치려면 부모부터 여유를 찾아야 한다. 앞만 보며 전력 질주하던 것을 멈추고, 평범한 일상을 아이들과 공유하도록 노력해 보자. 아무리 바빠도 주말만큼은 시간을 내 아이와 산을 오르거나 영화를 보는 등 함께 시간을 보내자. 단, 충분한 시간을 두고 천천히 음미하는 자세가 중요하다.

보통 산을 오를 때 사람들은 주변 경치를 둘러볼 여유도 없이 무조건 정상을 향해 바쁘게 올라간다. 이건 음미하기가 아니다. 굳이 정상까지 오를 필요가 없으니, 천천히 주변 풍경도 둘러보고, 발끝에 닿는 흙이나 돌의 촉감도 느껴보고, 산새소리, 물소리도 느끼고, 좋은 공기를 한껏 들이마시며 걸어 보자. 산을 걷는 것처럼 오감이 시원하게 열리는 일이 또 있을까. 아이가 산을 걷는 내내 핸드폰을 만지작거리고 귀에 이어폰을 끼고 있다면, 아이의 손을 잡고 걷자. 느끼는 모든 것에 감탄의 말을 뱉어보자. "저기, 청솔모다!", "이런 게 진짜 숨 쉬는 거지.", "나무 가지를 보면 어느 쪽이 햇빛이 더 오래 머무는 곳인지 알 수 있어. 저기 봐. 왼쪽보다 오른쪽의 가지들이 더 길지?" 이런 말들이 아이의 오감을 자연스럽게 열릴 수 있도록 도울 것이다.

음미하기에 익숙해지면 평범한 모든 것이 즐거워진다. 맛있는 식사 시간을 기다리는 것도 즐겁고, 친구들을 만나러 가는 일도 즐겁다. 그만큼 현재의 긍정정서도 커지고, 행복해진다.

음미하기에 익숙하지 않은 아이들이 갑자기 현재의 일상을 음미하기는 쉽지 않다. 사실 아이들뿐만 아니라 어른들도 마찬가지다. 음미하기에 익숙해질 수 있는 좋은 방법이 있다. 브라이언트와 베로프 교수가 대학생 수천 명을 대상으로 실험하여 도출한 방법인데, 아이의 행복을 위해 하나하나 실천해 보자.

일상에서 벌어진 좋은 경험을 아이와 공유하자

"오늘 모처럼 친구들과 재래시장을 구경해서 정말 좋았어. 싱싱한 채소를 아주 싸게 사서 더 기뻤어. 우리 딸은 오늘 무슨 좋은 일 없었니?"

대화를 통해 일상에서 벌어진 좋은 경험을 아이와 공유해 보자. 기쁨은 두 배가 될 것이며 이런 대화의 반복이 아이의 긍정정서를 더 크게 키워 줄 것이다.

기분 좋은 추억을 만들자

기분 좋은 경험은 머릿속으로만 떠올릴 때보다 경험을 연상시키는 기념물을 보면서 떠올릴 때 더 행복해진다. 기념물을 남기는 것은 일종의 '추억 만들기'다. 바닷가의 조개껍데기나 작은 돌멩이를 주워 오는 것, 사진을 찍는 것, 좋은 경험을 글로 적어 보는 것 모두 과거의 좋았던 경험 속으로 우리를 데려다주는 훌륭한 매개체들이 된다. 좋은 추억이 담긴 물건일수록 가까이 두고 볼 수 있게 한다면 아이는 행복한 음미하기를 더 자주 경험하게 될 것이다.

좋은 일이 생기면 자축하자

좋은 일을 다른 사람과 공유하는 것도 중요하지만 스스로 자축하는 것도 좋은 일을 음미하는 데 도움이 된다. 아이들은 자축하는 것보다 부모에게 인정받고 축하받는 걸 더 좋아하는 경향이 있지만 그것과는 별개로 자축하는 연습을 하도록 도와주자. 자축하기는 자신에게 생긴 긍정적인 사건을 스스로 기뻐하고 축하해 주는 것으로, 공유할 사람이 적어지는 환경이 될 때 큰 도움이 된다. 아이들보다 어른들이 그런 환경에 쉽게 처하는데, 이는 사회에서 관계를 맺는 사람들끼리는 타인의 기쁨에 인색해지게 되기 때문이다. 오히려 타인의 좋은 일을 시기하거나 질투하는 경우가 더 많다. 겉으로는 축하한다는 말을 건네더라도 진심으로 축하하고 기쁜 일을 나누기에 지금의 경쟁사회는 너무나 인색하고 옹졸하다. 자축이 꼭 그것을 위한 대비 훈련인 것만은 아니지만, 스스로 행복을 느끼는 일인 것만은 분명하다. 스스로 잘해낸 일이 있다면 거울을 보고 잘했다고 말해주거나, 스스로에게 멋진 스카프 하나를 선물하는 것도 자축을 더 즐겁게 음미하는 방법이 될 것이며, 훗날 그 선물이 기념물로 남는 일이 되기도 한다.

현재 하고 있는 일에만 집중하자

음미를 제대로 하려면 한꺼번에 여러 가지를 해서는 안 된다. 요즘은 아이나 어른이나 스마트폰을 끼고 산다. 밥을 먹으면서도 사람들과 이야기를 나누면서도 스마트폰을 한다. 심지어는 걸어갈 때도 스마트폰을 보면서 걷는다. 이렇게 동시에 여러 가지를 하면 현재 느낄 수 있는 행복을 충분히 음미할 수 없다. 요즘 아이들은 집중력이 부족한데, 시간이 짧더라도 한 번에 한 가지에만 집중할 수 있도록 도와주어야 한다. 밥을 먹을 때와 대화를 나눌 때 가족과 눈을 마주치는 일에 집중하는 것이 얼마나 소중한 것인지, 길을 걸을 때 스마트폰을 보고 이어폰을 끼고 음악을 듣는 것이 얼마나 위험한 일인지, 그런 행동들은 몰입으로 이어질 수 없게 할 뿐만 아니라 소중한 것들을 놓치게 하는 방해요인임을 느낄 수 있게 도와야 한다.

현재 하는 일에 심취하자

심취하기는 집중하기와 비슷하면서도 다르다. 집중하기가 행동과 관련된 것이라면 심취하기는 정신적 몰입과 관련이 있다. 현재를 충분히 음미하려면 행동을 한 가지 일에 집중한 다음, 오직 그 일에만 빠져들어야 한다. 머리로 다른 생각을 하거나 이 일을 잘하고 있는 것인지도 의심하지 말고 지금 하는 일에 심취해야 행복을 느낄 수 있다.

진정한 몰입은 화분에 물을 뿌리면서 외줄을 타는 것이 아니다. 외줄을 타는 데 온 신경과 정신을 집중하는 것, 그렇게 이쪽에서 저쪽으로 건너가는 일이다.

꿈이 자라면 자신감도 자란다

많은 선수들이 장미란 선수처럼 이미지 트레이닝을 하는 이유는 금메달에 대한 허영이 아니다. 자신이 원하는, 노력한다면 닿을 수도 있는 최고의 자리에 자신을 두고 그 행복한 상상으로 고된 훈련을 이겨내기 위함이다.

어른들은 뛰어 노는 아이들을 보면서 '저때가 좋았지.' 하며 아이들을 부러워한다. 거기에 덧붙여 "인마, 니들은 지금 행복한 줄 알어." 하고 아이들에게 아이들은 알아듣지 못할 말을 청승맞게 내뱉곤 한다. 아이들은 경제적인 걱정도 부양해야 할 가족도 없으니 세상살이의 큰 고민에서 자유롭다고 어른들은 생각하는 것이다. 그러나 아이들도 늘 만사오케이는 아니다. 어른들의 그런 말들은 마치 불행한 미래가 아이들의 운명이라는 것을 단단히 못 박고 있는데, 그래서 아이들은 왠지 모를 불안에 휩싸이게 된다.

어른이 되어 돈 걱정 않고 살려면, 남에게 눈치 안 받고 살려면, 신간 편하게 살려면, 당당하게 살려면, 인정받으려면 등등. 아이들은 조건부로만 미래의 행복을 보장받을 수 있다고 어른들로부터 배운다. 그것을 진리처럼 마음에

새기며 미래의 행복이라는 부담을 안고 자라게 된다.

아이들에게 미래의 행복은 왜 보이지 않는 터널이 되어야 하는가. 영어 유치원을 나와, 전국 성적이 높은 초등학교, 공부 말고는 딴생각을 허용하지 않는 중학교, 입시 전략에 탁월한 사립고를 거쳐, 모두가 명문이라 칭하는 대학에 입학하면 아이들의 미래는 행복한가. 자신이 꾸는 꿈이 미래의 행복을 보장할 수 있는가를 고민하는 아이들이 안타깝다. 미래를 생각할 때 희망에 부풀기보다 왠지 모르게 불안하고 초조하다면, 아이는 긍정정서보다 부정정서가 많은 것이다. 마음껏 미래를 꿈꾸고 행복해야 할 아이들이 미래를 떠올릴 때마다 걱정스러운 얼굴을 하고 답답해한다면 그것만큼 안타까운 일도 없다.

미래의 긍정정서는 자신감과 낙관성이 결정한다. 낙관성에 대해서는 뒤에서 자세히 다루도록 하고 여기서는 자신감을 중심으로 어떻게 미래의 긍정정서를 키울 수 있는지 살펴보자.

우빈이 엄마는 우빈이 때문에 걱정이 많았다. 초등학교 다닐 때는 괜찮았는데, 중학교에 입학하면서 매사 자신이 없어하며 아무것도 하지 않으려 했다. 우빈이는 초등학교 내내 반장을 도맡아 할 정도로 리더십도 있고 사람들 앞에 나서는 것을 두려워하지 않았다. 초등학교 친구들 대부분이 유치원 때부터 형제처럼 지내온 아이들이라 우빈이가 초등학교 생활을 무리 없이 보내는 데 한몫을 한 것도 사실이다. 그러나 리더십도 있고 공부에도 자신감을 보이는 우빈이에게 좀 더 훌륭한 환경을 만들어주고 싶어 부모는 소위 명문 학군 동네로 이사를 했다. 명문 중학교에 입학했지만 그곳에서 우빈이는 더 이상 리더십 있는 아이가 아니었다. 우빈이를 잘 모를 수밖에 없는 친구들은 반장 선거에서 우빈이에게 세 표만을 주었다. 그 일로 우빈이는 큰 충격을 받았다. 아직 친구들과 친해질 기회도 없었기 때문에 떨어진 게 당연하다고 우빈이를 달랬지만 소용없었다. 설상가상으로 첫 중간고사 성적 또한 기대 이하였다. 학군이 좋은 지역이라 어느 정도 성적이 떨어질 것은 예상했지만 부모도 충격이 컸다. 이후 우빈이는 급격히 자신감을 잃고 말았다. 점점 말수도 적어지고, 의욕을 잃어 공부에 집중하지 못했다. 우빈이 엄마는 애가 탔다. "처음이라서 그렇지, 넌 잘할 수 있어. 조금만 노력하면 성적도 오르고, 친구들도 너를 좋아하게 될 거야." 용기를 북돋아 주어도 우빈이의 자신감은 회복되지 않았다.

한 번 추락한 자신감을 회복시켜 주기는 쉽지 않다. 하지만 미래의 긍정정서를 키우기 위해서도, 아이가 행복한 삶을 살 수 있게 하기 위해서라도 반드시 잃어버린 자신감을 찾아 주어야 한다. 자신감이란 어떠한 것을 할 수 있다는 자신의 능력에 대한 믿음이다. 목표를 성공적으로 달성할 수 있다는 확신이다. 따라서 자신감이 있는 사람은 미래를 두려워하지 않는다. 설령 어떤 어려움이 닥친다 하더라도 의연하게 대처하고 극복할 수 있기 때문에 미래가 불안하지 않다.

아이의 성향에 따라 태어날 때부터 자신감이 강한 아이가 있는 반면 자신감이 약한 아이도 있다. 또한 우빈이처럼 자신감이 넘치다가 어떤 계기로 자신감을 상실한 아이들도 많다. 어떤 경우든 걱정하지 않아도 된다. 자신감은 타고나는 것이 아니라 키워지는 것이다. 부모가 잘 도와주면 얼마든지 자신감을 강화하고 잃어버린 자신감을 회복할 수 있다. 자신감을 키워줄 수 있는 방법을 자세히 알아보자.

역할 모델을 찾을 수 있도록 아이를 도와라

할 수 있다는 자신감을 키워 주려면 아이에게 닮고 싶은 역할 모델을 만들어 주는 것이 좋다. 성공한 사람들을 보면 대부분 다른 성공한 사람들의 이야기에 많은 관심을 갖는다. 특히 어려운 역경을 극복하고 무언가를 성취한 사람들의 이야기는 남녀노소 모두의 관심과 감동을 불러일으킨다.

꼭 역할 모델이 사회적으로 크게 성공한 유명인일 필요는 없다. 가까운 주변 사람들 중에서도 얼마든지 역할 모델을 찾을 수 있다. 예를 들어 우빈이의 경우 우빈이와 비슷한 상처를 입었지만 열심히 노력해서 친구들도 많이 사귀고 성적도 올린 친구나 선배가 있다면 그들을 역할 모델 삼을 수 있다. 아이 혼자서는 역할 모델을 찾기가 어려울 수 있기 때문에 다양한 루트(인터넷, 신문, 책 등)를 통해 역할 모델을 찾을 수 있도록 부모가 도움을 주어야 한다. 아이가 정말 닮고 싶은 사람을 역할 모델 삼을 수 있도록, 부모가 특정 인물을 지목해 아이에게 부담을 주어서는 안 된다.

진심으로 아이를 믿고 응원해라

나를 믿고 응원해 주는 사람이 있다는 것이 얼마나 큰 힘이고 위로인지 우리는 잘 안다. 적절한 조언과 잘할 수 있다는 격려를 곁에서 해 주는 사람이

 　　　　　　　　　　　　　　　　　　만 3세부터 행복을 가르쳐라

있다면 혼자서는 엄두 내지 못할 일을 시도할 수 있다. 아이에겐 당연히 부모가 이런 든든한 응원군 역할을 해 주어야 한다.

아이를 응원할 때 유의해야 할 점은 말로만 응원하는 것이 아니라 마음을 담아 응원해야 한다는 것이다. 진심으로 자신을 믿어주고 응원하는 것인지 아닌지 아이들은 느낌으로 구분해낼 수 있다. 속으로는 '설마 네가 그 일을 할 수 있겠어? 나는 네가 늘 걱정이야.' 반신반의하면서 겉으로만 "엄만 걱정 안 해. 넌 충분히 잘할 수 있단다."라고 말할 거라면 오히려 응원의 말을 건네지 않는 편이 낫다. 부모의 가식 응원은 아이를 위축되게 할 뿐만 아니라 부모에 대한 불신까지도 낳는다.

성취를 경험할 수 있도록 도와라

'난 할 수 있다'는 주문만으로는 자신감을 키우는 데 한계가 있다. 자신감을 확실하게 키우려면 직접 무언가를 시도해 보고 성취하는 경험을 해 보아야 한다. 큰 것에 대한 성취가 아니어도 괜찮다. 작더라도 성취했다는 그 경험 자체가 중요하기 때문에 처음에는 욕심 부리지 말고 아이가 조금만 노력하면 충분히 성취할 수 있는 목표를 세우도록 하는 것이 좋다. 엄마가 깨우기 전에 일어나지 못했던 아이라면 스스로 일어나는 것을 목표로 삼는 것도 좋다.

작은 성취라도 일단 무언가 목표를 세우고 이루면 아이는 자신감을 갖는다. 그렇게 단계적으로 성취 목표를 높게 잡고 하나씩 달성하다 보면 아이는 자신감이 가득한 아이로 성장해 있을 것이다.

스트레스를 잘 관리해라

자신감은 기분과 건강상태에 따라 생각보다 많이 달라진다. 몸이 아프거나 기분이 안 좋으면 만사가 귀찮아지고 부정정서가 강해지는 것은 당연하다. 신체적, 정신적 건강을 위협하는 가장 큰 요인은 스트레스다. 스트레스를 원천적으로 막아 줄 수 있다면 좋겠지만 현실적으로 불가능한 일이다. 어쩔 수 없이 스트레스를 받아야 한다면 아이가 적절히 스트레스를 관리할 수 있도록 도와주는 것이 필요하다. 불필요한 잔소리를 하지 않는 것은 기본이고, 아이 스스로 스트레스를 풀 수 있는 방법을 찾아 주는 것도 필요하다.

최상의 내 모습 그려 보기

꿈이 없는 아이들이 의외로 많다. 천천히 찾아지는 것이 꿈이기도 하지만, 그 어떤 꿈도 꾸지 않는다면 심각한 문제다. 꿈이 자주 바뀌더라도 꿈을 꾸는 그 자체로 아이는 행복하다. 상상이 결여된 곳은 전쟁터뿐이다. 아이들이 꿈꾸지 않는다는 것은 아이들의 현실이 전쟁터와 같은 곳에 놓여있다는 것은 아닐까. 촉박한 시간, 발 디딜 틈 없는 마음의 공간으로부터 아이들을 좀 자유로워지게 돕자. 미래의 자신을 상상할 수 있도록.

미래의 긍정정서를 키우려면 '최상의 내 모습 best possible self'을 그려 보는 것이 좋다. 꿈꾸던 자신의 모습을 그려보고 원하는 삶을 사는 자신의 인생을 묘사해 보도록 하자. 아이가 최상의 내 모습을 그릴 때는 가능한 생생하게 그릴 수 있도록 도와주어야 한다. 충분한 시간과 몰입할 수 있는 환경을 마련해 주어야 한다. 미래의 자신이 되어보는 상상에 몰입할 수 있도록 말이다. 생생하게 그릴수록 그 미래가 현실이 될 가능성이 커진다. 이 말은 꿈이 구체적일수록 이룰 수 있는 가능성이 높아진다는 것이다. 막연하거나 추상적인 꿈은 상상 속에서도 흐지부지되기 마련이다. 구체적인 꿈은 구체적인 행위를 하게 한다는 점에서 그렇다.

올림픽 역도 금메달리스트인 장미란 선수는 매일 경기의 모든 과정을 머릿속에 그렸다고 한다. 경기장에 입장하는 순간부터 손에 송진 가루를 바르고 호흡을 가다듬은 후 역기를 들어 올리는 순간까지, 그리고 관중의 환호성을 떠올렸다고 한다. 금메달을 목에 거는 순간의 감촉, 목에서 메달이 흔들리는 느낌 하나하나까지 세세하게 모든 장면을 떠올리는 훈련을 했다고 한다. 매일 경기를 치르고 금메달 띠는 자신의 모습을 그려본 덕분에 실전에서 떨지 않고 제 기량을 발휘할 수 있었던 것이다. 많은 선수들이 장미란 선수처럼 이미지 트레이닝을 하는 이유는 금메달에 대한 허영이 아니다. 자신이 원하는, 노력한다면 닿을 수도 있는 최고의 자리에 자신을 두고 그 행복한 상상으로 고된 훈련을 이겨내기 위함이다. 꿈이 없는 사람은 어떤 일을 하더라도 의욕적으로 꾸준히 일하기 쉽지 않다. 꿈이 나를 끌어주고 뒷받침해 준다. 이미지 트레이닝은 마음의 시각화에 불과한 것 같지만 실제 그 운동을 했을 때처럼 근육이 긴장될 뿐만 아니라 실전에서 실수를 줄이는 데에도 큰 역할을 한다. 이는 최상의 내 모습을 그려보는 일에도 똑같이 적용될 수 있는 말이다.

최상의 내 모습은 몽상이나 환상이 아니다. 아이가 꿈꾸는 최상의 내 모습에 한계를 지을 필요는 없다. 그러나 총싸움이 좋아 전쟁을 일으키는 사람이 되겠다든가, 동화 속에 등장하는 여왕이 되겠다든가 하는 상상을 한다면 적절히 궤도를 수정해 주면 된다. 나의 꿈으로 인해 보다 많은 사람이 행복해질 수 있는 꿈, 어려워 보이지만 노력한다면 실현가능한 꿈을 꾸도록 말이다.

최상의 내 모습을 그려냈다면, 이제 꿈을 위해 무엇을, 어떻게 하면 좋을지 생각해 보자. 그리고 아이들에게 아이들의 꿈을 믿고 맡겨 보자. 아이들은 꿈을 현실로 이뤄내는 마법 같은 잠재력을 지녔으니까.

*

지금까지 긍정정서가 무엇인지, 어떤 효과를 내는지, 긍정정서를 키우는 방법을 알아봤다. 이제 마지막으로 긍정정서를 아이의 일상에서 활용하는 방법을 알아보자. 긍정정서를 활용한다는 말은 오직 긍정적인 면만 보고 언제나 활짝 웃으라는 것이 아니다.

프레드릭슨 교수에 의하면 긍정정서가 어떻게 작용하며 그것이 무엇을 암시하는지 안다면 다음 세 가지를 배울 수 있다고 한다. 첫째 긍정정서가 만들어 준 기회를 적극적으로 이용하는 방법, 둘째 긍정정서를 경험하는 횟수와 긍정정서를 지속시키는 방법, 셋째 당신이 속한 곳에서 훌륭한 팀원이 되는 방법이 바로 그것이다.

긍정정서가 어떻게 작용하는지 안다는 것은 자신의 정서적 삶에 능동적으로 참여하는 방법을 배우는 것과 같다. 긍정정서가 느껴지는 다양한 순간을 단순히 떠올려 보자.

아이의 열정을 자극하는 것은 무엇인가?

만 3세부터 행복을 가르쳐라

아이에게 자부심과 자존감을 느끼게 하는 것은 무엇인가?

무엇이 아이를 웃게 만드는가?

무엇이 아이에게 희망을 갖게 하는가?

아이 안에는 열정, 기쁨, 희망 같은 정서를 키워낼 힘이 있다. 아이는 혼자 힘으로 긍정적인 순간을 떠올리고 유지하면서 자신의 삶을 낙관적으로 바라볼 수 있다.

긍정정서는 아이의 미래에 꺼내 쓸 수 있는 건강한 신체적 자원, 좋은 관계 유지를 위한 사회적 자원, 우울감을 줄여 주는 심리적 자원을 구축하게 도와 줄 것이다. 더욱이 아이가 느낀 긍정정서의 효과는 가족, 친구 등 다른 사람들에게까지 퍼져 나간다. 아이가 행복하면 자신의 삶과 그 속에 있는 것들에 더욱 만족함에 따라 타인에게 내줄 것이 더 많아질 것이다.

그래서 나는 긍정정서를 나비효과라고 한다. 나비효과는 1961년 미국의 기상학자 에드워드 로렌츠가 발표했는데 브라질의 아마존에서 나비가 날갯짓을 한 번 하면 미국 텍사스에 토네이도가 일어난다는 과학이론이다. 아이의 진정한 행복을 원한다면 아이가 진정어린 긍정정서를 키우고 적극적으로 활용할 수 있도록 부모가 코치해 주자.

Part 03

대표강점을 찾은 아이가 행복하다

약점보다 강점이
더 중요하다

강점이란 다양한 성격적, 심리적 특성 가운데 특히 두드러지는 긍정적인 특성을 의미한다. 이런 강점을 발휘하게 될 때 비로소 진정한 행복을 누릴 수 있다.

"우리 아이는 언어에 재능이 있는 것 같아요. 또래에 비해 표현력이 남달라요."

"우리 아이는 그림을 잘 그려요. 제대로 미술을 가르치려면 돈이 많이 든다고 하던데, 걱정이에요."

부모들은 누구나 아이의 재능에 관심이 많다. 아이가 갖고 있는 재능을 발굴해 키워 주어야 성공할 수 있고 행복할 수 있다고 믿는다. 하지만 행복해지기 위해서는 재능보다 강점이 더 중요하다.

강점이 무엇인지 선뜻 이해되지 않는 부모들이 많을 것이다. 강점을 장점과 혼동하는 분들이 많은데, 강점과 장점은 비슷하면서도 큰 차이가 있다. 강점은 개개인의 특성과 관련이 깊은데, 하다못해 동일한 유전자를 물려받은 형제자매도 판이하게 강점이 다른 경우가 많다. 특성은 꼭 좋은 것만 있는 것은 아니다. 긍정적인 특성이 있는가 하면 부정적인 특성도 있다. 또한 특성은 한 가지가 아니라 여러 가지일 수 있는데, 강점이란 다양한 성격적, 심리적 특성 가운데 특히 두드러지는 긍정적인 특성을 의미한다. 이런 강점을 발휘하게 될 때 비로소 진정한 행복을 누릴 수 있다.

"당신의 강점은 무엇인가요?"라고 물었을 때 망설이지 않고 바로 대답할 수 있는 사람은 많지 않다. 힐의 연구조사에 의하면 3분의 1에 해당하는 사람만이 자신의 긍정적인 특징인 강점을 말할 수 있다. 그러나 "당신의 약점은 무엇인가요?"라는 질문에는 훨씬 수월하게 대답을 한다. 일반적으로 자신의 강점보다 약점을 더 많이 의식하기 때문이다.

유명한 심리학자 제인스 교수는 도마뱀 실험을 통해 아이들의 강점을 찾아 주는 것이 얼마나 중요한 일인지 입증했다. 제인스는 자신의 연구실에서 희귀한 아마존 도마뱀을 애완동물로 키웠다. 처음 몇 주간 도마뱀은 아무것도 먹지 않고 버텼다. 그는 도마뱀이 굶어 죽지나 않을까 걱정이 되어 갖은 방법을 다 써 보았다. 상추, 망고, 다진 돼지고기, 과일 주스를 보고도 꿈쩍도 하지 않아 살아 있는 곤충을 직접 잡아 주기도 했다. 나중에는 중국 요리까지 손수 만들어 주었지만 도마뱀은 마찬가지로 거들떠보지 않았다. 어느 날 그는 햄 샌드위치를 사다 도마뱀에게 주었는데, 역시나 다른 때처럼 별 반응이 없었다. 실망감을 추스르며 평상시처럼 신문을 집어 들었다. 매일 신문 읽기로 하루를 시작하는 제인스는 그 날도 〈뉴욕타임스〉의 중요한 면을 다 읽은 후 신문지를 던져 놓았는데, 하필 신문이 햄 샌드위치를 덮쳐 버렸다. 그런데 그 순간 놀라운 일이 벌어졌다. 도마뱀이 살금살금 기어서 신문지 위로 폴짝 뛰어오르더니, 갈기갈기 찢은 다음 눈 깜짝할 사이에 햄 샌드위치를 먹어 치우는 게 아닌가. 제인스는 너무나 신기하고 기뻤다. 알고 보니 도마뱀은 무언가 갈가리 찢은 다음 음식을 먹도록 진화되었던 것이다. 도마뱀의 강점은 사냥이었던 셈이다.

스포츠 황제들 또한 강점을 찾아 발휘했다. 축구의 리오넬 메시와 골프의 타이거 우즈를 잘 알고 있을 것이다. 사람들은 이 두 선수에게 황제라는 칭호를 붙인다. 그들은 어떻게 최고의 선수들만 들을 수 있는 '황제'라는 칭호를 얻게 되었을까? 태어날 때부터 축구와 골프를 잘할 수 있는 강점을 갖고 있었던 것일까? 아니다. 그렇지 않다. 오히려 그들은 신체적, 기술적으로 치명적인 약점이 있었다.

메시는 어린 시절 7년 동안이나 희귀병을 앓아 키가 169cm 밖에 되지 않았다. 키가 작다보니 '너는 키가 작아서 축구를 할 수 없어.'라는 말을 줄곧 들었지만 메시는 좀 다른 관점에서 자신을 보았다.

'남들보다 작기 때문에 난 남들보다 조금 더 빠르고 민첩할 수 있을 거야. 그리고 이건 내가 축구를 하는 데 도움이 될 거야.'

주변 사람들은 메시의 약점에 초점을 맞추었지만 메시는 자신의 강점에 초점을 맞춘 것이다.

타이거 우즈 역시 선수생활 초기에는 자신의 약점에 초점을 맞추었다. 우즈의 약점은 벙커샷이었다. 매일 상당히 많은 시간을 벙커샷을 연습하는 데 할애하고 있었다. 그러던 어느 날 코치가 연습 장면을 지켜보다 이렇게 말했다.

"너는 호쾌한 드라이브 샷, 정교한 아이언 샷과 같은 강점이 있는데 왜 약점인 벙커샷에만 치중하고 있니? 강점에 초점을 맞추어서 연습해야지."

그때부터 우즈는 자신의 강점을 위주로 연습했다. 그 결과는 굳이 말하지 않아도 잘 알 것이다.

그렇다고 약점이 필요 없다는 것은 아니다. 약점도 필요하지만 강점이 더 중요하다는 것이다. 항해하는 돛단배를 상상해 보자. 불행히도 돛단배에 구멍이 났다. 그 구멍을 당신의 약점이라고 하자. 상식이 있는 사람이라면 그 약점, 즉 구멍을 무시하지 않을 것이다. 그랬다가는 가라앉을 테니까 말이다. 당신은 반드시 구멍에 주의해야 한다. 현실에서 구멍(약점)에 주의하지 않을 경우, 돛단배는 뒤집히거나 가라앉을 수 있다. 따라서 구멍을 막으려고 애써야 한다. 그리고 구멍을 막는다 해도 당신은 중요한 한 가지 사실을 더 깨달을 것이다. 구멍을 완벽하게 막는다 해도 당신이 어디론가 가기 위해서는 돛을 잘 조정해야 한다. 돛단배를 앞으로 밀어내는 것이 바로 돛(당신의 강점)이기 때문이다. 전진하기 위해서는 돛을 더 높이 올려야 한다.

위대한 경영자 피터 드러커는 "약점으로는 그 어떤 성과도 낳을 수 없다. 성과를 낳는 것은 강점이다. 나만의 강점을 파악해야 한다."라고 말했다. 부모가 아이의 강점을 찾아 주는 일은 생각보다 중요하다. 강점을 찾은 아이는 행복하게 인생을 순항할 수 있다.

강점을 발견하면 잠재력이 발휘된다

아이들을 키울 때 약점보다는 강점을 끌어내는 데 집중해야 한다. 아이들은 스스로 성장할 수 있는 잠재력을 갖고 있다. 다만 그 잠재력을 발휘할 기회를 찾지 못했을 뿐인데, 동기 부여를 통해 아이의 강점을 찾아 주면 잠재력은 저절로 발생한다.

아이가 성적표를 갖고 왔다. 영어 '수', 사회 '수', 과학 '미', 수학 '가'인 성적표다. 가장 먼저 시선이 가는 곳이 어디인가? 갤럽에서 학부모들을 대상으로 실제 이런 조사한 적이 있다. 조사결과 77%가 '수학 가'라고 답을 한 것으로 나타났다. 부모들이 자녀를 볼 때 강점보다는 약점을 먼저 본다는 것을 단적으로 보여 준 좋은 예다.

아이들을 키울 때 약점보다는 강점을 끌어내는 데 집중해야 한다. 아이들은 스스로 성장할 수 있는 잠재력을 갖고 있다. 다만 그 잠재력을 발휘할 기회를 찾지 못했을 뿐인데, 동기 부여를 통해 아이의 강점을 찾아 주면 잠재력은 저절로 발생한다.

초등학교 3학년 민성이는 호기심이 많고 사람들과 어울리는 것을 좋아하는 아이였다. 호기심이 어찌나 강한지 잠시도 가만히 앉아 있는 법이 없었다. 주변에서 일어나는 모든 일에 관심을 갖고 참견하기를 좋아했다. 하다못해 엄마가 전화 통화를 하면 "엄마, 누구야? 누구랑 통화한 거야?"라며 지나친 관심을 보였다. 부모는 그런 민성이가 늘 못마땅했다. 아직 어려서 그러겠거니 이해를 하려 해도 도가 지나쳤다. 넘치는 호기심으로 망가뜨린 가전제품과 장난감이 한두 개가 아니었다. 시계, 리모컨, 큰맘 먹고 사 준 비싼 장난감 자동차까지 줄잡아 50개 이상은 망가뜨린 것 같았다. 결국 민성이 부모는 민성이의 호기심을 탓하기 시작했다.

"제발 가만히 좀 있어!"

"쓸데없이 멀쩡한 장난감 분해하지 말고, 그럴 시간에 공부 좀 해!"

"엄마가 다른 사람과 이야기할 때는 절대 끼어들지 마. 알았어?"

계속 꾸중을 들은 민성이는 변하기 시작했다. 활발했던 아이는 점차 시무룩해졌다. 호기심도 크게 줄었다. 예전 같으면 눈빛을 반짝이며 관심을 보일 법한 일인데도 멀찍이 떨어져 잠시 지켜보다 고개를 돌리는 일이 잦아졌다. 처음에는 민성이가 말썽을 부리지 않으니 편하고 좋았다. 하지만 시간이 지나면서 걱정이 되기 시작했다. 민성이의 모습이 결코 행복해 보이지 않았다. 잘 웃지도 않고 어디에도 관심을 두지 않고 다른 사람과 쉽게 어울리지 못하는 민성이가 안타까웠다. 차라리 말썽을 부리더라도 예전처럼 활발하고 호기심 강한 민성이가 좋았다. 민성이 부모는 민성이를 걱정하며 나를 찾아왔다. 민성이의 강점은 '호기심'인데, 강점을 살려 주기는커녕 사고를 친다며 없애

버렸으니 민성이가 행복할 리 만무했다. 부모는 상담 후 민성이의 강점을 키워 주기 위해 많은 노력을 기울였다. 우선 민성이에게 사과했고, 민성이의 강점이 호기심이라는 것도 알려 주었다. 그리고 호기심에 대한 특성과 호기심을 가진 인물도 알려 주었다.

“민성아, 미안해. 네가 하고 싶어 하는 것들을 못하게 해서 많이 속상했지? 앞으로는 민성이가 하고 싶어 하는 것 다 해 볼 수 있도록 도와주고 싶어.”

“정말이에요? 정말 해 보고 싶은 것 다 해 봐도 돼요?”

민성이는 믿기지 않는 듯 되물었다.

“대신 뒷정리를 잘해 주었으면 좋겠어. 그리고 너무 비싼 건 가능한 한 망가뜨리지 않았으면 좋겠어.”

예전처럼 호기심을 마음껏 발휘하면서 민성이는 다시 밝아졌다. 호기심이 부모에게 혼날 일이 아니라 자기만의 강점이라는 것을 알게 되면서 민성이는 호기심에 대한 책임감도 생겼다. 자신의 호기심이 혹 다른 사람을 불편하게 만들거나 피해를 입힐 수도 있음을 이해하고 무분별하게 호기심을 앞세우는 일을 줄여 나갔다.

우리 둘째 아이도 강점을 찾고 행복해진 경우다. 둘째 아이는 민성이처럼 어렸을 때부터 책을 좋아하고 매사에 호기심이 많고 자아가 강한 아이였다. 우리나라 학교는 호기심이 많고 개성 강한 아이들을 잘 포용하지 못한다. 둘째 아이는 수업시간에 질문을 많이 했다. 선생님을 귀찮게 하고 힘들게 하는 소위 문제아였다. 자꾸 문제아 취급을 당하자 아이도 점점 학교에 가기 싫어해 어쩔 수 없이 조기 유학을 보냈다. 초등학교 6학년이 아무 연고도 없는 캐나다로 혼자 간다는 게 쉬운 일은 아니었지만 아이는 국제변호사가 되겠다는 꿈을 안고서 과감하게 떠났다. 다행히 캐나다 학교는 아이를 문제아로 취급하지 않았다. 오히려 호기심이 많고 창의력이 뛰어난 아이라며 칭찬해 주었다. 그래도 낯선 타국에서 고군분투하는 아이가 걱정되기도 하고 앞으로 닥칠 크고 작은 역경을 이겨 내라 응원하고 싶기도 해서, 아이에게 긍정심리학 책을 보내 주었다. 방학을 맞이해 귀국할 때마다 긍정심리학의 행복에 대해서도 이야기해 주었다.

한번은 아이와 함께 아이의 강점을 알아보는 검사를 했다. 아이는 여러 가지 강점을 갖고 있었고, 대표저인 강전이 '친절과 배려'인 것으로 나타났다. 자신의 강점을 확실하게 알게 된 둘째 아이는 변하기 시작했다. 이전에는 의식적인 행동도 있었지만, 강점을 알고 난 후에는 항상 진심으로 다른 사람을 배려하기 시작했다. 진심으로 남을 위하고 돕는 일에 적극적이었다. 강점에 대한 발견이 둘째 아이를 얼마나 크게 변화시키고 있는지 보여 주는 증거로 아이가 보내온 메일 한 통을 실어본다.

에스컬레이터 앞에서 망설이는 시각장애인 할머니를 본 적이 있어요. 움직이는 물체에 몸을 싣는 것이 앞이 보이지 않는 상황에선 정말 두려울 것 같았어요. 할머니는 발을 내밀었다 움직이는 계단에 놀라 다시 발을 빼기를 반복하고 있었어요. 그런데 에스컬레이터를 타고 내려가는 사람들 중 어느 누구도 선뜻 할머니를 돕지는 않았습니다. 지팡이를 짚은 할머니가 겪고 있는 당혹에 대해 의식을 하면서도 말이죠. 그래서 저는 할머니께 다가갔습니다. 할머니의 어깨에 살짝 손을 얹고, "할머니, 제가 도와드릴까요?"라고 말을 건넸습니다. 그런데 오히려 제게 큰소리로 화를 냈습니다. 저리 가라고요. 저는 많이 당황했지만, 다시 차분한 말투로 도와드리고 싶다고 말했습니다. 그래도 거절하시더군요. 결국 할머니께서 에스컬레이터 손잡이를 더듬으며 혼자 내려가실 때까지 아무런 도움을 주지 못했습니다. 그래도 걱정스러운 마음에 내려가실 때까지 할머니 뒤를 따라갔습니다. 직접 도움을 드린 건 아니지만 진심으로 할머니의 안전을 염려했던 제 모습을 떠올릴 때마다 마음이 뿌듯합니다.

둘째가 보낸 메일을 읽고 나서 나는 무척 행복했다. 이제는 다른 사람에게 인정받지 않아도 묵묵히 남을 도울 수 있는 사람이 된 것 같았다. 자신의 대표강점을 일상생활에서 적용하고 행복감을 느끼는 둘째가 대견했다.

마틴 셀리그만은 "아이에게 대표강점을 찾아 주고 발휘할 수 있도록 만들어 주는 것이 행복의 열쇠"라고 했다. 지금부터라도 아이의 재능에만 관심을 두지 말고 아이의 강점이 무엇인지를 찾아볼 것을 권한다.

성격강점을 찾은 아이가 행복하다

내 아이의 성격강점을 찾으면 아이는 행복해질 수 있다. 여섯 가지 미덕을 바탕으로 내 아이의 성격강점을 제대로 찾아 주는 부모라면 훌륭한 부모이다. 행복은 재능으로 성취되는 게 아니다. 자신의 강점을 아는 아이는 어떤 상황에서도 자신을 극복해 나갈 수 있다.

내 아이의 강점을 찾아 주기 위해서는 우선 성격강점부터 이해해야 한다. 성격강점은 마틴 셀리그만과 크리스토퍼 피터슨에 의해 개발되었는데, 이것은 여섯 가지 미덕을 함양하고 실천할 수 있는 실천 도구이다. 미덕이란 말 그대로 아름답고 훈훈한 덕행이다. 현대사회로 접어들면서 사람들이 점점 이기적으로 변하는 추세이긴 하지만 여전히 미덕은 많은 사람이 더불어 살기 위해 필요한 중요한 가치로 인정받고 있다.

긍정심리학은 시대와 문화와 상관없이 세계 도처에서 가치를 인정받는 핵심 미덕들을 찾기 위해 노력했다. 아리스토텔레스, 플라톤, 아퀴나스, 아우구스티누스와 같은 철학자들이 저술한 책, 구약성서, 탈무드, 불경, 코란과 같은 경전, 공자와 노자와 같은 동양 성인들의 저술, 고대 인도의 철학서인 우파니

샤드, 일본의 사무라이 정신, 미국의 보이스카우트 등을 바탕으로 사람들에게 중요하다고 판단되는 미덕을 뽑았다. 이 미덕들에는 인간의 좋은 품성이 포함되어 있다. 약 200가지의 미덕 중 동서고금을 막론하고 통용되는 미덕을 정리한 결과 ① 지혜와 지식 ② 용기 ③ 사랑과 인간애 ④ 정의감 ⑤ 절제력 ⑥ 영성과 초월성 등 여섯 가지로 미덕을 구분할 수 있었다. 여섯 가지 미덕 아래 미덕을 함양시켜 주는 24가지 실천 도구들이 있는데, 셀리그만은 이것을 성격강점이라 부른다. 미덕이 다소 추상적인 면이 있는 반면 강점은 구체적이고 과학적이다. 성격강점은 미덕을 정의해 주는 심리적 구성요소들이며, 미덕을 보여 주는 뚜렷한 경로이기도 하다.

여섯 가지 미덕과 각 미덕을 실천하는 강점	
미덕	성격강점
1. 지혜와 지식	창의성, 호기심, 판단력(개방성), 학구열, 예견력(통찰력)
2. 용기	용감성, 끈기(인내), 정직, 열정
3. 사랑과 인간애	사랑, 친절, 사회성 지능
4. 정의감	팀워크(시민의식, 협동심), 공정성, 리더십
5. 절제력	용서, 겸손, 신중성, 자기 통제력
6. 영성과 초월성	감상력, 감사, 희망(낙관성), 유머 감각, 영성

예를 들어 '절제력'이라는 미덕을 함양하려면 자기 통제력, 신중함, 겸손, 용서라는 강점을 발휘해야 한다. 자기 통제력이 뛰어난 사람은 유혹을 잘 참

아 내고 스스로가 중요하게 여기는 원칙을 지킬 수 있다. 또한 신중한 사람은 어떤 상황에서 섣불리 행동하지 않고 심사숙고해 행동하기 때문에 경거망동 할 위험이 적다. 이 성격강점들은 시간과 환경이 바뀌어도 지속적으로 나타나는 심리적 특성이 있다.

성격강점은 인성의 다른 얼굴이다

성격강점은 사람마다 지닌 특성이라 할 수 있다. 인도 콜카타에서 평생을 가난하고 병든 사람을 위해 봉사하며 살았던 마더 테레사 수녀와 2차 세계대전을 승리로 이끌며 영국의 국민적 영웅이 된 윈스턴 처칠 수상의 특성은 다르다. 테레사 수녀가 친절과 사랑, 영성, 정직 등의 특성이 강했다면 처칠 수상은 리더십, 열정, 용감성 등의 특성이 강했다고 할 수 있을 것이다. 또 우리가 천재 발명가로 부르는 에디슨이나 인류 최초의 비행기를 만들어 하늘을 난 라이트 형제, 애플 신화를 창조한 스티브 잡스는 남다른 창의성과 호기심, 끈기, 학구열이 뛰어났다고 볼 수 있다.

아이들도 그렇다. 어떤 아이는 씩씩하고 용감해 무슨 일이든 앞장서기를 좋아하는 반면 어떤 아이는 신중하고 조심스러워 선뜻 어떤 일을 시작하지 못하지만 일단 시작하면 확실하게 끝낸다.

남들과는 다른 그 사람만의 특성이 곧 성격강점이다. 하지만 모든 특성이 곧 강점으로 연결되는 것은 아니다. 특성에는 긍정적인 특성이 있는가 하면 부정적인 특성도 있다.

사회가 각박해서인지 요즘 아이들 중에는 폭력적인 성향을 가진 아이들이 많다. 말보다 주먹이 앞서고 욕을 입에 달고 사는 아이들이 한둘이 아니다. 물론 청소년 시기에는 호르몬의 영향으로 자기감정을 주체하지 못해 폭력성을 드러내기 쉽다. 하지만 일반적인 범주를 벗어나 제어 불가능한 폭력성을 보인다면 그 아이의 특성이라 말할 수 있다. 다만 그 특성이 긍정적인 특성이 아니라 부정적인 특성인 셈이다. 부정적인 특성은 강점이 아니다. 강점은 다양한 성격적, 심리적 특성 가운데 특히 두드러지는 긍정적인 특성을 의미한다.

부모 입장에서 애매한 부분이 있을 수는 있다. 예를 들어 성격이 신중한 아이는 대부분 생각이 많아 어떤 일을 바로 시작하지 못한다. 아이의 성격을 제대로 이해하지 못하면 부모 눈에는 신중함이 단점으로 보이고, 부정적인 특성으로 보일 수도 있다. 이 점을 주의해야 한다. 부모가 자신이 원하는 아이의 모습을 규정해 놓고 아이를 보면 아이의 긍정적 특성이 단점으로 보이기도 하기 때문이다.

어떻게 활용하느냐에 따라 긍정적일 수도 있고, 부정적일 수도 있는 특성은 다 강점일 수 있다. 그러나 부정적 특성은 남 험담하기를 좋아하거나 걸핏하면 폭력을 행사하는 등 어떻게 해도 좋은 방향으로 활용할 수 없는 그런 특성들이다.

성격강점은 인성과도 관련이 많다. 부모들이 성격강점보다 재능을 찾아주는 데 급급하듯이 우리 교육은 인성보다는 지식을 주입하는 데 집착한다. 그런데 그 결과는 참담하다. 남을 배려하지 못하고 오직 자신의 이익만을 생각하는 아이들로 자라고 있다. 경쟁에서 이기려면 친한 친구도 밟을 수 있다고 생각한다. 그리고 그런 생각을 갖고 있는 아이 중 행복한 아이는 찾아보기 어렵다.

최근 학교 폭력과 학업 스트레스에 의한 우울증, 자살 등이 증가함에 따라 유치원부터 초등학교, 중·고등학교, 대학교에 이르기까지 인성교육 바람이 불고 있다. 하지만 그 실효성은 크지 않은 것으로 보인다.

인성이란 사람의 품성이나 각 개인이 가지고 있는 사고와 태도 및 행동의 특성을 말한다. 인성을 성격이나 품성으로 해석하기도 하는데 여기에서 말하는 품성은 사람의 마음 바탕인 성질과 사람의 참된 모습을 말하는 품격으로 설명할 수 있다. 인성은 사람의 성질과 인격이라는 두 가지 요소로 이루어지며, 정직, 성실, 존중, 배려, 친절, 겸손, 공정성, 협동심, 인내, 용감성 등을 들 수 있다.

인성교육은 인간이 타고난 품성을 발현하도록 하고 인간성을 회복하는 교육이 되어야 한다. 하지만 현재 진행되고 있는 대부분의 인성교육은 형식적이어서 내면 깊은 곳의 인간의 본성, 성격과 심리적 특징을 움직이는 데는 한계가 있다. 아이들의 인성교육은 좀 더 재미있고 아이들이 흥미를 갖고 자발적으로 참여해서 지속적 효과를 낼 수 있는 도구들을 찾아야 한다. 긍정심리학의 성격강점이 그 도구가 될 수 있다. 성격강점을 찾아 주고 잘 발휘할 수 있도록 도와주기만 해도 좋은 인성을 가질 수 있다. 성격강점은 전 세계 두루 퍼져 있는 철학적 종교적 사상의 핵심 가치와 인간의 선한 품성이 포함되어 있기 때문이다.

성격강점에는 도덕적 특성이 있지만 재능에는 그것이 없다

많은 부모들이 강점과 재능을 동일시한다. 두 가지 모두 긍정심리학에서 중요하게 다루는 주제이지만, 여기에는 분명한 차이가 있다. 재능은 이미 아이가 갖고 있는 능력이다. 강점도 대부분 드러나는 경우가 많지만 잠재해 있어 알지 못하는 경우도 많다. 재능은 잘하는 것을 이미 알고 있는 것이지만 강점은 성격강점 검사를 통해 확인할 수 있다. 성격강점에는 도덕적 개념이 포함되어 있기 때문이다.

강점과 재능을 구분 짓는 가장 큰 차이는 '도덕적 특성'이다. 강점은 정직, 용감성, 겸손, 공정성, 친절, 사랑, 감사 등 도덕적 특성과 관련이 깊다. 강점이 인성과 밀접한 관련이 있다고 말하는 것도 이 때문이다. 반면 재능은 도덕적 특성과는 무관하다. 절대음감을 타고난 음악적 재능을 갖춘 사람이 음악을 잘한다고 도덕적으로 좋은 사람이 되는 것은 아니다. 물론 좋은 음악으로 다른 사람들을 즐겁고 행복하게 해 줄 수는 있지만 음악적 재능 자체가 그 사람을 좋은 사람이냐 아니냐를 판단하는 기준이 될 수는 없다.

성격강점은 노력하면 개발할 수 있다

재능은 타고 난 능력이다. TV를 통해 음악 오디션 프로그램을 보다 보면 안타까울 때가 많다. 누구보다도 간절하게 노래를 부르고 싶어 하고, 둘째가라면 서러울 정도로 열심히 노력했는데도 재능이 부족해 한계를 극복하지 못하고 탈락하는 사람들을 볼 때 그렇다. 심사위원들도 인정한다. 노래는 타고나는 게 필요하다고. 후천적 노력이 타고난 재능을 이길 수 없다는 점은 씁쓸

하지만 어쩔 수 없다.

반면 강점은 다르다. 정직, 용감성, 창의력, 친절, 사회성 지능 같은 강점을 선천적으로 타고나지 못했다 하더라도 본인과 주위의 노력을 통해 얼마든지 개발할 수가 있다. 물론 선천적으로 좋은 강점을 갖고 있다면 더할 나위 없이 좋은 일이지만 아무리 강점이 많아도 살다 보면 좀 더 보완하고 싶은 강점이 있기 마련이다.

부모 입장에서도 아이에게 없는 강점이지만 새로 추가해 주고 싶은 강점이 있을 것이다. 용감하고 씩씩한 것은 강점이지만 앞뒤 가리지 않고 달려들어 실수를 많이 하는 아이라면 어떤 일을 시작하기 전에 한 번 더 생각해 보는 연습을 통해 신중함을 키워주고 싶어 한다. 타고난 강점에 후천적으로 더해진 강점이 결합되면 아이가 더 행복하고 성공할 가능성도 커진다.

긍정 자기소개를 하자

긍정심리학의 강점 강의 시간에 나는 학생이나 수강생들에게 매번 긍정 자기소개를 하게 한다. 긍정 자기소개는 기존의 '저는 몇 학년 ○○○입니다.', '저는 ○○에 근무하는 ○○○입니다.'와 같은 진부한 방식 대신 자신이 강점을 발휘했던 이야기를 통해 자기소개를 하도록 하는 것이다. 이렇게 시작하면 강의실 분위기가 달라진다.

한번은 모든 수강생들에게 저마다 어린 시절의 강점을 발휘한 실화를 발표하게 한 적이 있는데 성격이 괄괄한 김새라라는 여성 참가자의 초등학교 4학년 때 이야기가 기억에 남는다.

새라가 열 살 되던 해에 있었던 일이다. 부모님 사이에 싸늘한 냉기가 감돌고 있었다. 일에만 파묻혀 지내는 아버지를 보며 새라는 부모님이 혹시 이혼하지는 않을까 늘 걱정했다. 그래서 부모님 몰래 근처 도서관에서 부부 문제 해결에 관한 책들을 열심히 읽었다. 그리고 저녁 식사 후 부모님 사이의 문제에 대한 해결점을 찾는 시간을 마련했다. 엄마 아빠에게 서로의 좋은 점과 싫은 점들을 나누게 한 것이다. 새라는 겨우 열 살이었고 특별한 사회성 지능을 지닌 신동이라고밖에 달리 표현할 수가 없다. 그녀의 부모는 지금까지 원만한 부부관계를 유지하며 살고 있다고 한다.

부모나 교사들도 아이들이 강점을 발휘했던 이야기를 해 볼 수 있도록 하자. 흐뭇한 시간이 될 것이고, 말하는 사람, 듣는 사람 모두 화기애애한 분위기를 겪게 될 것이다.

여섯 가지 미덕과 24가지 성격강점의 특징

여섯 가지 미덕과 그에 해당하는 24가지 성격강점의 특징은 다음과 같다.

■ 지혜와 지식

첫 번째 미덕은 지혜와 지식이다. 이 강점은 더 나은 삶을 위해서 지식을 습득하고 활용하는 것과 관련된 인지적 강점들이다. 가장 기본적인 발달 단계인 호기심부터 가장 성숙한 단계인 예견력까지 지혜를 발휘하는 데 거쳐야 할 5단계를 정리한 것이다.

창의성

현대사회는 창의성이 뛰어난 인재를 선호한다. 아이가 무언가 하고 싶은 일이 있을 때, 그 목적을 달성하기 위해 새로운 생각으로 접근하는 남다른 능력을 갖고 있다면 그 아이는 창의성이 뛰어나다고 볼 수 있다. 이런 아이는 기존의 관습적인 방식에 만족하지 않고, 어떤 일을 하거나 문제를 해결할 때 자기만의 새로운 방식을 적용하려 한다.

예를 들면 스티브 잡스는 창의성을 강점으로 갖고 있는 사람이었다. 그는 사고의 틀을 깨고 창의적인 아이디어를 바탕으로 세상이 깜짝 놀랄 만한 제품들을 개발했다. 윈도우가 개발되기 이전에 이미 누구나 쉽게 사용할 수 있는 그래픽 기반의 매킨토시를 개발했고, 이후 기존에는 볼 수 없었던 창의적인 제품들을 속속 선보였다. 휴대전화의 판도를 바꾸어 놓은 아이폰 역시 그의 작품이다.

흔히 창의성이라고 하면 예술가만 떠올리는 사람들이 많은데, 창의성은 모든 분야에서 발휘될 수 있다. 아이가 어떤 분야에서 일하든 창의성을 발휘해 기존에는 없던 새로운 방법으로 더 발전적인 무언가를 만들어 낼 수 있다면 그 아이는 미래를 주도하는 인재가 될 것이 분명하다.

호기심

새로운 것을 발견하고 발명한 위대한 인물들의 공통점은 호기심이 많다는 것이다. 호기심 많은 인물로 우리는 에디슨을 빼놓을 수 없다. 에디슨은 축음기, 전구, 영사기 등을 비롯해 수없이 많은 발명품을 만들었다. 하나의 발명품을 세상에 내놓는 일은 쉬운 것이 아니다. 그럼에도 그가 지치지 않고 계속 발명품을 만들 수 있었던 것은 호기심 때문이었다.

호기심이 많은 사람은 열린 마음으로 새로운 경험을 즐긴다. 불분명한 것을 해결하고 호기심을 충족시켜야 직성이 풀리곤 한다. 호기심이 강하면 주변에서 일어나는 모든 것에 관심을 보여 산만한 아이로 느껴질 수도 있다. 넘치는 호기심으로 에디슨 역시 어렸을 때 문제아 취급을 받았지만 그런 에디슨을 포용해 주고 지원해 준 엄마 덕분에 세계 최고의 발명왕이 될 수 있었다. 아이가 호기심이 강하다면 산만하다고 혼내지 말고 아이가 호기심을 채울 수 있도록 도와주어야 한다. 이런 아이에겐 책상 앞에 앉아 교과서만 보는 것보다 체험 학습이나 자연 속에서 공부하는 것이 더 효율적일 수 있다.

판단력(개방성)

2006년 5월 미국의 14대 항공사였던 AWA America West Airlines 는 US에어웨이즈와 합병했다. AWA는 방만한 경영으로 합병되기 훨씬 이전부터 흔들리고 있었다. 2005년 당시 부사장이었던 더그 파커는 회사가 회생하려면 합병을 해야 한다고 건의했다. 대주주였던 더글러스 모건은 자체 회생이 가능하다고 생각하고 더그 파커를 파면했다.

하지만 회사는 더욱 악화되었고, 노조는 더그 파커만이 회사를 살릴 수 있다며 더글라스 모건에게 그를 복귀시킬 것을 강력하게 요구했다. 고민 끝에 더글라스 모건은 적과 다름없는 더그 파커를 임시 사장으로 고용했고, 더그 파커가 내놓은 합병 카드를 수락했다. 그 결과 비록 AWA는 사라졌지만 AWA

직원 2만 8천 명은 고용 승계돼 지금까지 일하고 있다. 더글라스 모건 회장이 감정에 치우치지 않고 냉철하게 판단한 덕분에 직원들도 일터를 잃지 않았고, 모건 회장 역시 주가가 올라 큰 이득을 볼 수 있었다.

2009년 1월 15일, 노스캐롤라이나행 US에어웨이즈 여객기 한 대가 뉴욕 라과디아 공항을 이륙한 지 2분 만에 새떼와 충돌해 엔진이 고장 나는 사고가 발생했다. 이미 동력이 떨어진 비행기는 어느 공항으로도 착륙이 불가한 상태였다. 그때 체슬리 슬렌버거 기장은 얼어붙은 허드슨강에 비상 착륙하겠다는 초유의 결단을 내렸다. 그 결단으로 탑승객 155명은 전원 구조될 수 있었다. 이 사건은 '허드슨강의 기적'으로 불리며 용감한 판단력의 대명사로 회자되고 있다.

위의 예에서도 알 수 있듯 판단력이 뛰어난 사람은 자신이 누구인지 다각적으로 생각하고 검토한다. 절대 성급히 결론 내리지 않고 확실한 증거를 갖고 결정한다. 또한 틀렸다는 생각이 들면 과감하게 결정을 바꿀 용기도 있다. 여기서 말하는 판단력이란 자신과 다른 사람에게 도움이 될 만한 정보를 객관적이고 이성적으로 가릴 줄 아는 능력이다.

판단력은 비판적 사고와 비슷하다. 현실을 정확하게 인식하기 때문에 우울증에 걸릴 염려도 적다. 우울증 환자들을 괴롭히는 논리적 오류를 저지르지 않기 때문이다. 과도한 자책감으로 모든 게 내 탓이라는 생각을 갖거나, 단순히 이분법적으로 생각하지 않는다. 판단력 강점과 반대되는 부정적 특성은 자신이 믿고 있는 것을 모두 사실이라고 믿는 것이다. 그러므로 판단력은 자신의 희망이나 욕구를 사실과 혼동하지 않게끔 해 주는 건강한 강점으로, 이 강점을 가진 아이들은 연구자나 법률가 같은 사회에 꼭 필요한 인재로 자라날 확률이 높다.

학구열

미국의 16대 대통령 아브라함 링컨은 도서관에서 문법책을 빌리기 위해 왕복 20마일을 걸었다고 한다. 20마일이면 32킬로미터가 넘는 거리다. 성인이 빨리 걸을 때의 시속이 약 6킬로미터임을 감안하면 족히 5시간은 걸었을 것이다. 그럼에도 그가 그 먼 거리를 수시로 왕복할 수 있었던 이유는 새로운 것을 알고 싶어 하는 학구열 때문이었을 것이다.

한글을 창제한 세종대왕도 공부를 무척 좋아했던 것으로 유명하다. 학구열이 강해 사서삼경은 물론 농업, 천문학 등 다양한 분야에 관심을 가졌고, 그 지식을 백성들을 위해 활용함으로써 조선 최고의 성군이 될 수 있었다.

학구열이 높은 아이는 어떤 분야에서든 전문가로 자랄 확률이 높다. 학구열이 높은 아이는 장소와 주위 환경에 영향을 덜 받으면서 자신이 하고자 하는 공부에 집중할 수 있다. 그리고 배울 수 있는 곳이 있다면 적극적으로 찾아다닌다.

그러나 학구열을 불태우는 아이들 중 부모님, 선생님, 친구에게 인정받고 싶어 열심히 하는 아이들이 있다. 이런 학구열은 진정한 학구열이라 보기 어렵다. 아무도 알아주지 않더라도, 외적 보상이 없을 때에도 학구열을 불태울 수 있어야 한다. 부모의 강요 때문이 아니라 배우는 것이 즐거워서, 스스로 더 많은 것을 알고 싶어서 공부하는 아이가 진정한 학구열 강점을 지녔다고 할 수 있다.

예견력(통찰력)

삼성그룹 창립자인 이병철 회장은 예견력이 뛰어났다. 그는 1983년 2월 반도체 사업에 진출할 것을 공식적으로 선언했다. 그땐 반도체 시장이 제대로 열리지 않았을 때였다. 반도체 시장이 향후 얼마나 어떻게 성장할지 불분명한 상황에서, 반도체 사업에 매년 약 1,000억 원 이상을 투자하는 것은 쉬운 결정이 아니었다. 그러나 미래를 내다보는 통찰력으로 반도체 사업을 진행했고 그 결과 그의 예견대로 삼성의 반도체 사업은 세계를 제패하는 핵심 사업으로 성장했다.

예견력은 지혜의 미덕에서 가장 성숙한 강점에 속한다. 예견력은 세상의 이치를 정확히 아는 능력이다. 그래서 사람들은 타월한 사람들이 경험을 참고해 자신들의 문제를 해결하려고 한다. 지혜로운 사람은 살면서 가장 중요하고 복잡한 문제를 슬기롭게 잘 헤쳐 나갈 줄 안다. 어떤 문제가 생겨도 문제를 풀어내는 요령을 알고 어떻게 방향성을 잡아야 할지 예측할 수 있기 때문에 어려움 없이 대처할 수 있다. 미래가 불안한 이유는 미래가 어떤 모습일지 예측하기 어렵기 때문이다. 예견력이 있는 사람은 긍정적인 미래를 맞이할 가능성이 아주 크다.

■ 용기

실패를 두려워하지 않는 것이 용기가 아니라 실패를 두려워하면서도 도전하는 것이 진짜 용기다. 또한 용기 있는 사람은 아무리 큰 시련이 닥쳐도 쉽게 무릎을 꿇지 않는다. 의연하게 시련을 마주 보고 극복한다. 이 강점은 내적, 외적 난관에 직면하더라도 목표를 성취하고자 실천하는 정서적 강점이다. 용기는 동서고금을 막론하고 가치를 인정받는 미덕이다.

용감성

어느 시대든, 어떤 문화권이든 용감성이라는 강점을 온몸으로 보여 준 영웅들이 있다. 안중근 의사가 대표적인 인물이다. 두려움을 느끼지 못해 대범하고 저돌적으로 행동하는 것을 용기라고 부르지 않는다. 용감성은 두려움을 이겨내고 자신이 옳다고 생각하는 것을 행할 수 있는 강점을 말한다.

용감성은 어떤 신체적 위협을 느낄 때만 발휘되는 것이 아니다. 도덕적 용기와 정신적 용기까지 모두 포함된다. 도덕적 용기는 불운을 가져다줄 가능성이 큰 것도 마다하지 않는 자세이다. 일본 유학 중 지하철 밑으로 뛰어내린 취객을 구하고 안타깝게도 목숨을 잃은 이수현 씨도 그렇고, 재계나 정계에서 내부자가 양심선언을 하는 것도 도덕적 용기의 좋은 예이다. 정신적 용기에는 커다란 시련이나 오랜 병고에도 인간의 존엄성을 잃지 않는 극기와 초연함도 포함된다.

끈기(인내)

33세에 백만장자, 43세에 미국의 최고 부자, 53세에 세계 최고의 부자가 된 석유왕 록펠러. 그러나 그에게 어둡고 힘들었던 시절이 있었다는 것을 아는 사람은 그리 많지 않다. 1855년 여름, 16세의 록펠러는 직업을 구해야 했다. 3개월의 부기 과정을 이수한 그는 회계 담당 자리를 구하기 위해 고향인

클리블랜드에 있는 회사들의 목록을 만들었다. 당시 클리블랜드의 경기는 좋은 편이었으나 어리고 경험이 부족한 록펠러에게 선뜻 기회를 주는 회사는 없었다. 그래도 그는 포기하지 않았다. 무더운 여름에도 정장을 입고 일주일 중 자그마치 엿새 동안 회사 문을 두드렸다. 결국 한 선박제조회사가 록펠러의 끈기에 감동해 그를 고용했다. 만약 록펠러에게 끈기라는 강점이 없었다면 어떻게 되었을까? 석유왕 록펠러는 우리 기억에 존재하지 않을 것이다.

끈기를 가진 아이는 일단 시작한 일을 반드시 끝낸다. 어려운 일이 생겨도 포기하지 않고 기꺼이 하던 일을 계속하여 마무리한다. 뿐만 아니라 나아가 더 좋은 결실을 얻기 위해 끊임없이 노력한다. 끈기는 무모하게 집착하는 것과 구별되어야 한다. 이룰 수 없는 것에 매달리는 것이 집착이라면, 끈기는 융통성 있게 현실적인 목표를 세우고 최선을 다한다. 끈기가 있는 아이들은 목표에 집착하되 자신을 괴롭히지 않는다.

정직

'정직'하면 떠오르는 인물이 있다. 바로 미국의 초대 대통령 조지 워싱턴이다. 정직과 관련된 그의 일화는 이미 너무도 유명하다. 조지 워싱턴은 어린 시절 대장간에 놀러 갔다 시퍼렇게 날이 선 손도끼를 집으로 가져왔다. 시험 삼아 키 작은 벚나무를 찍었는데, 어찌나 도끼날이 잘 섰는지 단숨에 벚나무가 두 동강이 났다. 그 벚나무는 아버지가 무척 아끼던 것이었다. 집으로 돌아온 아버지는 누가 벚나무를 베었느냐며 호통을 쳤다. 그런 상황에서 정직하게 잘못을 고백할 수 있는 아이는 드물다. 하지만 워싱턴은 아버지에게 혼날

각오로 정직하게 고백하고 용서를 구했다. 이후 워싱턴은 죽을 때까지 정직을 신조로 삼았다.

정직한 아이는 진실하게 말하고 참되게 행한다. 또한 위선을 부리지 않는다. 정직이나 진실에는 다른 사람들에게 사실대로 말하는 것 이상의 의미가 담겨 있다. 말로든 행동으로든 자신의 의도와 목적을 자기 자신은 물론 다른 사람들에게도 진지하게 알리는 것이다. 그러므로 고자질과는 구별되어야 한다. 고자질은 그 대상이 처벌받고 상처받는다. 또한 특정 상대가 피해받기 원하는 악의적인 마음을 갖고 이야기하는 것이다. 셰익스피어의 말처럼 '자기 자신에게 진실한 사람은 다른 누구에게도 거짓을 보이지 않는 법'이다.

열정

정주영 회장은 영국 버클리 은행을 찾아가 휑한 모래 백사장을 찍은 사진 한 장, 5만 분의 1 지도, 500원짜리 지폐 한 장을 보여 주었다. 500원짜리 지폐를 꺼내 이순신 장군과 뒷면에 있는 거북선을 보여 주며 "이것이 세계 최초의 철갑 함선인 거북선입니다. 우리는 400여 년 전에 이런 철갑선을 만드는 기술을 갖고 있던 나라입니다."라고 말했다. 정주영 회장의 확신이 은행 관계자의 마음을 움직이면서 차관 승인을 받아내는 데 성공했지만 이번엔 영국 수출신용보증국ECGD에서 브레이크를 걸었다. 영국에서 차관을 받으려면 반드시 수출 보증국의 승인을 얻어야 하는데, 이것이 문제가 된 것이다.

"좋습니다. 배를 만들 수 있는 기술과 자본이 있다고 합시다. 그렇지만 누가 당신들한테 배를 만들어 달라고 주문하겠습니까?"

배를 살 사람이 있다는 증거를 가지고 와야 승인해 주겠다는 것이다. 정주영 회장은 결국 그리스의 한 선주로부터 배를 사겠다는 발주 계약을 받아내면서 영국에서 차관을 들여올 수 있었다.

평발이라는 핸디캡을 딛고 세계적인 축구 선수가 된 박지성 선수, 발가락마다 옹이가 지도록 연습에 연습을 거듭해 세계적인 발레리나가 된 강수진 씨도 열정을 강점으로 지닌 사람들이다. 자기 분야에서 성공한 사람들은 대부분 꿈을 향해 열정적으로 도전한 사람들이다.

열정적인 사람은 활기가 넘치고 적극적이다. 열정이 넘쳐 자신이 하는 일에 몸과 마음을 다 바쳐 최선을 다한다. 열정이 있는 사람들은 하루하루가 즐겁고 새롭다. 매일 그 날 해야 할 일을 설레며 기다리고, 아침에 즐겁게 눈을 뜬다. 열정적인 사람이 행복한 이유이다. 성공할 확률이 높은 이유이기도 하다.

■ 사랑과 인간애

이 강점은 다른 사람을 보살피고 친밀해지는 것과 관련 있다. 이 강점을 가진 아이들은 가족이나 친구, 주위 사람들과는 물론 낯선 사람과도 따뜻한 마음을 나눈다. 그러므로 봉사를 잘하고, 남의 어려움에 먼저 나서게 되는 일이 많다. 이런 아이들에게 "다른 사람 신경 쓰지 말고 네 일이라 잘해!"라고 말하는 부모가 많은데, 아이의 따뜻한 마음을 더 칭찬해 주고 지지해 주어야 한다. 그 강점을 더 큰 강점으로 개발할 수 있도록 도와줘야 한다.

사랑

성녀聖女로 추앙받는 테레사 수녀는 검은 수녀복 대신 인도에서 가장 가난하고 미천한 여성들이 입는 흰색 사리를 입었다. 평생을 가난과 고통 속에 죽어가는 사람들, 버려진 아이들과 노인들을 위해 사랑과 봉사로 헌신하며 살다 갔다.

연예인들 중 넘치는 사랑으로 어려운 이웃을 돕는 사람들이 많다. 그중에서도 늘 한결같은 사랑으로 나눔이 생활화된 션과 정혜영 부부를 빼놓을 수 없다. 그들의 삶은 연예인 부부라고는 생각하기 어려울 정도로 소박하다. 그러면서도 부부와 네 아이의 모습은 아주 행복해 보인다. 가족과 이웃을 사랑하며 함께 나누는 삶이 얼마나 행복한 일인지 몸소 보여주는 가족이다.

사랑이 넘치는 사람들은 부모와의 관계, 친구들과의 관계, 주변 사람들과의 관계를 소중히 여긴다. 다른 사람들이 기뻐하면 함께 기뻐해 주고 슬퍼하면 함께 울어 주고 돕고 싶어 한다. 당연히 사랑이 많은 아이는 인간관계가 좋을 수밖에 없다.

인간관계는 행복에 지대한 영향을 미친다. 베일런트 교수는 1939~44년 하버드대학교 졸업생들을 대상으로 60년 동안 추적 조사를 했다. 그 결과 사회적 성공, 부와 상관없이 긍정적인 인간관계를 맺고 잘 어울리며 소통하는 사람들이 더 행복하고 건강한 것으로 나타났다. 그만큼 사랑이 많은 아이는 행복하고 건강하게 자랄 확률이 높다.

친절

유명한 의사이자 선교사인 알버트 슈바이처를 모르는 사람은 없을 것이

   만 3세부터 행복을 가르쳐라

다. 그는 어린 시절부터 아프고 어려운 사람들을 도왔다. 워낙 마음이 따뜻하고 친절했기 때문인데, 그의 강점은 30세를 지나면서 더욱 극대화되었다. 그가 처음부터 의사였던 것은 아니었다. 대학시절 철학과 신학을 공부해 대학을 졸업한 후 모교에서 강사로 일함과 동시에 성 니콜라이 루터교회의 부목사로 활동했다. 그러던 중 '나만 행복하게 살 수 없다'는 생각으로 30세 되던 해 의학 공부를 시작해 37세에 의학박사 학위를 받게 된다. 그때부터 그의 봉사활동은 본격적으로 시작되었다. 1913년 아내와 함께 프랑스령 적도 아프리카(현재 가봉 공화국)의 랑바레네에서 닭장으로 사용했던 건물을 수리해 의료봉사를 시작한다. 이후 1965년 숨을 거둘 때까지 의료 혜택을 받지 못해 고통 받는 아프리가 사람들을 위해 살았다.

슈바이처의 삶에서도 알 수 있듯이 다른 사람에게 친절과 아량을 베푸는 사람은 절대 자기의 이익만을 좇지 않는다. 다른 사람들에게 선행을 베푸는 일을 즐거워한다. 전혀 모르는 사람이라도 상관없다. 무거운 짐을 들고 가는 할머니를 돕거나 길 잃은 강아지를 안고 집으로 데려오기도 한다.

혹시 아이가 자신에게 기울이는 마음 못지않게 다른 사람들에게도 관심을 기울이는가? 여기에 포함되는 모든 강점의 핵심은 다른 사람의 존재를 인정하는 것이다. 친절은 나 아닌 다른 사람과의 최대 관심사를 잣대로 상대방과 관계를 맺는 다양한 방식을 포함한다. 설령 그런 방식들 때문에 자신의 희망이나 욕구가 좌절되더라도 말이다. 그런 모습 때문에 부모는 답답해하며 똑똑하지 못하다고 아이를 혼낼 수 있지만, 이 강점은 절대 혼날 일이 아니다. 배려와 동정심이 높은 아이들이 세상을 따뜻하고 행복하게 만드는 주인공이 되기 때문이다.

사회성 지능

사회성 지능과 대인 관계 지능이 뛰어나면 다른 사람들의 동기와 감정을 금방 알아채고 그에 맞춰 반응할 줄 안다. 또한 기분, 체질, 동기, 의도를 통해 사람들의 차이점을 쉽게 구별하고 그에 맞게 행동한다. 사회성 지능은 성숙한 사회 활동을 할 때 발휘되는 특성이다.

빌 클린턴 전 미국 대통령과 오프라 윈프리는 사회적 지능이 뛰어난 사람이다. 클린턴은 유복자로 태어나 주정뱅이 의붓아버지 밑에서 불우한 소년시절을 보냈다. 그는 15세 때 아칸소 주의 우수학생으로 뽑혀 백악관을 방문했다. 당시 존F.케네디 대통령과 악수하는 기회를 가짐으로써 정치가가 되겠다는 결심을 한다. 타고난 사회성과 리더십으로 세계에서 친구가 가장 많은 사람이 되었으며, 근세기 미국 대통령 중에 가장 존경받는 대통령이 되었다.

오프라 윈프리도 20년 넘게 TV 토크쇼 시청률 1위를 지켰던 '오프라 윈프리 쇼'의 진행자였다. 불우했던 어린 시절을 극복하고 성공한 것으로도 유명하지만 게스트가 누구이든 매끈하고 재미있게 쇼를 이끈 진행자로 더 유명하다. 아무리 까다로운 게스트가 나와도 오프라 윈프리와는 마치 십년지기처럼 진솔한 대화를 했다. 이는 오프라 윈프리가 사회적 지능이 뛰어나지 않았으면 결코 불가능했을 일이다. TV 토크쇼만 잘 이끈 것이 아니었다. 그녀는 세계 각국의 다양한 친구를 가진 사람으로도 유명하다. 국적, 인종, 나이, 성별과 상관없이 다양한 인맥을 구축한 '세계 최고의 대인 관계 여왕'이라는 수식어도 갖고 있다. 이 또한 그녀가 사회적 지능이 뛰어났음을 증명하는 대목이다.

대인 관계 지능이 높은 아이는 자신의 감정을 잘 다스리고, 자신의 행동을 이해하고 바로잡을 줄 안다. 대니얼 골먼Daniel Goleman(심리학자, 경영컨설턴트)은 이 둘을 하나로 묶어 '정서 지능'이라 했다. 이 강점들은 친절이나 리더십 같은 다른 강점의 토대가 되기도 한다.

또한 대인 관계 강점을 지닌 사람들은 자신에게 알맞은 직업을 정확하게 파악하기 용이하다. 다시 말해 그 강점으로 말미암아 자신의 적성과 능력을 최대로 발휘할 수 있는 일을 찾을 수 있다. 아이가 가장 탁월한 능력을 발휘할 수 있는 공부 과목과 취미 활동을 선택할 줄 아는가? 최선을 다한 일에 대해 그만한 성과를 내고 있는가? 세계 최대의 여론조사 기관인 갤럽에서 직업 만족도가 가장 높은 사람들은 '날마다 최선을 다해 일할 수 있는 직업에 종사하는가?'라는 질문에 바로 '그렇다'고 대답했다고 한다.

야구선수로는 성공하지 못했던 마이클 조던이 농구 황제로 거듭난 사실을 되새겨 볼 필요가 있다. 만약 조던이 야구를 계속했다면 어땠을까? 성적도 문제이지만 만족도도 떨어져 행복하지 못했을 것이다.

■ 정의감

정의감은 개인과 집단 간 상호작용을 건강하게 만드는 건강한 공동체 생활과 관련된 사회적 강점이다. 이것은 일대일 인간관계를 넘어 가족, 지역, 나라, 세계와 같은 아주 큰 사회와의 관계에서도 발휘된다.

1979년 피츠버그 파이리츠의 윌리 스타겔은 내셔널 리그의 가장 명예로운 선수로 선정됐다. 사실 개인 기록만으로 보면 윌리 스타겔은 MVP가 되기 어려웠다. 다른 선수들에 비해 개인기록이 턱없이 낮았기 때문이었다. 그럼에도 그가 MVP로 선정될 수 있었던 이유는 팀을 승리로 이끄는 데 중심 역할을 했기 때문이다. 개인의 기록보다 팀을 위해 헌신했던 노력이 그를 MVP로 이끌었다.

세계적인 현대 무용가이자 안무가인 트와일라 타프도 팀워크를 대변하는 인물이다. 〈백조의 호수〉처럼 여럿이 호흡해야 하는 수많은 작품을 발표한 그녀는 늘 이렇게 말했다.

"'우리'는 '나'보다 힘이 세다. 성공적인 협력은 집단의 가장 재능 있는 사람이 혼자 성취할 수 있는 것보다 더 좋은 결과를 낸다. '우리'가 안에 있을 때 인간은 세상에서 가장 강력한 힘을 발휘한다."

요즘 부모들은 팀으로 협동하기보다 개인적으로 튀는 아이가 되기를 바란다. 치열한 경쟁에서 살아남으려면 친구들까지 적으로 생각하고 경쟁해야 한다는 분위기다. 하지만 협동심이 강한 아이가 결국 더 크게 성장한다. 지금은 융합의 시대이고 협업의 시대이기 때문이다.

팀워크 강점을 지닌 아이는 가정과 학교 등에서 탁월한 구성원으로 자리 잡을 것이다. 언제나 자기가 해야 할 몫을 다하고 단체의 성공을 위해 열심히 노력한다. 구성원으로서 자신의 몫을 다하는지, 설령 개인의 목적과 다를지라도 단체의 목적과 목표를 얼마나 중요하게 생각하는지, 교사나 보호자인 어른들을 얼마나 존경하고 어른들의 가르침을 얼마나 잘 따르는지를 생각해 보면 파악할 수 있다. 그렇다고 어른에 대한 무조건적인 복종을 하는 아이가 팀워크 강점을 갖고 있다는 뜻은 아니다. 이 강점을 지닌 아이들의 어른에 대한 존경은 협동에 대한 가치를 중요하게 생각하는 기준 아래에서 성립된다는 것이다.

공정성

간디는 영국이 인도를 식민지로 지배하던 시절, 인도의 독립을 위해 선구적인 역할을 했다. 평화적인 방법으로 독립 투쟁을 해 세계를 감동시켰다. 그는 부당한 식민 통치에 저항하면서도 어떤 생명체에도 손상을 입혀서는 안 된다고 강조했다. 또한 그는 모든 사람들에게 공정했다. 인도는 물론 전 세계의 가난하고 힘없는 사람들이 공정한 대우를 받을 수 있도록 노력했다. 남아프리카공화국에 사는 동안에는 부상당한 적을 치료하기 위해 구급경찰을 조직할 정도로 그는 국적, 정파, 인종을 떠나 모든 사람들을 공정하게 대했다.

간디처럼 공정성을 강점으로 지닌 사람들은 자신의 개인적인 감정에 따라 다른 사람들을 편파적으로 대하지 않고, 모든 사람들에게 똑같은 기회를 준다. 또한 가치 있는 도덕률에 따라 행동하거나 전혀 모르는 사람일지라도 자신의 문제처럼 다른 사람의 이익에 대해 생각한다. 자신의 편견이나 사적인 감정에 치우치지 않고 판단하는 능력, 그것이 바로 공정성이다.

리더십

리더십을 강점으로 갖고 있는 사람은 일일이 열거하기 힘들 정도로 많다.

뛰어난 리더십으로 왜적을 격파한 이순신 장군도 그런 인물 중 한 사람이다. 그의 리더십이 더욱 빛나는 이유는 왜적보다 군함이나 병사의 수가 열세임에도 뛰어난 전략으로 대승을 거뒀기 때문이다. 미국의 GE(제너럴일렉트릭) 전 CEO 잭 웰치Jack Welch도 빼놓을 수 없는 인물이다. 중성자탄이란 별명을 들으면서도 변화와 혁신으로 GE를 당대 최고의 글로벌 기업으로 성장시켰을 뿐만 아니라 GE 리더십 사관학교라고 할 수 있는 크로톤빌 연수원을 설립해 전 세계 수많은 글로벌 리더들을 양성했기 때문이다.

리더십이 뛰어난 사람은 단체를 조직하고 관리하는 능력이 남다르다. 하지만 아이가 반장이나 회장을 하고 있다고 모두 리더십이 강하다고는 볼 수 없다. 다른 아이들 위에 군림하고 싶어 반장이나 회장을 하겠다고 나선 아이는 리더십이 있는 아이로 볼 수 없다.

유능한 지도자란 학교나 단체의 임무를 효율적으로 수행하도록 이끌고 또래 친구나 구성원들이 원만한 관계를 유지하도록 이끈다. 또한 리더십이 강한 아이들은 문제를 다룰 때 '누구에게도 원한을 갖지 않고, 모든 사람들에게 관대하며, 옳은 일을 단호하게 추진하는' 인도주의 정신을 겸비한다.

리더십 강점은 국가 공직자뿐 아니라 군 지휘관, 최고경영자, 경찰총장, 보이스카우트 단장, 학생회장 등 각종 조직의 지도자들에게 필수 덕목이다.

■ 절제력

절제력이란 강점은 모든 강점들의 핵심으로써 욕망과 욕구를 알맞게 조절해서 밖으로 꺼내놓는 힘이다. 절제력이 강한 사람은 모든 것을 억제하는 것이 아니라 욕망 때문에 자기 자신을 비롯한 다른 사람들에게 해를 끼치지 않도록 적절한 기회가 올 때까지 기다릴 줄 알고 자신이 원하는 것이 해를 끼치는 것이라면 과감히 포기하고 버릴 수 있는 힘을 가졌다. 이 강점은 지나친 욕망으로부터 보호하고 무절제를 막아 주는 중용적 강점이라 할 수 있다.

용서

누군가를 용서한다는 것은 결코 쉬운 일이 아니다. 특히 자신에게 지울 수 없는 상처를 준 사람은 더더욱 용서하기 힘들다. 하지만 용서를 강점으로 갖고 있는 사람은 종종 세상이 깜짝 놀랄 용서를 실천한다.

대표적인 인물이 넬슨 만델라다. 남아프리카공화국은 흑인 인종 치별이 가장 심한 나라로 유명하다. 넬슨 만델라는 남아프리카공화국에서 차별받는 흑인들의 인권을 위해 평생을 몸 바친 흑인 인권운동가다. 그는 1961년 비밀 회의에서 '국민의 창'이라는 비밀 군대를 조직하고 정부군에 맞서 싸우려다, 종신형을 선고받고 감옥에서 27년을 보냈다. 이후 그는 흑인 최초로 남아프리카공화국 대통령이 되었다. 보통 사람이라면 대통령이 된 후 흑인을 인간 이하로 취급했던 백인들에게 복수했을 법도 하다. 하지만 만델라는 오랫동안 흑인을 괴롭혔던 백인을 용서하고, 백인과 흑인을 공정하게 대하는 공평 정치를 한 것으로 유명하다. 복수가 아닌 사랑으로 포용한 대통령이었기에 온 세계의 존경을 받을 수 있었다.

넬슨 만델라처럼 위인들만 큰 용서를 할 수 있는 것은 아니다. 얼마 전 한 TV프로그램에서 위대한 용서를 볼 수 있었다. 주인공은 이란에 사는 어머니

알라히자데였다. 두 아들을 둔 그녀는 교통사고로 한 아들을 잃었지만, 남은 아들을 의지하며 나름 행복하게 살고 있었다. 그런데 남은 아들마저 살해당해 심한 절망감에 빠졌다. 이란에는 '키사스qisas(보복)'라 불리는 법이 있는데, 이는 '이에는 이, 눈에는 눈'이란 뜻으로 피해자의 가족이 직접 살인자의 사형에 개입해 형을 집행하는 법을 의미한다. 엄마 알라히자데는 살인범을 죽이기 위해 7년 동안 복수를 준비했지만 정작 복수하는 날이 되어서는 사형대에 오른 살인범의 뺨만 때리고 그를 용서했다. 꿈에 죽은 아들이 나타나 '복수는 복수를 낳을 뿐이고, 그로 인해 엄마가 더 힘들어질 것'이라며 용서해 주라고 말했기 때문이다. 비록 아들 때문에 용서했다고는 말하지만 그녀에게 용서라는 강점이 없었다면 사랑하는 아들을 죽인 살인범을 용서하기 쉽지 않았을 것이다.

용서 강점을 가진 사람은 자신에게 잘못한 사람을 용서하고 만회할 기회를 준다. 그를 가련하고 불쌍히 여기고 그에 대한 복수심을 버린다. 용서하면 정신적으로나 신체적으로 그를 상처 입은 개인의 내면에 유익한 변화가 일어나는 것이다. 용서하면 자신에게 해를 입힌 사람에 대한 행동이 훨씬 긍정적으로 변한다. 따라서 나쁜 마음을 품거나 그와 마주치는 일을 애써 피하지 않고 너그러운 마음으로 친절하게 대하는 경우가 많다.

아이가 맞고 들어왔을 때 부모들은 '누가 그랬어?'라며 더 크게 화를 내고 아이 손을 이끌고 가서 때린 아이를 혼내 주는 일이 일반적인 반응이다. 하지만 그렇게 되면 아이가 가진 용서와 연민이라는 강점을 약화시킨다. 그 아이가 왜 그랬는지, 한 번의 실수이거나 장난이 커진 것이라면 용서하고 함께 다시 친구로 지낼 수 있는 환경을 조성해 주도록 하자.

겸손

　겸손하기로 유명한 연예인으로는 유재석을 빼놓을 수 없다. 유재석은 1991년 데뷔한 후 강산도 변한다는 10년이라는 긴 세월을 무명으로 살았다. 지금은 전 국민이 사랑하는 국민 MC로 자리를 잡았지만 그는 여전히 겸손하다. 한결같은 초심으로 어떤 프로그램을 맡든 겸허하게 최선을 다한다. 경력이나 유명세와 상관없이 어떤 게스트라도 겸손하게 대하고 배려한다. 그런 습관 때문일까? 정상에 오른 지 이미 10년이 훌쩍 넘었는데도 그는 여전히 국민 MC로 사랑받고 있다.

　겸손한 사람은 뭇사람들의 시선을 받기보다 자신이 맡은 일을 훌륭히 완수하기 위해 힘쓴다. 스스로 돋보이려 애쓰지 않는다. 겸손한 사람은 결국 빛을 발한다. 또한 자신을 낮출 줄 알며 자만하지 않는다. 자신이 이룬 성공을 누구나 할 수 있는 일처럼 여기고, 성공을 대수롭지 않게 생각한다. 중요한 프로젝트를 성공시켜도 자신의 공헌을 당연하게 생각하고 타인에게 기쁨을 돌린다. 이런 사람들에게 겸손은 짐짓 보이기 위한 행동이 아니기 때문에 시간이 지나면 더 큰 진정성으로 발전하며, 많은 사람들에게 존경 받는다.

　두 임금의 어진을 그린 김홍도의 일대기를 살펴봐도, 겸손은 자신에게 피해가 되는 게 아니라 존경을 받게 해 주는 강점이다. 열아홉에 어린 화원으로 뽑힌 김홍도는 선배 화원들의 부러움과 질시를 받았지만 겸손한 마음과 더 낮은 자세로 그들을 대했다. 영조와 정조, 두 임금의 어진을 그리는 영광을 누리면서도 늘 겸손하고 남을 더 높여 주는 따뜻한 마음을 가지고 있었기 때문에 따르는 사람들이 많았다고 한다. 또한 신분의 높낮음을 따지지 않고 백성들의 생활을 세세하게 그린 열린 예술가이기도 하다. 연풍의 현감 자리까지 올랐던 김홍도가 만약 자신의 공을 스스로 내세우고 잘난 척했다면, 수세기를 뛰어넘는 예술가로 기억될 수 있었을까?

신중성

세계적으로 유명한 사람들 중에는 매사 신중한 사람들이 많다. 그중 대표적인 인물이 오바마다. 오바마는 신중함과 함께 사색을 중시하는 대통령으로 잘 알려져 있다. 대화를 할 때 단어 하나도 수많은 생각을 거쳐 신중하게 골라 사용한다. 국가 간 정상회담을 할 때도 신중함은 장점으로 작용한다. 상대방의 이야기를 끝까지 듣고 자신의 생각을 정리해 말하는 스타일이기에 대화에 깊이가 있다는 평을 자주 듣는다.

오바마처럼 신중한 사람은 나중에 후회할 말이나 행동을 바로 하지 않는다. 모든 결정사항들을 충분히 검토한 뒤 비로소 행동으로 옮긴다. 또한 멀리 보고 깊게 생각한다. 더 큰 성공을 위해 눈앞의 이익을 좇으려는 충동을 억제할 줄 안다. 신중성은 부모들이 아이들에게 바라는 강점이기도 하다. 숱한 위험이 도사리고 있는 세상에서 다치지 않으려면 신중해야 한다. 단순히 위험이나 유혹으로부터 벗어나는 것 외에도 자신의 능력을 잘 개발하고 직업을 선택할 때도 신중성은 큰 도움이 된다.

자기 통제력

아놀드 슈왈제네거를 생각하면 그의 멋진 근육과 탄탄한 몸매를 떠올리기 쉽다. 하지만 그가 그런 몸을 만들기까지 철저하게 자기를 통제했다는 것을 아는 사람은 많지 않다. 그의 자서전을 보면, 자신의 신체적 결점이 인식되는 순간 그 결점을 보완하기 위해 전력을 다해 운동했다고 한다. 어떤 사람으로 부터 "보디빌딩 대회에서 우승하기에는 종아리가 너무 가늘다."는 말을 듣고 종아리를 튼실하게 만드는 데 집중했다고 한다. 모든 바지의 무릎 아래를 잘 라 늘 종아리의 상태를 확인했으며, 종아리를 굵게 만드는 운동을 열심히 했 다고 한다. 운동을 해 본 사람은 알겠지만, 운동으로 멋진 몸을 만드는 과정은 상당히 고통스럽다. 과정이 너무 길고 지루해 자기 통제력이 강하지 않은 사 람은 버텨 낼 수 없다. 아놀드 슈왈제네거처럼 어떤 일이든 자기 통제력을 발 휘해 성취한 사람은 다른 분야에서도 성공하기 쉽다. 액션 영화배우뿐만 아니 라 정치인으로도 성공하기까지의 과정은 그가 자기 통제력이 강한 인물임을 입증한다.

자기 통제력이 강한 아이들은 쓸데없이 떼를 쓰거나 고집부리는 일이 많 지 않다. 적절한 시기가 올 때까지 자신의 욕망, 욕구, 충동을 자제한다. 갖고 싶은 것이 있어도 부모의 상황을 이해하고 기다린다. 기분 나쁜 일이 생겨도 자신의 감정을 먼저 다스리고, 한 걸음 더 나아가 마음의 평정을 스스로 찾을 수 있다.

■ 영성과 초월성

이 강점은 어떤 현상과 행위에 대해 의미를 부여하고 커다란 세계인 우주 와의 연결성을 추구하는 초월적 또는 영성 강점이다. 영성이나 초월성은 그리 많이 사용되는 말은 아니다. 개인이 선택할 문제다. 그러나 영성과 초월성을 막연한 감상이나 감사 같은 비종교적인 강점과 혼동해서는 안 된다. 여기서 말하는 초월성이란 더 크고 더 영원한 것에 닿으려는 정서적 강점을 의미한다. 미래, 신 또는 우주에 닿아 있는 것이다. 때문에 아직 어린 아이에게 발견하기 어려운 강점으로 생각할 수 있지만, 아름다운 것에 대한 끌림, 작은 선행에 대한 감사와 감동, 미래에 대한 희망과 동경 등을 통해 충분히 나타날 수 있는 강점이다. 따라서 부모가 어렵게 여길 필요가 없다. 부모가 어려워하면 검사받는 아이도 어려워하고 올바른 대답을 끌어내지 못할 가능성이 높다.

감상력

어떤 것도, 神조차 우리의 자아보다 더 크지 않다.

한 푼도 없는 나나 당신도 이 땅의 알짜를 구입할 수 있다.

어떤 미약한 물건도 우주 수레바퀴의 중심이 될 수 있다.

나는 만물에서 신을 보고 듣지만 조금도 신을 이해하진 못한다.

나는 거리에 떨어진 신의 편지들을 본다. 그 하나하나에 신의 서명이 있다.

나는 그 자리에 놓아둔다. 어디로 가든

또 다른 편지가 틀림없이 영원토록 올 것을 아는 까닭에

미국의 시인 월트 휘트먼이 쓴 「풀잎」이라는 시다. 그는 자타가 공인하는 감상력을 지닌 사람이었다. 휘트먼 언제나 나무, 꽃, 하늘, 해가 지는 모습에

 만 3세부터 행복을 가르쳐라

감탄하였고, 자연의 소리를 들으며 혼자 한가로이 산책하는 것을 즐기는 사람이었다. 그는 모든 자연에 매력을 느꼈고, 모든 풍경과 소리에서 기쁨을 느꼈다. 감상력이 풍부한 사람이었기에 주옥같은 작품을 남길 수 있었다.

감상력 강점을 가진 사람들은 사소한 풍경도 그냥 지나치지 않는다. 이 강점을 가진 아이들은 길가의 민들레를 보면 쪼그려 앉아 꽃향기를 맡는다. 새소리에 귀를 쫑긋 세우고 음악과 동화, 그림을 감상할 줄 안다. 자연과 예술, 수학과 과학을 비롯한 세상 모든 것에서 아름다움을 발견한다. 놀라워하고 감탄하며 경이를 느끼기도 한다. 김연아 선수의 몸짓 하나에도 박수를 치고, 거대한 파도를 몰고 오는 바다를 보며 깊이 감동하기도 한다.

이런 감상력을 갖춘 아이들이 모두 예술가로 자라는 것은 아니다. 아름다움을 탐미하기 때문에 다양한 진로가 열려 있다. 이 아이들의 진짜 강점은 세상이 아름다운 것으로 가득 차 있다고 생각하고 긍정적으로 보는 데 있다. 세상 모든 아름다움에 마음을 열어 두고 있다는 점이다.

감사

전설적인 야구선수 루 게릭은 뉴욕 양키스 팀의 1루수이자 4번 타자로 베이비 루스와 더불어 당대 최고의 타자로 유명하다. 1925년 6월부터 1939년 4월까지 2,130게임 연속 출전이라는 메이저리그 최고 기록을 세웠고, 1931년 한 시즌에는 184타점을 올리며 아메리칸리그 신기록을 세웠다. 또한 통산 홈런 493개, 그중 만루 홈런 23개, 통산 타율 0.341, 최고 수훈선수 표창 2회, 1934년 메이저리그 3관왕 등의 대기록을 세운 인물이기도 하다. 여기까지만 보면 누가 봐도 화려하고 부러워할 만하다. 하지만 루 게릭은 근위축성경화증에 걸려 1941년 사망했다. 근위축성경화증은 루게릭병의 또 다른 이름인데, 루 게릭 선수의 이름을 따서 루게릭병이라고도 불리게 되었다. 루게릭병은 모든 근육이 약해지고 위축돼 잘 움직이지 못하다 나중에는 호흡 근육까지 약해져 음식물도 삼키지 못하고 결국 사망에 이르게 되는 무서운 병이다. 이런 병에 걸렸음에도 루 게릭 선수는 '감사'했다. 사망하기 2년 전인 1939년 6월 4일, 그는 양키즈 경기장 은퇴 연설에서 이렇게 얘기했다.

"팬 여러분, 지난 2주 동안 여러분들은 제게 온 불운에 대해 알게 되셨을 것입니다. 그러나 저는 제가 지구에서 가장 운 좋은 사나이라고 생각합니다. 저는 17년 동안 야구장에서 지내왔고, 팬들로부터 칭찬과 격려를 한껏 받아 왔습니다. 저는 행운아입니다."

비록 불치병에 걸렸지만 그는 감사하는 마음으로 살았다. 그렇기에 그로부터 2년여 동안이나 병마와 잘 싸울 수 있었을 것이다. 정말 감사한 상황에서 감사하기란 쉽다. 하지만 도저히 감사하기 어려운 상황에서도 감사할 줄 알았던 그는 감사 강점의 표본이라 할 만하다.

자신이 누리는 많은 것들을 당연하게 여기는 아이들이 많다. 그러나 감사 강점을 가진 아이는 다르다. 작은 일에도 고마움을 느끼고 항상 진심으로 고마움을 전한다. 자신에게 일어난 일을 항상 기쁘게 생각하며 어떤 것이든 당연하게 받아들이는 게 아니라 특별한 마음으로 받아들인다. 감사는 하나의 정서이다. 경이와 고마운 마음으로 삶을 대하는 정신 상태라 할 수 있다.

희망(낙관성)

"I have a dream(나에게는 꿈이 있습니다)."

1960년대 미국 내의 흑인 차별에 대항하여 무저항 운동을 펼치던 마틴 루터 킹 목사가 워싱턴 광장에 모인 수많은 사람들 앞에서 한 명연설이다. 그의 꿈은 흑인을 백인과 차별하지 않고 서로 화합하며 사는 것이었다. 그의 연설을 듣고 사람들은 희망을 가질 수 있었다. 당시 미국은 흑인이라는 이유만으로 흑인을 박해하는 상황이었기 때문에 백인과 흑인이 동등하게 살 수 있는 날은 요원하기만 했다. 하지만 마틴 루터 킹은 희망을 잃지 않았다. 열심히 노력하면 언젠가는 꿈을 이룰 수 있다는 희망을 품었고 그 희망은 다른 흑인에게까지 큰 영향을 미쳤다.

희망(낙관성), 미래 지향성은 미래에 대한 긍정적인 자세를 드러내 주는 강점이다. 무조건 잘될 것이라 믿는 것은 낙관성이 아니다. 낙관적인 사람은 좋은 일이 꼭 일어나리라 기대하고 미래를 설계한다. 또한 자신이 있는 곳에서 즐겁게 생활하고 목표를 향해 힘차게 나아간다. 따라서 낙관성이 강한 사람은 꿈을 현실로 이룰 가능성이 크다.

유머 감각

유머 감각이 있는 사람은 다른 사람에게 웃음을 선사할 줄 아는 사람이다. 이 강점이 강한 아이는 삶을 긍정적으로 보는 경향이 크다. 유머 감각 강점은 좋은 환경에서만 키워지는 것이 아니다.

찰리 채플린은 불우한 환경에서 자라던 중 열 살 때 극단에 들어가 점차 재능을 인정받았다. 피나는 노력으로 17세 무렵에는 당시 영국 최고의 희극 극단 단원이 되었다. 여기에서 춤, 노래, 어릿광대 흉내, 팬터마임 등 체계적인 교육을 받고 미국 영화계에 데뷔하게 된다. 채플린은 각본가, 감독, 주연을 겸하면서 수십 편의 단편영화를 제작했다. 콧수염, 실크해트, 모닝코트, 지팡이 등의 특유한 분장과 개성 있는 연기는 차츰 미국의 무성영화 세계를 석권해 나갔다. 평론가와 관객들은 아직 일관된 내러티브가 없던 무성 슬랩스틱코미디 장르에서 채플린을 보며 열광했다. 넘어지고 엎어지는 것을 보며 단지 희극적 쾌감만 느낀 것이 아니었다. 채플린이 온몸으로 표현해 낸 심오한 비유적 의미들을 함께 공감하고 감동했다. 채플린은 성장하면서 숱한 위기와 고통 속에서 자랐음에도 인생을 웃음으로 승화시켰기에 더욱 빛나는 사람이 되었다.

인생을 가볍게 생각하며 시시콜콜한 농담을 건네는 사람은 유머 감각의 강점을 가졌다고 볼 수 없다. 인생이 꼭 무거워야 하는 것은 아니지만, 유머 감각의 강점은 힘들더라도 삶을 긍정적으로 바라보면서 웃음으로 승화시키는 것이다. 유머 감각의 강점을 가진 아이들은 속 깊은 아이들이 많다. 세상은 아프고 외로운 사람들로 넘쳐난다는 것을 이해하고 있기도 하다. 유머 감각의 강점을 가진 아이들이 삶을 긍정적으로 보는 것은 삶 자체가 긍정적인 것이기 때문이 아니라 그럼에도 불구하고 즐겁게 삶을 헤쳐 나가려는 긍정정서가 충만하기 때문이다. 아픈 엄마 앞에서 개다리 춤을 춰 보이는 아이의 마음은 얼마나 아름다운가.

영성

테레사 수녀, 달라이 라마와 같은 종교 지도자나 알버트 슈바이처처럼 인류를 위해 헌신한 사람들은 대부분 영성이 뛰어난 사람이다. 이 강점을 가진 아이는 우주의 더 큰 목적과 의미에 대한 믿음이 크다. 그래서 신앙심이 깊고, 그것을 떠나 자신이 더 큰 우주에 속해 있다고 확신한다. 자신보다 훨씬 더 큰 무언가에 속해 있기 때문에 자신에게 주어진 사명을 위해 살고자 한다. 그런 이유로 영성 강점을 가진 아이들은 사랑, 겸손, 감사의 강점을 자연스럽게 얻게 되기도 한다.

아이의 대표강점을
찾는 방법

24가지의 성격강점을 알아보았으니 이제는 24가지 성격강점 중 아이가 어떤 강점을 갖고 있는지 알아볼 차례다. 성격강점은 시간과 환경이 바뀌어도 지속적으로 나타나는 아이의 성격적, 심리적 특성이다. 검사를 하는 동안에는 우선 아이의 컨디션을 잘 살피고, 차분하게 검사를 받을 수 있는 환경을 만들어 주어야 한다.

아이의 숨겨진 재능을 찾아 주는 것도 어렵지만 아이의 강점을 찾아 주는 것도 쉬운 일은 아니다. 그러나 강점은 가능한 한 빨리 찾아 주는 것이 좋다. 그도 그럴 것이 아이가 일찌감치 자신의 강점을 알고 활용할 줄 알면 그만큼 빨리 행복을 만들 수 있다. 설령 타고난 재능이 부족해도 부족한 재능에 상처받고 좌절하기보다 강점을 활용해 상처를 극복하고 행복을 만들 줄 알게 된다.

강점이 아이의 행복에 지대한 영향을 미친다는 것을 알게 되면 하루라도 빨리 강점을 찾아 주고 싶은 마음이 생긴다. 하지만 아무리 급해도 아이가 최소 일곱 살은 되어야 한다. 사실 부모의 관찰만으로 아이의 강점을 찾기는 한계가 있다. 아이가 자기 자신에 대해 갖는 생각도 매우 중요하기 때문이다. 무엇을 좋아하고 무엇을 싫어하는지 그 무렵 아이들은 비교적 자신의 목소리를

 만 3세부터 행복을 가르쳐라

내는 데 익숙하다. 아이의 강점을 찾아낼 수 있는 중요한 시기이기도 하다.

강점은 찾는 것보다 그것을 발전시키고 활용하는 것이 중요하다. 또한 강점이 성장하는 과정은 언어 능력이 발달하는 과정과 비슷한데, 건강하게 태어난 신생아는 기본적으로 모든 언어를 익힐 수 있다. 청각이 발달해 옹알이를 할 때쯤에는 어떤 언어라도 기본적인 음성을 식별할 수 있다.

하지만 그 후 언어는 일정한 방향으로 발달한다. 이를 '옹알이의 정향定向 변화'라고 하는데, 신생아는 분명 모든 언어를 다 구분해 듣고 습득할 수 있는 능력을 타고 났음에도 일정한 시간이 지나면 점점 자기 주위 사람들이 말하는 언어에 익숙해지고 그 언어와 더 가까워진다. 생후 1년쯤 되면 아이의 발성은 장차 모국어가 될 음성과 아주 비슷해진다.

강점도 비슷하다. 모든 신생아는 긍정심리학에서 제시하는 24가지 성격강점을 다 발달시킬 수 있는 능력을 갖고 있다. 하지만 옹알이의 정향 변화가 일어나듯이 어느 순간부터는 24가지 성격강점 중 아이의 대표적인 강점을 중심으로 발달한다. 생후 6년 이후부터 그런 강점의 정향 변화가 일어나기 때문에, 부모는 일곱 살 전후로 대표강점을 찾아 주는 것이 좋다. 자녀들이 일곱 살 미만이라면 191쪽 '유아기 아이들의 강점 찾기 및 키우기'를 참고하기 바란다.

24가지의 성격강점을 알아보았으니 이제는 24가지 성격강점 중 아이가 어떤 강점을 갖고 있는지 알아볼 차례다. 성격강점은 시간과 환경이 바뀌어도 지속적으로 나타나는 아이의 성격적, 심리적 특성이다.

강점이 행복을 만드는 중요 도구임이 밝혀지면서 미시건대학 심리학과 교

수 크리스토퍼 피터슨 Christopher Peterson 과 긍정심리학의 창시자인 마틴 셀리
그만은 강점을 쉽게 찾을 수 있도록 돕는 '강점 검사지'를 개발했다. 이 검사
는 성인에게 최적화된 내용이어서 아이에게 적용하기는 무리가 있었는데, 다
행히 달스가드 Dalsgaard 유아교육학 교수가 성인용 강점 검사지를 바탕으로
아이에게 맞는 최적화된 검사지를 개발했다. 정확도가 높은 편이라 아이들의
강점을 찾아 주는 데 큰 도움이 될 것이다.

검사를 하는 동안에는 우선 아이의 컨디션을 잘 살피고, 차분하게 검사를
받을 수 있는 환경을 만들어 주어야 한다. 아이가 아파서 하기 싫어하거나 장
난하듯 아무렇게나 질문 사항에 체크하면 검사를 중단하고, 다음 기회를 엿보
는 게 낫다. 강점은 학교 성적보다 아이의 일생에 더 큰 영향을 미치는 요인이
므로 신중하게 검사해야 한다.

아이가 10세 이하일 때는 부모가 큰소리로 읽어 주고 아이가 체크하도
록 하는 것이 좋다. 아무래도 10세 이하 아이들은 혼자서 질문을 읽고 대답
하기 쉽지 않기 때문이다. 10세 이상이라면 직접 질문을 읽고 답하는 것이
바람직하다.

이 검사는 각 강점별로 가장 변별력이 큰 문항을 두 개씩 고른 것이다.
이 검사의 결과에 따라 아이의 강점 순위를 매겨 보자. 1부터 5의 숫자는 아
이와 다르거나 비슷한 정도의 표현과 짝을 이루고 있다. 나와 매우 다르면
1, 나와 다르면 2, 보통이면 3, 나와 비슷하면 4, 나와 매우 비슷하면 5에 체
크하면 된다.

1. 창의력

a) 언제나 재미있는 새로운 아이디어를 제안한다.

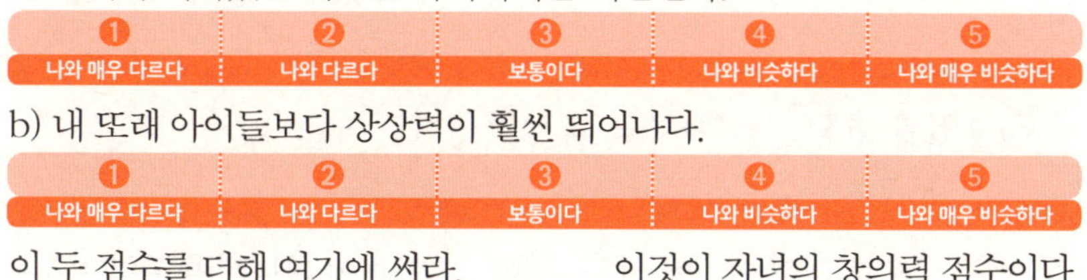

b) 내 또래 아이들보다 상상력이 훨씬 뛰어나다.

이 두 점수를 더해 여기에 써라. ＿＿＿＿＿ 이것이 자녀의 창의력 점수이다.

2. 호기심

a) 혼자 있을 때도 전혀 심심하지 않다.

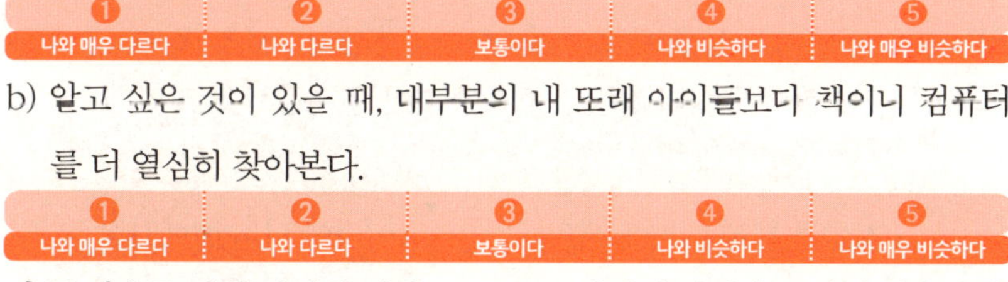

b) 알고 싶은 것이 있을 때, 대부분의 내 또래 아이들보다 책이니 컴퓨터를 더 열심히 찾아본다.

이 두 점수를 더해 여기에 써라. ＿＿＿＿＿ 이것이 자녀의 호기심 점수이다.

3. 판단력(개방성)

a) 친구들과 게임이나 놀이를 하는 도중에 문제가 생기면 그 원인을 금방 알아낸다.

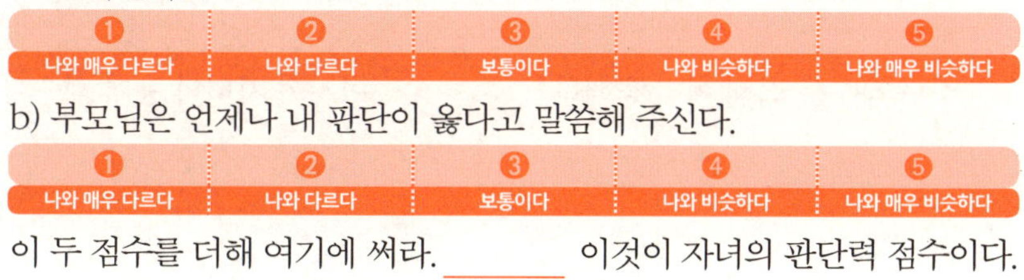

b) 부모님은 언제나 내 판단이 옳다고 말씀해 주신다.

이 두 점수를 더해 여기에 써라. ＿＿＿＿＿ 이것이 자녀의 판단력 점수이다.

4. 학구열

a) 새로운 것을 배우면 무척 기뻐한다.

b) 박물관이나 도서관에 가는 게 정말 좋다.

이 두 점수를 더해 여기에 써라. ______ 이것이 자녀의 학구열 점수이다.

5. 예견력(지혜, 통찰력)

a) 어른들은 내가 나이에 비해 아주 어른스럽다고 말씀하신다.

b) 사람이 살아가는 데 정말로 중요한 것이 무엇인지 알고 있다.

이 두 점수를 더해 여기에 써라. ______ 이것이 자녀의 예견력 점수이다.

6. 용감성

a) 아무리 두려워도 내가 한 말을 끝까지 지킨다.

b) 설령 놀림감이 되더라도 옳다고 생각한 대로 한다.

이 두 점수를 더해 여기에 써라. ______ 이것이 자녀의 용기 점수이다.

7. 끈기(인내)

a) 포기하지 않고 끝까지 잘했다는 칭찬을 많이 받는다.

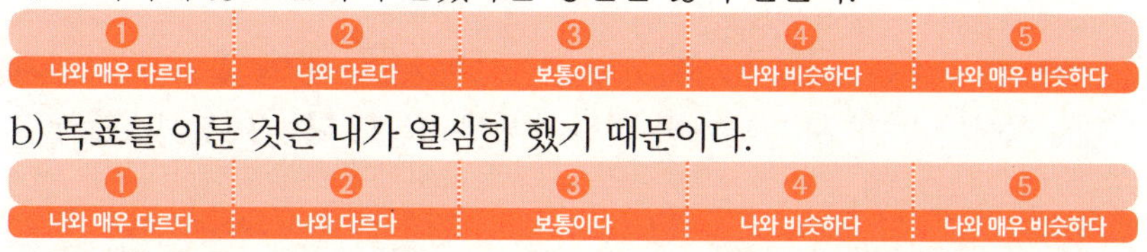

이 두 점수를 더해 여기에 써라. ______ 이것이 자녀의 인내 점수이다.

8. 정직(진정성)

a) 다른 사람의 일기나 편지는 절대로 훔쳐보지 않는다.

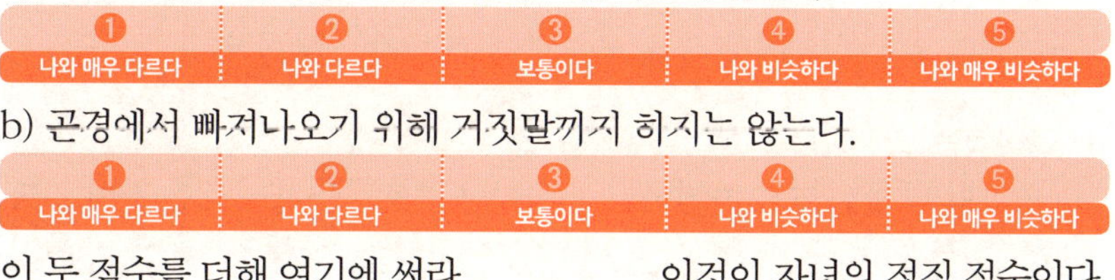

b) 곤경에서 빠져나오기 위해 거짓말까지 하지는 않는다.

이 두 점수를 더해 여기에 써라. ______ 이것이 자녀의 정직 점수이다.

9. 열정

a) 내 삶을 사랑한다.

b) 아침에 눈을 뜰 때마다 새로운 하루를 시작한다고 생각하면 기분이

좋다.

이 두 점수를 더해 여기에 써라. ______ 이것이 자녀의 열정 점수이다.

10. 사랑

a) 내가 누군가의 삶에서 가장 중요한 사람이라는 것을 알고 있다.

b) 형이나 누나, 사촌 형제와 심하게 싸우더라도 나는 여전히 그들을 진심
으로 사랑한다.

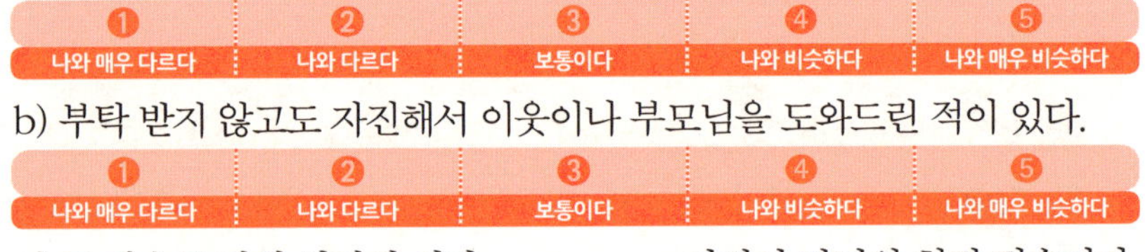

이 두 점수를 더해 여기에 써라. _______ 이것이 자녀의 사랑 점수이다.

11. 친절

a) 새로 전학이나 이사 온 친구에게 잘해 주려고 노력한다.

b) 부탁 받지 않고도 자진해서 이웃이나 부모님을 도와드린 적이 있다.

이 두 점수를 더해 여기에 써라. _______ 이것이 자녀의 친절 점수이다.

12. 사회성 지능

a) 어떤 단체에 가입해도 그 회원들과 잘 어울린다.

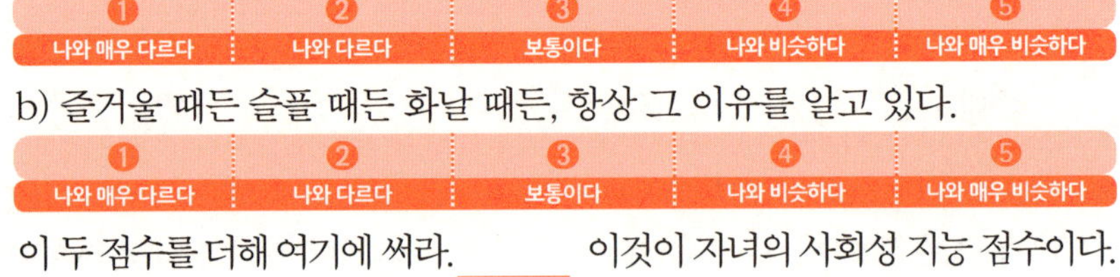

b) 즐거울 때든 슬플 때든 화날 때든, 항상 그 이유를 알고 있다.

이 두 점수를 더해 여기에 써라. _______ 이것이 자녀의 사회성 지능 점수이다.

13. 팀워크(시민 의식, 협동심)

a) 동아리 활동이나 방과 후 활동을 하는 것이 정말 즐겁다.

b) 학교에서 실시하는 단체 활동을 정말 잘할 수 있다.

이 두 점수를 더해 여기에 써라. ______ 이것이 자녀의 시민 의식 점수이다.

14. 공정성

a) 설령 내가 싫어하는 사람이라도 그 사람을 공정하게 대한다.

b) 나는 잘못하면 언제나 그 사실을 시인한다.

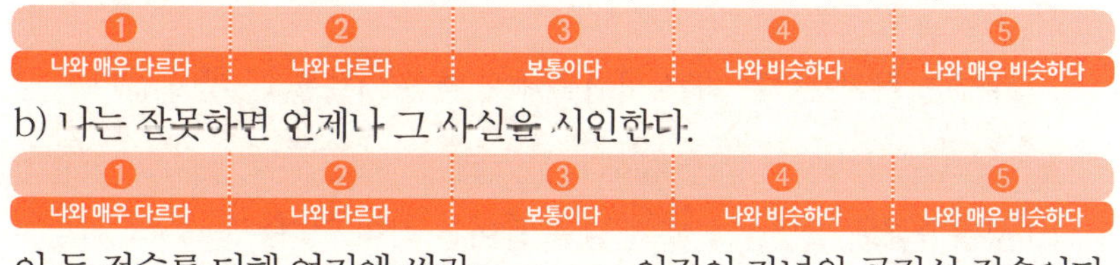

이 두 점수를 더해 여기에 써라. ______ 이것이 자녀의 공정성 점수이다.

15. 리더십

a) 다른 아이들과 게임이나 운동을 할 때면, 나는 대부분 내가 주장이 되기를 바란다.

b) 친구들이나 우리 팀에 속한 아이들은 나를 주장으로서 신뢰하고 좋아한다.

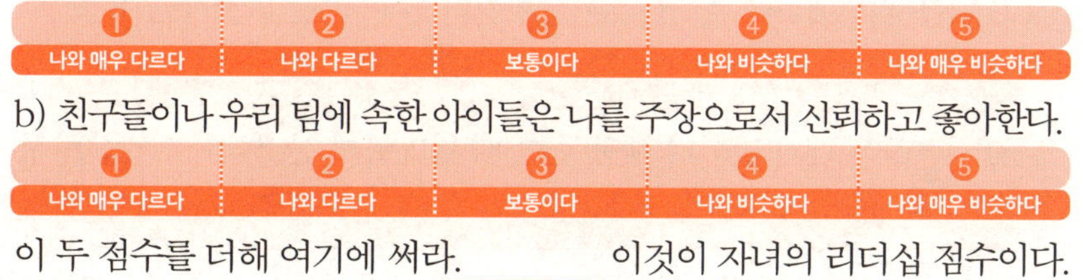

이 두 점수를 더해 여기에 써라. ______ 이것이 자녀의 리더십 점수이다.

16. 용서

a) 누군가 내 기분을 상하게 하더라도, 절대로 그 사람에게 앙갚음하려고
   하지 않는다.

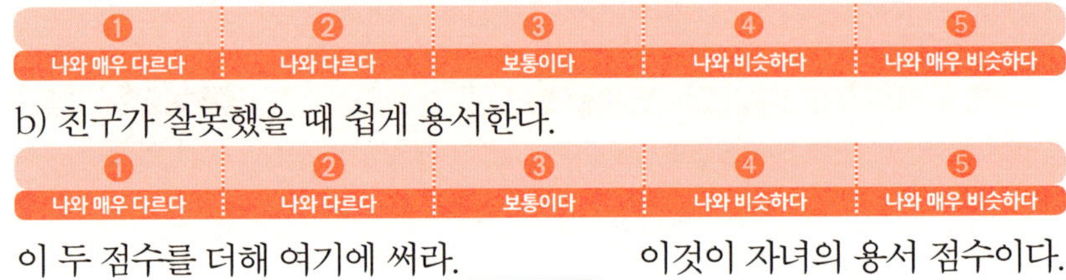

b) 친구가 잘못했을 때 쉽게 용서한다.

이 두 점수를 더해 여기에 써라. ______ 이것이 자녀의 용서 점수이다.

17. 겸손

a) 내가 말하기보다는 다른 사람들에게 말할 기회를 더 많이 준다.

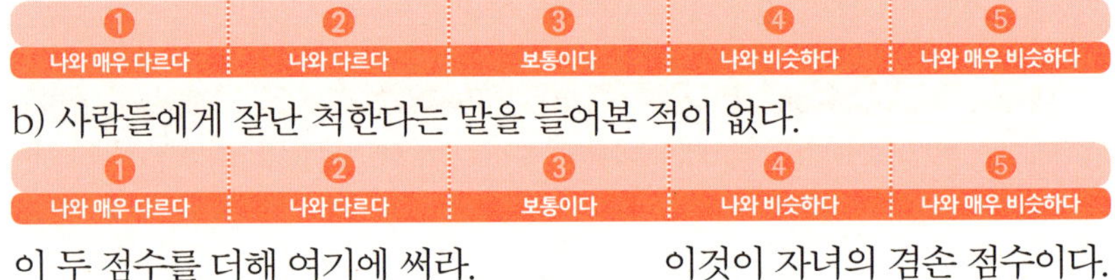

b) 사람들에게 잘난 척한다는 말을 들어본 적이 없다.

이 두 점수를 더해 여기에 써라. ______ 이것이 자녀의 겸손 점수이다.

18. 신중성

a) 나를 위험에 빠뜨릴 것 같은 상황이나 그런 친구들은 피한다.

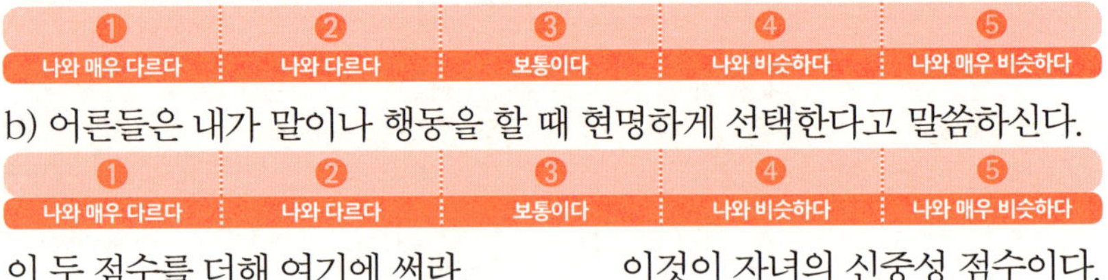

b) 어른들은 내가 말이나 행동을 할 때 현명하게 선택한다고 말씀하신다.

이 두 점수를 더해 여기에 써라. ______ 이것이 자녀의 신중성 점수이다.

19. 자기 통제력

a) 필요하다면 비디오게임이나 텔레비전 시청을 당장 그만둘 수 있다.

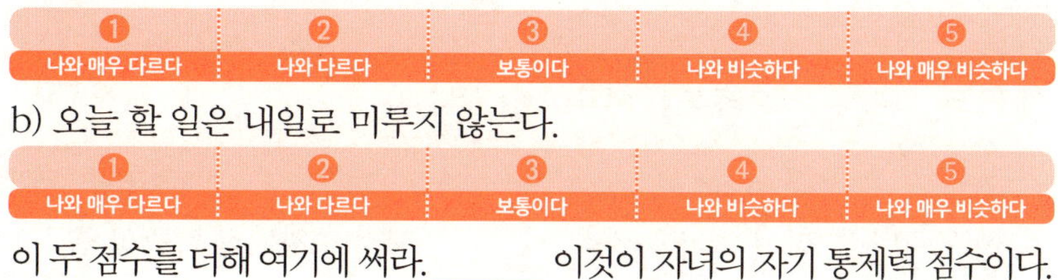

b) 오늘 할 일은 내일로 미루지 않는다.

이 두 점수를 더해 여기에 써라. ______ 이것이 자녀의 자기 통제력 점수이다.

20. 감상력

a) 대부분의 내 또래보다 음악이나 영화 감상, 춤추기를 훨씬 더 좋아한다.

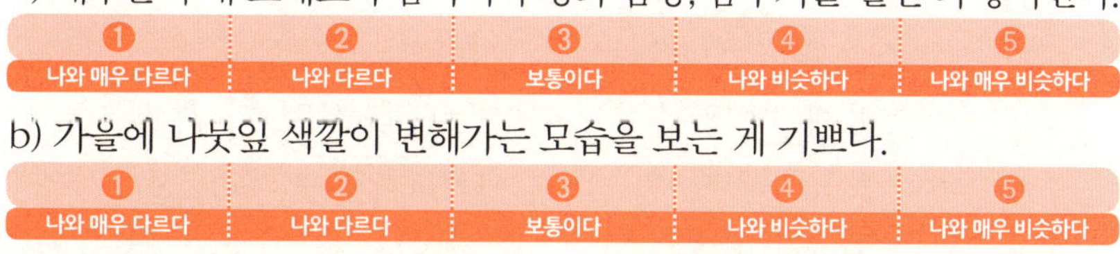

b) 가을에 나뭇잎 색깔이 변해가는 모습을 보는 게 기쁘다.

이 두 점수를 더해 여기에 써라. ______ 이것이 자녀의 감상력 점수이다.

21. 감사

a) 내 생활을 생각할 때 고마워할 것이 많다.

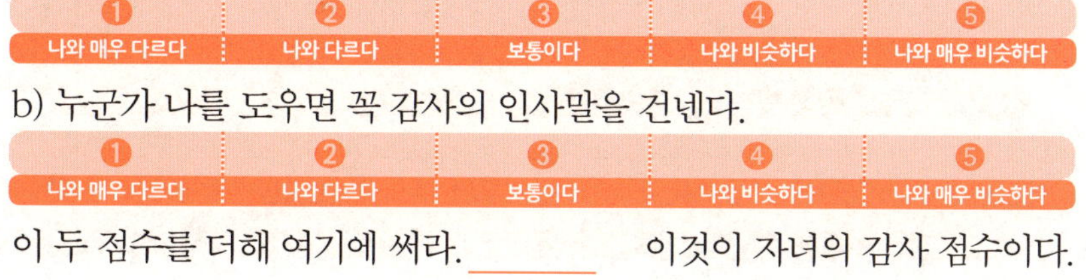

b) 누군가 나를 도우면 꼭 감사의 인사말을 건넨다.

이 두 점수를 더해 여기에 써라. ______ 이것이 자녀의 감사 점수이다.

22. 희망(낙관성)

a) 학교 성적이 나쁘게 나오면, 항상 다음에는 더 잘 나올 것이라고 생각한다.

b) 이 다음에 아주 행복한 어른이 될 것 같다.

이 두 점수를 더해 여기에 써라. _______ 이것이 자녀의 낙관성 점수이다.

23. 유머 감각

a) 친구들이 나를 정말 재미있어 한다.

b) 친구가 우울해 보이거나 내 기분이 좋지 않을 때, 더 즐거운 분위기를
만들려고 일부러 재미있는 행동을 하거나 우스갯소리를 한다.

이 두 점수를 더해 여기에 써라. ______ 이것이 자녀의 유머 감각 점수이다.

24. 영성

a) 사람은 저마다 특별한 존재이며 중요한 삶의 목적이 있다고 믿는다.

b) 불행한 일이 생기면 신앙심으로 극복할 수 있다.

이 두 점수를 더해 여기에 써라. ______ 이것이 자녀의 영성 점수이다.

아래 강점들의 점수를 쓴 다음 1에서 24까지 순위를 매겨 보라.

창의성		호기심		판단력		학구열	
예견력		용감성		끈기		정직	
열정		사랑		친절		사회성 지능	
팀워크		공정성		리더십		용서	
겸손		신중성		자기 통제력		감상력	
감사		희망		유머 감각		영성	

검사를 다 마쳤으면 어느 항목이 점수가 높은지 살펴보자. 강점 점수는 10점이 만점이다. 24개의 강점 중 9~10점이 나오는 강점이 아이의 대표강점이다. 대표강점은 24가지 강점 중에서 아이의 성격적 특성이 가장 잘 나타나는 강점이다. 보통 9~10점을 받는 항목은 3~7개 정도이다. 점수가 6점 이하라면 그것은 아이의 약점이라 할 수 있다.

강점 검사를 하면 대부분 평소 아이에게서 많이 나타났던 특징들이 강점으로 나온다. 하지만 그중 한두 가지는 전혀 예상하지 못했던 강점이 나타나기도 한다. 강점 검사를 통해 아이에게서 뜻밖의 강점을 발견했다면 축복할 일이다. 새로 발견한 강점은 아이의 무한한 잠재력을 수면 위로 끌어올리고 아이가 행복한 삶을 살아가는 데 큰 도움이 될 것이기 때문이다.

대표강점을 아는 아이는 다르다

대표강점을 찾은 아이들은 대부분 비슷한 모습을 보인다. 아주 적극적으로 대표강점을 활용하는데, 피곤해하기는커녕 오히려 에너지가 넘친다. 누가 강요한 것이 아니라 스스로 원해서 하는 것이기 때문에 그렇다.

흔히 자신만큼 자기를 잘 아는 사람은 없다고 말한다. 정말 그럴까? 내가 누구인지를 아는 것은 중요하다. 나를 알아야 나를 잘 발전시키고, 쓸데없는 열등감에 빠지지 않고 행복하게 살 수 있다. 하지만 생각보다 나를 아는 것은 쉽지 않다. 어떤 때는 나만큼 나를 잘 아는 사람도 없을 거라 확신하다가도 어느 순간 도대체 내가 누구인지 혼란스러울 때가 많다. 아직 자아가 완전히 정립되지 않은 아이들은 더 말할 것도 없다. 그런 아이들에게 강점 검사를 통해 알아낸 대표강점은 특별한 의미로 다가간다.

자신의 대표강점을 처음 알았을 때 아이는 "이게 진짜 나야?"라며 흥분한다. 아이가 예측하지 못했던 대표강점이 나왔을 때는 물론이고, 이미 아이가 어렴풋하게나마 알고 있던 강점이 대표강점으로 확인되었을 때도 마찬가지다. 강점은 개인의 성격적, 심리적 특성이고 그 특성 중에서도 가장 두드러지는 것이 대표강점이기 때문에 대표강점을 찾은 아이는 자신의 정체성을 찾게 된다. 이러한 정체성은 자신감과 연결된다. 대표강점을 찾는 순간부터 그 강점은 아이의 소유이기 때문이다. 자기가 어떤 사람인지 알지 못하는 상태에서 자신감을 갖기란 어렵다. 아이가 찾은 대표강점이 자신이고, 이제부터 자신의 소유라고 이야기해 주자. 아이가 얼마나 자신만만해 하겠는가?

혹시 아이가 매사 자신감이 없고 소극적이어서 속상하거나 자주 거짓말을 하거나 겸손하지 않더라도 혼내는 방법으로 아이에게 자신감을 강요하거나 정직과 겸손을 종용하지 말아야 한다. 아이의 대표강점이 무엇인지 검사지를 통해 자세히 살펴본 후 대표강점을 키워 주어야 한다. 스스로의 대표강점을 알고 발휘하면서 아이는 자연스럽게 자신감과 인성을 키워나갈 것이다. 또한 대표강점을 알면 아이는 곧바로 자신의 대표강점을 활용하고 싶어 한다.

초등학교 4학년인 화주는 강점 검사를 통해 '용서, 사회성 지능, 사랑, 겸손' 등이 대표강점으로 나왔다. 이전에도 화주는 마음이 착하고 사랑이 넘치는 아이여서 다른 사람의 잘못을 이해하고 너그러이 용서하는 편이었다. 어느 날은 같은 반 남자 아이가 심하게 장난을 쳐 화주를 다치게 한 적이 있었다. 그런데도 화주는 남자 아이가 놀라 사과하자 얼굴에 상처가 났는데도 남자 아이를 용서하고 안심시켰다. 강점 검사를 한 후 화주는 자신의 대표강점 중 하나가 용서라는 것을 확인하고 이런 말을 했다.

"사실 저는 제가 마음이 약한 아이란 생각을 가끔 했어요. 전 친구들이나 다른 사람이 나에게 잘못을 하거나 피해를 입혀도 오래 미워할 수가 없어요. 하지만 이제 알겠어요. 난 원래 용서를 잘하는 착한 아이였어요."

이후 화주는 더 따뜻한 아이로 성장했다. 더 열심히 자신의 대표강점을 활용할 수 있는 방법을 찾았다. 처음에는 가까운 친구나 가족들을 대상으로 용서 강점을 활용하더니 범위가 점점 더 확대되었다. 사소한 오해로 서먹해져 몇 년 동안 보지 않던 친구에게 먼저 전화를 걸기도 하고, 친구와 말다툼을 하면 먼저 사과하기도 했다.

대표강점을 찾은 아이들은 대부분 비슷한 모습을 보인다. 아주 적극적으로 대표강점을 활용하는데, 피곤해하기는커녕 오히려 에너지가 넘친다. 누가 강요한 것이 아니라 스스로 원해서 하는 것이기 때문에 그렇다. 사람들은 자신의 약점은 드러내고 싶어 하지 않지만 강점은 드러내고 인정받고 싶어 한다. 그래서 아이들은 대표강점을 찾으면 바로 활용하고 드러내려 한다. 대표강점을 활용하는 일은 언제나 즐겁다. 약점을 부각시키는 일을 열정적으로 하거나 기뻐하며 할 수는 없다. 하지만 대표강점을 활용할 때 아이는 기쁨을 느끼고 열광한다. 심지어 깊은 몰입에 빠지는 경우도 있기 때문에 대표강점을 많이 활용할수록 아이는 행복해진다.

그러나 강점 검사를 하지 않고도 아이의 강점을 예상하고 칭찬할 수 있다. 예를 들어 마음이 따뜻해 남을 잘 배려하는 아이에게 "엄마는 우리 ○○가 다른 사람들에게 친절하게 대해 자랑스러워.", "엄마가 말 안 했는데도 엄마를 배려해 집안일을 잘 도와줘서 정말 고마워."라고 말하면 아이는 뿌듯해한다.

강점 검사를 통해 아이의 대표강점 중 하나가 '친절'로 나오면 아이는 마치 자신의 진짜 모습을 찾은 것처럼 신기해한다. 강점 검사를 하기 전 '친절한 아이'로 인정받은 것보다 강점 검사 후 '친절함'을 인정받으면 아이는 더 의기양양해진다.

대표강점을 발휘하면서 아이는 더욱 성장하고 발전한다. 그만큼 아이의 삶도 행복해진다. 대표강점을 찾아 발휘하는 아이들의 특징을 정리하면 대략 다음과 같다.

- 강점을 통해 정체성을 확인하고 자신감을 갖는다. ("이것이 진정한 나야.")
- 내 강점이 드러날 때, 득히 처음으로 느러날 때 큰 기쁨을 느낀다.
- 내 강점을 활용하기 때문에 배우거나 일을 할 때 학습과 일의 속도가 매우 빠르다.
- 내 강점을 활용할 새로운 방법을 열심히 찾아낸다.
- 내 강점에 따라 행동하기를 열망한다.
- 내 강점을 활용할 때 피곤하기는커녕 오히려 기운이 난다.
- 통찰과 직관으로 강점을 발견한다.
- 내 강점을 주로 활용할 수 있는 개인적인 일을 스스로 고안하고 추구한다.
- 강점을 활용할 때 황홀경에 빠지기도 한다.
- 강점을 사용하고자 하는 내적 동기를 가진다.

대표강점을 알면 내 아이가 변하기 시작한다. 행복하게 변하는 지름길은 대표강점을 찾아 주는 일이다.

아이들이 행복하고 성공한 삶을 살아가기 위해서는 다섯 가지 중요한 자산이 있다. 건강을 지켜 주는 신체적 자산, 관계를 증진시켜 주는 사회적 자산, 지혜를 함양시켜 주는 지식적 자산, 편리를 제공해 주는 물질적 자산, 무기력과 우울감을 극복하게 해 주는 심리적 자산이 바로 그것이다. 어느 것 하나 중요하지 않은 것이 없다.

하지만 그중에 가장 중요한 것은 심리적 자산이라 할 수 있다. 아무리 육체적으로 건강하고, 관계가 좋고, 지식이 풍부하고, 경제적인 부를 갖고 있다고 해도 세상을 비관적으로 보고 무기력해지고 우울증에 걸려 자살을 생각한다면 무슨 의미가 있겠는가? 우리는 사회적으로 저명한 인사들이나 심지어 초등학교 학생들도 자살을 선택했다는 불행한 사건 소식을 자주 듣는다. 심리적 자산이 고갈됐기 때문이다. 심리적 자산이 무너지면 인생 자체가 무너지는 것이다.

아이의 대표강점을 찾고 일상에서 발휘하게 하는 것은 자신만의 심리적 자산을 견고하게 구축해서 삶의 역경을 스스로 극복하게 하고 자신의 능력과 잠재적 능력까지 발휘해 지속적으로 행복하고 성공하는 삶을 살아갈 수 있도록 만들어 주는 것이다.

 　만 3세부터 행복을 가르쳐라

아이의 대표강점을 키우는 방법은 생각보다 간단하다

강점은 새로운 환경에서 잘 발현되기 때문에게 아이의 세계를 제한시켜서는 안 된다. 아이들은 자기가 하고 싶은 것을 자유롭게 할 수 있을 때 행복하다. 안전하게 보호한다는 미명 아래 틀을 만들고 가두면 강점을 개발하기 어렵고 행복은 멀리 달아난다.

강점은 타고나는 것이 아니다. 발견하고 키워 주는 것이다. 보통 7세쯤 대표강점이 나타나기 시작하는데, 이때 부모가 어떻게 하느냐에 따라 아이들의 강점은 더 커질 수도 있고, 싹도 틔워 보지 못한 채 사라질 수도 있다. 강점이 올바른 방향으로, 아이의 행복한 삶에 도움이 될 수 있도록 성장하게 만드는 일은 부모의 몫이다. 강점을 키우는 일이 꼭 대표강점만 키우는 것을 의미하지 않는다. 원래 아이들은 24가지 강점을 모두 발달시킬 수 있는 능력을 타고났다. 대표강점만 키우고 활용해도 충분히 행복할 수 있지만 필요하다면 아이의 약점까지도 부모가 대표강점으로 발전시킬 수도 있다.

아이의 강점을 키우는 방법은 생각보다 간단하다. 몇 가지 원칙만 지키면 된다.

강점을 발휘할 때마다 칭찬을 꼭 해 주자

초등학교 1학년 희수는 친절하고 참을성이 많다. 아직 어린 아이지만 다섯 살 남동생을 엄마처럼 잘 돌본다. 처음에는 그런 희수가 기특하고 대견했다. 하지만 시간이 지날수록 엄마는 희수가 동생을 돌보는 것을 당연하게 생각했다. 엄마는 희수가 동생과 잘 놀아 주지 않으면 야단을 치기도 했다.

희수 동생 희철이는 고집이 세고 어떤 일에 재미를 붙이면 끝낼 줄을 모른다. 엄마도 희철이가 같은 놀이를 계속 하자고 하면 참기가 어렵다. 혼자 놀면 좋으련만 그 나이 아이들은 뭐든 엄마와 같이 하려고만 한다. 한번은 엄마와 희철이가 사람들이 손을 잡고 있는 그림을 그렸는데, 이후 희철이는 "손잡고!"를 외치며, 똑같은 그림을 그려 달라고 자꾸 떼를 썼다. 엄마는 떼쓰고 조르는 희철이를 이기지 못하고, 수백 번이나 비슷한 그림을 그려 주기도 했다. 그런 희철이의 성격 때문에 희수가 동생이랑 놀아 주는 것이 쉽지 않다는 것을 엄마도 잘 알고 있다. 그러나 동생이 짜증내거나 울기라도 하면 "동생과 잘 놀아 줘야지." 하며 은근히 희수를 나무랐다. 희수는 친절과 인내의 강점을 가진 아이이기 때문에 언제나 동생의 고집을 잘 참아내고 받아주었다. 그런데 강점을 잘 활용하는 것은 칭찬받아야 할 일이지, 강점을 발휘하도록 강요하고 강점을 발휘하지 않았을 때 혼나야 하는 일은 아니다. 동생을 잘 돌보라는 엄마의 요구에 희수는 자신의 강점을 부담스러워하기 시작했다. 떼를 쓰는 동생이 분명 잘못했는데도 누나이기 때문에 무조건 참아야 하는 상황을 견디기 힘들어했다. 기분 좋게 강점을 발휘할 수 있어야 강점은 더 크게 자랄 수 있다. 희수처럼 강점을 의무로 발휘해야 한다면 기쁨을 느낄 수도 없고 강점을 발전시키기도 어렵다.

아이의 강점을 키워 주려면 아이가 강점을 발휘할 때마다 칭찬을 꼭 해 주어야 한다.

"어머, 우리 희수는 역시 친절하고 참을성이 많아. 엄마도 떼쟁이 희철이랑 놀아 주는 게 힘든데 희수는 어쩌면 그렇게 잘 놀아 줄 수가 있을까? 정말 고마워."

칭찬받은 아이는 더 신이 나서 자신의 강점을 활용하려 든다. 단, 칭찬할 때 어떤 의도가 있으면 안 된다. 동생을 더 잘 돌봐주기를 바라는 마음에서 칭찬을 하면 안 된다는 것이다. 순수하게 아이가 자발적으로 강점을 발휘한 것을 칭찬해 주어야 한다. 그러면 아이는 시키지 않아도 스스로 강점을 개발하고 더 열심히 활용하려 노력할 것이다.

과잉보호가 아이의 강점을 방해한다

요즘 부모들은 아이를 많이 낳지 않는다. 저마다 먹을 것을 타고 난다는 말은 이미 옛말이다. 경제적으로, 심리적으로 아이를 키우기 부담된다. 소득에 비해 너무 많은 돈이 들고 아이를 대학까지 가르치려면 수억 원이 든다. 예전처럼 대여섯 명씩 아이를 낳을 수 있는 부모는 그리 많지 않을 것이다.

부모들은 자녀가 너무 소중하기 때문에 과잉보호하는 경향이 있다. 기껏해야 자녀가 한두 명이니 애지중지하는 것은 당연하다. 아이들은 보호 받을 권리가 있다. 혼자서는 생존할 수 없는 존재이기 때문에 부모가 안전하게 살 수 있도록 보살펴 주어야 한다. 그러나 문제는 보호의 정도가 지나치다는 데 있다. 행여 아이들이 다칠까, 못하게 하는 것들이 너무 많다. 아이가 플라스틱 칼로 케이크를 자르려고 해도 위험하다고 하고, 밖에서 놀고 싶다 해도 위험하다며 집안에만 가둔다. 아이가 당연히 할 수 있는 일도, 아니 해야 하는 일마저도 시키지 않는다. 아이들도 자기 방 청소 정도는 충분히 할 수 있다. 그런데도 대부분의 부모는 아이가 청소하느라 힘들까봐 혹은 청소할 시간에 공부하기를 바라는 마음에 시키지 않는다. 가스 불 위험하다며 라면도 끓여 먹지 못하게 해서 고등학생이 되어도 밥을 차려 주지 않으면 굶는 아이들이 많다고 한다.

강점은 다양한 경험을 통해 개발되고 발전한다. 공부 외에는 뭐든 못 하게 하니 아이들이 경험할 수 있는 세계는 지극히 제한적이다. 그런 좁은 세계에서는 발견할 수 있는 아이의 강점 역시 한정적일 수밖에 없다. 강점 중에는 평소 잘 드러나는 강점도 있지만 내면 깊숙이 잠재되어 있는 강점도 있다. 내면에 숨어 있는 강점은 새로운 세상, 새로운 상황을 많이 경험할수록 밖으로 튀어나올 가능성이 커진다.

명규는 중학생이 될 때까지 유머 감각이 좋다는 것을 몰랐다. 뭐든 진지하게 생각하고 행동하는 걸 좋아했기 때문에 주변 사람들도 명규를 모범생 정도로만 여겼다. 그런데 중학교 2학년 때 어느 리더십 프로그램에 참여해 자신에게 유머 감각이 있다는 것을 발견했다. 현대는 유머 감각이 있는 리더십을 원한다. 무조건 돌진하고, 강력한 카리스마를 발휘하는 리더십보다 사람들을 즐겁게 하면서 자발적으로 행동하게 만드는 리더십이 뜨고 있다. 명규가 참여한 리더십 프로그램에서 각자 유머 감각을 발휘해 보는 시간이 있었는데, 명규의 유머에 참여자들 모두가 박장대소했다. 그런 재미난 이야기를 아무 표정 없이 천연덕스럽게 이야기하는 명규를 보니 더 웃기다고 했다.

이처럼 강점은 새로운 환경에서 잘 발현되기 때문에게 아이의 세계를 제한시켜서는 안 된다. 아이들은 자기가 하고 싶은 것을 자유롭게 할 수 있을 때 행복하다. 안전하게 보호한다는 미명 아래 틀을 만들고 가두면 강점을 개발하기 어렵고 행복은 멀리 달아난다.

아이가 강점을 발휘할 수 있는 기회를 자주 마련하자

아무리 재능이 많아도 재능을 갈고 닦지 않으면 빛을 보지 못한다. 강점도 그렇다. 강점을 자주 발휘하고 활용할수록 강점이 극대화된다. 아이가 자신의 대표강점을 알면 스스로 강점을 활용하는 방법을 찾아내기도 하지만 부모가 도와줄 수 있는 방법도 많다.

예를 들어 아이와 함께 체험 학습을 한다고 가정해 보자. 체험 학습은 의미있는 활동이 되지만, 이왕이면 아이의 강점을 더 극대화시켜 줄 수 있는 방법을 선택하면 더 좋다. 부모가 선호하는 체험 학습 중 하나가 박물관 견학인데, 호기심이 강한 아이라면 박물관 체험 학습은 잘 맞지 않다. 박물관은 소중한 문화재나 유물이 전시되어 있는 곳이기 때문에 차분하고 조용하게 관람해야 한다. 호기심 강점을 갖고 있는 아이는 직접 만져 보고 싶어 하는데 이를 허락하는 박물관은 없다. 따라서 이런 아이들에게는 직접 만지고 뛰어 놀게 할 수 있는 체험 활동이 더 좋다.

감상력이 뛰어난 아이는 숲이나 식물원 등 천천히 음미할 수 있는 체험 활동이 좋고, 리더십이 강한 아이는 가족회의를 할 때 사회를 맡겨 보는 방식도 좋다. 아이의 강점을 잘 이해하는 것도 중요하지만, 아이의 강점을 어떻게 키워 줄 수 있을지 궁리하는 것도 중요하다.

강점을 키우는 방법은 강점마다 다르다

강점을 연마할 수 있는 방법은 강점마다 다르다. 일상에서 아이의 강점을 키울 수 있는 방법에 대해 고민해 보자. 아래의 방법에만 의지할 필요는 없다. 부모의 역할과 지원에 따라 아이의 대표강점은 나날이 커질 수 있다.

부모는 아이의 강점을 키워 줄 의무가 있다. 기본적인 원칙이나 마음가짐을 소개했지만 막상 강점을 키워 주려고 해도 어떻게 해야 할지 막막하다는 부모들이 많다. 다행히 조너선 헤이트와 타얍 라쉬드, 아프로즈 안줌과 같은 긍정심리학자들이 강점이 무엇인지 말하는 데 그치지 않고, 어떻게 강점을 연마할 수 있는지에 대해 개발했다. 아래는 그것을 우리나라의 실정에 맞게 발전시켜 내가 만든 것이다.

강점은 과학이다. 강점을 연마하는 방법은 강점별로 다르다. 여기서 소개한 방법으로 연습하면 누구나 예외 없이 강점을 키울 수 있지만, 꼭 이 방법에만 의지할 필요는 없다. 아이에게 맞는 새로운 방법을 고안해 연습해도 괜찮다.

'지혜와 지식'과 관련된 강점 연습 방법

구분	강점	연습 방법
1	창의성	• 도예, 사진, 조각, 그리기, 채색하기 수업에 참여할 수 있게 한다. • 의자를 침대로 사용하는 것처럼 집에 있는 물건을 정해서 그것을 전형적인 쓰임이 아니라 다른 용도로 사용하는 방법을 찾아내게 한다. • 아이가 쓴 시를 담은 카드를 친구나 선생님에게 보내게 한다.
2	호기심	• 아이가 모르는 주제를 이야기하고 듣게 한다. • 아이가 익숙하게 자주 가보지 않은 식당이나 상점을 방문한다. • 다양한 체험학습을 통해 직접 만지고 뛰어 놀 수 있게 한다.
3	판단력	• 아이가 강력한 의견을 가지고 있는 사안에 대해 그와 반대되는 입장을 펼친다. • 다문화적 행사에 함께 참석해서 행사가 끝난 후 아이의 관점에서 비판적으로 평가해 보게 하자. • 아이의 독선적인 의견이 무엇이며 어떤 점에서 잘못되었는지 생각해 보게 하자.
4	학구열	• 학교에서 지정해 준 필독서뿐 아니라 권장도서까지 읽게 한다. • 새로운 어휘를 매일 배우고 사용해 보도록 한다. • 친구들이나 가족들 앞에서 가르칠 수 있는 기회를 만들어 준다.
5	예견력	• 아이가 가장 존경하는 사람에 대해 생각하게 하고, 그 사람처럼 하루를 살아보게 하자. • 어떤 사안을 주고, 이 일이 어떤 식으로 끝나게 될지 예상해 보도록 하자. • 친구들, 가족 간의 논쟁을 해결하게 해 본다.

'용기, 끈기, 정직'과 관련된 강점 연습 방법

구분	강점	연습 방법
6	용감성	• 아이들에게 일반적으로 호응을 받지 못하는 아이디어도 당당하게 말하게 한다. • 명백히 잘못된 행위를 하는 사람이나 단체를 목격할 경우 반드시 이의를 제기하게 한다. • 평소 두려움 때문에 잘 하지 못했던 일을 해 보게 한다.

구분	강점	연습 방법
7	끈기	• 해야 할 일의 목록을 만들고 매일 목록에 있는 일을 한 가지씩 하게 한다. • 일정에 앞서 중요한 일을 먼저 마치게 한다. • 텔레비전을 켜거나 게임, 핸드폰, 간식 같은 것에 흐트러지지 않고 몇 시간 동안 어떤 일에 집중하게 한다.
8	정직	• 마음에서 우러나오지 않는 칭찬을 포함해 친구들에게 선의의 거짓말조차도 하지 않게 한다. • 아이가 가장 소중하게 생각하는 것이 무엇인지 알고 그것과 관련된 일을 매일 하게 한다. • 아이가 어떤 일을 하고자 하는 이유를 다른 사람에게 말할 때, 진실하고 정직하게 설명하게 한다.
9	열정	• '왜 해야 하는데?'라고 말하기보다 '해 보는 게 어때?'라고 말하는 것을 3배 늘리게 한다. • 매일 아이에게 필요한 것보다 하고 싶은 것을 한 가지씩 하게 한다. • 아이가 자신감을 갖고 큰소리로 발표할 수 있게 한다.

'사랑과 인간애'와 관련된 강점 연습 방법

구분	강점	연습 방법
10	사랑	• 칭찬이나 격려를 부끄러워하지 않고 수용하며 고맙다고 말하게 한다. • 아이에게 사랑하는 마음을 담아 짧은 편지를 쓰고 아이가 쉽게 발견할 수 있는 곳에 놓아둔다. • 가장 친한 친구가 정말로 좋아하는 무언가를 함께 해 보게 한다.
11	친절	• 아이의 물건을 다른 친구들에게 빌려 주게 한다. • 아이가 아는 사람들에게 일주일에 세 번, 무엇이든 친절한 행동을 하게 한다. • 지하철이나 버스를 타고 갈 때 노약자나 임산부에게 자리를 양보하게 한다.
12	사회성 지능	• 세상에는 어렵고 힘든 사람들을 위해 봉사하는 사람들이 많다는 것을 이야기한다. • 누군가 아이를 귀찮게 하더라도 화를 내거나 보복하기보다 그들의 입장을 이해하게 한다.

구분	강점	연습 방법
12	사회성 지능	• 마음에 들지 않은 친구들의 모임에 일부러 참석해서 관찰자의 입장이 되어보게 하자. 그리고 아무것도 판단하려 하지 말고 단지 아이가 관찰한 느낌만을 묘사해 보게 하자.

'정의감'과 관련된 강점 연습 방법

구분	강점	연습 방법
13	팀워크 (시민의식, 협동심)	• 아이가 할 수 있는 한 가장 멋진 모임의 일원이 되게 한다. • 친구 또는 이웃을 위해 맛있는 음식을 나누어 먹게 해 준다. • 가족이 협업하는 일에 동참하게 하고, 일 분담을 어떻게 하는 게 좋을지 아이가 결정도록 한다.
14	공정성	• 적어도 하루에 1번 정도는 아이가 실수를 인정하고 그에 대한 책임을 지게 한다. • 적어도 하루에 1번은 아이가 썩 좋아하지 않는 친구에게도 친밀감을 보이게 한다. • 다른 아이들의 이야기를 방해하지 않고 잘 듣게 한다.
15	리더십	• 친구들을 위해 또래 모임을 만들게 한다. • 학교나 집에서 즐겁지 않은 일을 도맡아 하고 그것을 완수하게 한다. • 처음 만난 친구들이 편안하게 느끼도록 행동하게 한다.

'절제력'과 관련된 강점 연습 방법

구분	강점	연습 방법
16	용서	• 아이가 다른 사람에게 용서 받은 것을 기억하고 용서를 베풀도록 한다. • 좋지 않은 감정을 갖고 있는 친구들의 명단을 작성해 보게 한다. 그 아이들을 만나서 그 이유에 대한 얘기를 나누어 보거나 '나는 용서하겠다'고 마음먹을 수 있는지 생각해 보게 한다. • 용서편지를 쓰되, 보내지는 말고 일주일 동안 매일 읽어 보게 한다.
17	겸손	• 하루 종일 자신에 대한 얘기를 전혀 하지 않게 해 본다. • 너무 눈에 띄는 옷을 입지 않게 한다. • 아이보다 친구들이 더 뛰어난 점이 무엇인지 생각하고 그 점에 대해 칭찬하게 한다.

구분	강점	연습 방법
18	신중함	• '부탁합니다' 또는 '고맙습니다'라는 말을 제외하고, 다른 것들을 말하기 전에 두 번 생각하게 한다. • 약속을 할 때 내가 지킬 수 있는 일인지 생각해 보고 하도록 한다. • 간식을 먹기 전 '이것은 살이 찌더라도 꼭 먹어야 되는가?'라고 자문해 보게 한다.
19	자기 통제력	• 운동 프로그램을 시작하여 일주일 동안 매일 꾸준히 실천하게 한다. • 타인에 대해 뒷말이나 비열한 이야기를 하지 않게 한다. • 이성을 잃으려고 할 때, 열을 세고 그것이 정말 필요한지 다시 생각해 보게 한다.

'영성과 초월성'과 관련된 강점 연습 방법

구분	강점	연습 방법
20	감상력	• 아름다운 풍경이나 사랑하는 사람들을 사진에 담고 그것을 컴퓨터나 핸드폰의 바탕화면에 두고 보게 보자. • 아이가 보았던 가장 아름다운 것에 대해 매일 일기를 쓰게 한다. • 적어도 하루에 한 번은 멈춰 서 일출이나 꽃, 새의 노랫소리와 같은 자연의 아름다움을 느끼게 한다.
21	감사	• 하루 동안 아이가 몇 번이나 '고맙습니다', '감사합니다'라고 말하는지 세어 보고 일주일마다 그 횟수를 늘려가게 한다. • 매일 하루를 마감할 때, 오늘 감사한 일 세 가지와 그 이유를 쓰게 한다. • 선생님이나 친구에게 감사의 편지를 써서 감사방문을 하게 한다.
22	희망 (낙관성)	• 과거에 실망했던 것에 대해 생각하고 그것을 가능하게 하는 기회를 찾게 해 준다. • 내일, 다음 주, 다음 달 목표를 쓰고 이 목표를 성취할 수 있는 구체적인 계획을 세우게 한다. • 아이의 비관적인 생각을 낙관적으로 바꾸게 하는 연습을 하게 한다.
23	유머 감각	• 친구들에게 재미있는 문자나 이메일을 보내 보도록 한다. • 일주일에 세 번씩 새로운 유머를 익히고 그것을 친구들에게 써먹게 한다. • 웃기는 영화나 TV프로그램, 책을 자주 보거나 읽게 한다.

구분	강점	연습 방법
24	영성	• 아이의 목표에 대해 매일 생각하게 한다. • 매일 하루를 시작할 때 기도하거나 명상을 하게 한다. • 친숙하지 않은 종교의식에 참가하게 한다. • 친구들, 가족 간의 논쟁을 해결하게 해 본다.

아이의 대표강점을 연습하는 방법을 찾았다면 따로 시간과 기회를 마련해 아이가 자신의 대표강점 한두 가지를 새로운 방식으로 연습하게 하자. 대표강점을 활용하는 연습에만 몰두할 시간을 반드시 따로 마련해 주어야 한다.

예를 들어 대표강점이 '창의성'이라면 동화나 시 한 편을 쓰게 해서 읽어 보게 한다. 대표강점이 '희망(낙관성)'이라면 우주 탐험 프로그램의 희망찬 미래에 대한 책을 읽게 한다. 대표강점이 '자기 통제력'이라면 저녁에 운동을 하게하고 TV 보기와 게임하기 등 스스로 자기 관리를 잘할 수 있도록 한다. 대표강점이 아름다움과 훌륭함에 대한 '감상력'이라면 주말에 미술 전시회에 데리고 간 뒤 감상문을 쓰게 하고, 함께 공감할 수 있는 시간을 갖는다. 대표강점이 '사회성 지능'이라면 학교나 집에서 어려운 일도 스스로 할 수 있도록 해 주거나 까다로운 아이들과도 잘 어울릴 수 있도록 도와준다. 이처럼 아이의 강점을 키우는 방법은 강점마다 다양하고 다르다.

유아기 아이들의 강점 찾기 및 키우기

부모들은 누구나 내 아이가 가졌으면 하는 성격강점이 있을 것이다. 아이가 여섯 살 이전이라면 강점 연습을 통해 키워 줄 수 있다. 재능은 선천적으로 타고나는 것이지만 성격강점은 후천적으로 키워 줄 수 있는 것이기 때문이다. 다음은 유아기 아이들의 강점 찾기와 강점을 키워 주는 방법이다.

아이들은 자유롭게 놀 때 자연스럽게 자신의 강점을 발휘하는 경향이 있다. 적어도 하루에 한 시간은 아무런 간섭도 받지 않고 자기가 하고 싶은 대로 내버려 두는 것이 좋다. 그랬을 때 아이는 자기 강점을 탐구하고 실험할 수 있는 용기를 얻을 수 있다.

아이가 자신이 하는 놀이에 대해 이야기 할 때, 아이의 에너지와 열정이 어떤 강점의 가능성을 드러내 보여 주는지에 주목하자. 아이가 강점을 발휘할 때는 억양이 변화무쌍해지고 말하는 속도가 빨라지며 눈이 커지고 눈썹을 치켜뜨는 등의 변화를 보인다. 미소를 짓거나 큰 소리로 웃기도 하며 손짓이 많아질 뿐만 아니라 말을 더욱 유창하게 한다.

부모들은 누구나 내 아이가 가졌으면 하는 성격강점이 있을 것이다. 아이가 여섯 살 이전이라면 강점 연습을 통해 키워 줄 수 있다. 재능은 선천적으로 타고나는 것이지만 성격강점은 후천적으로 키워 줄 수 있는 것이기 때문이다. 다음은 유아기 아이들의 강점 찾기와 강점을 키워 주는 방법이다.

1. 아이들이 자신의 강점을 독자적으로 찾아내고 키워 나갈 수 있도록 하루에 1시간 정도는 자유롭게 놀도록 내버려 두자.

2. 아이가 호기심과 흥미를 가지고 하는 일이 무엇인지에 관심을 기울이고, 아이의 자발성과 노력을 칭찬해 주자. 결과보다는 과정에 초점을 맞추자.

3. 당신의 열정과 당신에게 동기부여가 되는 것을 아이와 공유하자. 그러면 아이는 다양한 시각으로 자신의 관심사를 다른 사람들과 비교해 볼 수 있다.

4. 당신이 아이와 같은 나이에 즐겨했던 것이 무엇인지 그리고 그것이 왜 중요했는지에 대해 아이에게 말해 주자. 이는 아이가 개성과 다양성에 대해 인식할 수 있도록 해 준다.

5. 특별한 강점을 뒷받침해 주는 장난감이나 재료를 이용할 수 있게 해 주자.

6. 한층 더 나아간 탐구와 놀이와 창의적인 재료를 서로 결합시켜 보자.

7. 다양한 기회를 제공해서 대표강점을 탐구하고 상상력을 발휘할 수 있도록 도와주자.(이야기 나누기, DVD 감상, 컴퓨터 게임하기, 역할 놀이 등)

8. 긍정적인 피드백으로 아이가 대표강점을 찾을 수 있도록 돕자. 아이의 그러한 노력을 높이 평가해 주자.

9. 아이의 역할 모델이 될 수 있는 사람이 있다면 아이를 위해 당신이 할 수
   있는 일을 찾아보자.(그 사람의 이야기를 아이에게 소개하거나 그 사람
   에게 아이를 위한 응원의 한마디를 부탁할 수도 있다.)

10. 아이가 자발적으로 자기 강점을 사용할 기회를 만들어 주자. 하지만 강
    요해서는 안 된다.

대표강점을 발휘해
빌 클린턴 대통령을 초청하다

대표강점 중 '희망' 강점은 미래에 대한 기대를 저버리지 않게 했고, '창의성'은 긍정심리
학이라는 새로운 분야를 개척하여 전문가가 되게 했다. '학구열'은 초등학교 졸업이 전부
였던 나를 13년 만에 박사, 교수가 되게 했다.

마틴 셀리그만은 "진정한 행복은 자신의 대표강점을 찾고 일상에서 발휘
하는 것이다."라고 했다. 대표강점을 발휘하면 삶의 만족도가 자연스럽게 높
아지고 그만큼 행복해지기 때문이다. 대표강점이 행복을 만드는 데 큰 역할을
한다는 것은 내 개인적인 경험을 통해서도 이미 충분히 확인됐다.

내 대표강점은 창의성, 학구열, 끈기, 자기 통제력, 열정, 감사, 희망, 용감
성이다. 나는 내 대표강점들을 떠올리거나 발휘할 때마다 행복하다. 이 강점
들이 지난 10년 동안 나를 지켜 주고 이끌어 주었고, 앞으로도 그럴 것이다.
그래서 나는 내 대표강점들에게 감사한다.

지난 10년은 물질적, 정신적으로 가장 힘겨운 기간이었다. 아마도 대표강점
을 찾고 활용하지 않았다면 그 힘든 시기를 극복하지 못했을지 모른다. 솔직히

긍정심리학을 처음 접했던 2003년만 해도 "진정한 행복은 자신의 대표강점을 찾고 일상에서 발휘하는 것이다."라는 셀리그만의 이 말을 있는 그대로 받아들이지 못했다. 당시 사람들은 IMF를 거치면서 물질을 중요시하고 집착했다. 대부분 사람들이 잘 먹고 잘 사는 것을 행복이라 생각했던 상황에서 마틴 셀리그만의 행복론이 다소 현실과 동떨어진 느낌이 들었던 것도 사실이다.

하지만 대표강점을 활용해 역경을 극복하고 목표했던 것을 하나하나 성취해 가면서 확신이 들었다. 대표강점 중 '희망' 강점은 미래에 대한 기대를 저버리지 않게 했고, '창의성'은 긍정심리학이라는 새로운 분야를 개척하여 전문가가 되게 했다. '학구열'은 초등학교 졸업이 전부였던 나를 13년 만에 박사, 교수가 되게 했다. '끈기', '열정', '용감성' 강점은 전문 강사가 되게 했고, '자기 통제력'은 89kg의 거구를 70kg대로 만들어 주었으며, '감사' 강점은 일상의 조그만 일에도 감사하며 긍정정서를 확장시켜 언제나 나를 더욱 행복하게 주었다.

그 구체적인 사례를 소개하면 다음과 같다.

사례 ❶ 개인 자격으로 빌 클린턴을 한국에 초청하다

2004년 7월 어느 날, 모 통신사 사장으로부터 전화가 왔다. 빌 클린턴 전 대통령이 9월에 한국에 오는데 상의할 일이 있다는 것이었다. 급히 약속장소로 가보니 정부의 대내외 주요행사를 전문적으로 진행하는 큰 회사 대표가 동석해 있었다. 그는 클린턴을 초청하는 일에 돈이 약 7~8억 원 정도 들어가는데, 물푸레에서 7천만 원만 내고 빌 클린턴의 『마이 라이프』 리셉션을 개최

하면 어떻겠느냐고 제안했다. 그즈음 물푸레에서 빌 클린턴의 자서전 『마이 라이프』를 출간했는데, 아마도 그 책을 보고 연락을 했던 것 같다. 마다할 이유가 없었다. 즉석에서 흔쾌히 수락했다. 초청행사가 2개월도 채 남지 않았기 때문에 마음이 급했다.

그로부터 2주 정도 지났을 즈음 전화가 왔다. 행사를 담당했던 회사의 대표였다. 스폰서를 구하지 못해 포기하려고 하는데, 물푸레에서 할 의사가 있으면 하라고 했다. 지금까지 책만 만들었지 큰 행사를 주관해 본 적은 없었다. 생각조차 해 본 적이 없던 일이라 금방 대답하지 못했다. 3~4초가량 흐르는데 번뜩 떠오르는 것이 있었다. 바로 내 대표강점이었다. 내 대표강점인 창의성, 열정, 용감성, 희망, 끈기, 자기 통제력, 감사를 활용하면 해낼 수 있을 것같다는 자신감이 생겼다.

오케이를 한 후 바로 창의성과 희망, 용감성 강점을 발휘해서 빌 클린턴 사무실로 이메일을 보냈다. '한국에서 『마이 라이프』를 번역 출판한 도서출판 물푸레 우문식입니다. 한국을 방문할 계획이 있습니까? 방문한다면 초청자는 있습니까?'

바로 답장이 왔다. 한국엔 오는데 아직 초청자는 없다고 했다. 세계 유명인사들은 주로 브로커가 개입을 하는 것 같았다. 모 통신사 사장과 처음 만났을 때도 일본의 나카무라라는 사장이 빌 클린턴과 친구라서 초청하게 되었고 비용이 들어간다고 했다. 초청자가 없다는 말을 듣고 그제야 빌 클린턴 초청을 제안했던 이들에게 이용당했다는 것을 알아차렸다. 잠시 마음이 복잡했지만 곧 추스르고 다시 내가 초청하겠다는 메일을 바로 보냈다.

'나를 믿고 와라. 내가 한국에서 업무를 잘 볼 수 있게 돕겠다.'

당시 유엔 쓰나미 대사로 임명받은 클린턴은 구호 기금을 모으는 중이었다. 그렇지만 한국 정서는 빌 클린턴에 대해 부정적이었다. 재임 기간 한 여성과의 스캔들로 구설수에 올랐기 때문이다. 사실 스캔들을 제외하면 빌 클린턴은 미국 역사상 국정 운영을 가장 잘한 대통령 중 한 명으로 평가받는다. 그럼에도 많은 한국인들은 빌 클린턴을 곱게 보지 않았다. 하지만 나는 빌 클린턴을 좋아했다. 특히 그의 자서전 『마이 라이프』를 번역 출판하면서 그를 진심으로 존경하게 됐다. 그래서 한국에서 그를 진정으로 생각하는 사람은 나뿐이라는 생각까지 들 정도였다.

3일 후 회신이 왔다. 초청장을 보내라는 것이다. 빌 클린턴을 초청한다는 것에 가슴이 벅찼다. 이번 기회에 한국에서 그의 부정적 이미지를 불식시키는 계기를 만들고 싶었다. 그렇지만 기쁨도 잠시, 곧 걱정이 몰려왔다. 국내 대표적인 행사 전문 업체도 스폰서를 구하지 못해 포기한 것을 과연 내가 할 수 있을지 자신이 없었다. 하지만 곧 마음을 고쳐먹었다. 내 대표강점을 믿고 적극적으로 활용해 꼭 행사를 성공적으로 치르겠다고 결심했다.

창의성 강점을 발휘해 전반적인 아이디어를 냈다. 강점은 독립적으로 작용할 수도 있지만 서로 복수로 연결되어 있기에 시너지 효과를 낼 수 있다. 먼저 전문 업체에 대행을 맡기지 않고 지인들을 중심으로 직접 팀을 구성했다. 대략적인 행사 규모와 예산이 잡히면서 각자 역할을 분담했다. 나는 총책임을 지며 스폰서와 귀빈 초청 역할을 맡았다. 이런 역할을 맡으려면 그만큼 사회적 경험과 인맥, 자금이 있어야 한다. 그런데 나에겐 어느 것 하나 충족되는 것이 없었다. 있다면 내 대표강점과 세상과 타협하지 않고 내 원칙대로 성실하게 살아왔다는 것이 전부였다.

가장 먼저 스폰서부터 해결해야 했다. 먼저 내 강점인 창의성을 발휘해 빌 클린턴에 대한 관심을 가장 많이 갖는 곳, 필요로 하는 곳, 그리고 가장 짧은 시간에 의사결정이 가능한 곳을 물색했다. 방송과 신문사였다. 서너 곳을 선정하고 무조건 용감성을 발휘해 전화를 했다. 그 당시 퇴임 대통령임에도 현직 대통령과 버금가는 영향력을 갖고 있었기에 모두 긍정적인 반응을 보였다. 일주일 만에 기적 같은 일이 벌어졌다. 한 방송사에서 유명인이 진행하는 토론 프로그램에 전직 대통령 한 분과 출연하는 것을 조건으로 2억5천만 원을 후원하겠다는 연락이 왔다. 다른 언론사에서는 언론사 사장과 단독으로 빌 클린턴의 특별 대담을 게재하는 조건으로 2억5천만 원을 후원하기로 했다. 또 다른 신문사에서도 연락이 왔다. 조찬을 함께 하고 사진을 찍을 수 있다면 권당 3만3천 원 하는 『마이 라이프』 1만 권을 구입해주기로 한 것이었다. 창의성과 용감성 강점 덕분에 행사에 필요한 비용을 얼추 지원 받을 수 있게 된·것이었다.

다음은 유명인사 초청이었다. 이것 역시 쉬운 문제가 아니었다. 그 상황에서 내가 가장 의지하며 효율적으로 활용할 수 있는 것은 강점밖에 없었다. 시간과 돈을 투자해도 만족할 만한 결과를 기대하기 어렵다는 결론을 내렸기 때문이다. 그래서 내가 직접 하기로 했다. 먼저 빌 클린턴과 친분이 있는 전직 대통령을 초청하기로 했다. 이분들은 퇴임 후 그때까지 한자리에 함께 한 적도 없고 서로 악수 한 번 하지 않은 불편한 관계였다. 무조건 동교동 최 모 비서관, 상도동 김 모 실장한테 전화를 걸어 초청하고 싶다고 했다. 그분들 입장에서는 어이가 없을 정도로 당돌한 행동이었겠지만, 난 내 강점인 용감성, 끈기, 희망(낙관성)을 활용해 밀어붙이면 성사시킬 수 있겠다고 확신했다. 여러 차례 조율한 후 결국 두 분 모두 참석해 축사를 하기로 했다.

하나하나 문제를 풀어 가며 행사를 준비하던 중 예상치 못한 변수가 생겼다. 빌 클린턴이 방문 일주일을 남겨놓고 갑자기 심장 수술을 받게 된 것이다. 그 일로 행사는 다음 해인 2005년 2월로 연기되었다. 예산 계획에 다소 차질이 생겼지만 행사는 아주 성공적이었다. 정계, 재계, 학계, 예술계, 외교사절을 포함해 800여 명의 지도층 인사들이 참석했다. 또한 외국 언론까지 극찬하는 성공적인 행사가 되었다. 다른 국가들은 대부분 정부 차원에서 조정을 했지만 한국은 개인이 초청해 가장 크게 행사를 치렀기 때문이다. 개인 자격으로 빌 클린턴을 초청한 것은 내가 처음이라고 한다. 또한 개인이 대통령 세 분을 한 곳에 모시고 행사를 치른 것도 내가 유일하다고 한다. 지금도 그때의 일을 생각하면 뿌듯하다. 돈과 권력이 있다고 다 할 수 있는 일이 아니었다. 지식과 의지가 있다고 가능한 일도 아니었다. 악조건 속에서도 내 대표강점을 찾고 그 강점을 믿고 활용할 방법을 찾아 발휘했기 때문에 가능했다고 생각한다. 그래서 그 경험이 더욱 소중하고 행복하다.

사례 ❷ 89kg에서 15kg 감량, 요요 없는 다이어트에 성공하다

성인이라면 대부분 한두 번은 체중 조절에 관심을 갖거나 다이어트를 해 본 경험이 있을 것이다. 그러나 대부분 실패한다. 살이 찌는 이유는 분명하다.

섭취하는 양에 비해 활동하는 양이 적으면 에너지가 남아돌아 살이 찐다. 따라서 적게 먹고 많이 활동하면 살이 빠지겠지만 말처럼 쉽지가 않다.

세상에서 가장 인내하기 힘든 것 중 하나가 먹고 싶은 것을 앞에 두고 참는 것이다. 나도 먹기를 좋아해서 30세 이후로는 계속 체중이 불어 20kg 이상 과체중이었다. 여러 번 다이어트를 시도했지만 그때만 잠깐 살이 빠졌다 곧 요요현상으로 더 불어났다. 그러다 2006년 우연한 기회에 프랑스 여자들의 체중 관리와 식습관을 다룬 『프랑스 여자는 살찌지 않는다』는 책을 기획하고 출판하게 되었다. 일상생활에서 자연스럽게 체중을 줄일 수 있는 방법을 소개한 책인데, 왠지 그 책에서 소개한 대로만 하면 살이 빠질 것 같았다. 지금까지 여러 가지 다이어트 방법에 실패한 경험이 있는지라 이번에는 내 대표강점을 적용하기로 했다.

책 내용대로 3개월 개선 프로그램을 직접 실천했다. 그때 내 몸무게는 89kg이었다. 개선 프로그램을 적용하는 초기에는 참기도 힘들었고 실감이 나지 않았다. 구체적인 방법으로는 식사량의 10~15% 줄이기, 육류나 인스턴트 식품, 음료수 같은 비만을 유발하는 음식 삼가기, 저녁 늦게 먹지 않기, 출퇴근 길 15분씩 걸어가기, 물 많이 마시기 등이었다. 항상 먹고 싶은 욕구를 자제하지 못했기에 시간이 흐르자 인내하기가 너무 힘들었다. 포기하고 싶은 생각이 들 때마다 나는 내 강점이 끈기와 자기 통제력, 낙관성임을 상기하며 참았다.

'내 대표강점이 끈기와 자기 통제력인데 이 정도는 참아야지. 이정도도 못 참는다면 대표강점이라 할 수 있나?'

내 자신에게 끊임없이 동기 부여를 하며 버텼다. 한 달이 지나면서 조금씩 반응이 왔다. 3개월 후 4kg이 빠졌고, 6개월 후에는 7kg, 1년이 되자 15kg이 줄어 있었다. 점차 줄어드는 몸무게를 확인하면서도 다이어트 효과라는 생각은 하지 못했다. 습관이 몸에 뱄기 때문이었다.

다이어트를 한 지 8년이 지났지만 여전히 70kg 중반대를 유지하고 있다. 지금도 거울에 비친 내 모습을 볼 때마다 기분이 좋고 행복하다. 대중 앞에서 강의를 할 때도 자신감이 넘치고 행복하다. 내 대표강점을 적용하지 않았다면, 아무리 좋은 프로그램이라도 이전과 마찬가지로 중간에 포기했을 가능성이 높았을 것이다. 새삼 내 대표강점을 찾고 활용할 수 있었다는 것이 다행스럽게 느껴진다.

Part 04 낙관적인 아이에게 큰 행복이 온다

낙관적인 아이는 긍정의 말이 현실이 될 수 있도록 행동한다

낙관적인 사람은 장애에 부딪히거나 좌절을 겪을 때 막연한 믿음만 갖는 게 아니라 좋아 질 것이라고 믿고 창의성을 발휘해 문제를 해결한다. 말로만 긍정을 외치는 것이 아니라 긍정의 말이 현실이 될 수 있도록 행동한다.

부모는 내 아이만큼은 험한 일을 겪지 않고 순탄하게 잘 살기 바란다. 아이가 행복할 수만 있다면 어떤 고통도 대신 감당해 주고 싶어 한다. 하지만 부모가 대신해 주는 데는 한계가 있다. 아이가 세상을 살아가면서 늘 좋은 일만 경험할 수 없기 때문이다. 나쁜 일, 가슴 아픈 일, 화나는 일, 우울한 일도 겪으면서 성장한다. 정도의 차이는 있겠지만 어떤 아이든 시련을 겪으며 자란다. 어떤 아이는 시련을 이겨 내고 행복한 미래를 만들어 가지만 어떤 아이는 시련을 감당하지 못하고 불행을 자초한다. 이러한 차이를 결정하는 요인이 바로 '낙관성'이다. 낙관성은 미래에 대한 긍정적인 기대와 전망이며, 자기 행동과 노력으로 목표를 성취할 수 있다고 믿는 희망이다.

낙관성은 긍정정서와도 밀접한 관련이 있다. 낙관적인 아이는 어려운 상

  만 3세부터 행복을 가르쳐라

황에서도 희망을 잃지 않기 때문에 밝고 긍정적이며 성취도도 높다. 또한, 스스로 시련이나 스트레스를 해소하는 힘을 갖고 있기 때문에 비관적인 아이들에 비해 훨씬 건강하다. 그러나 무조건적인 긍정과 낙관성은 다르다.

초등학교 4학년인 정민이는 밝고 명랑한 아이다. 성격도 어찌나 긍정적인지 어떤 상황에서도 걱정이 없다. 시험을 잘 못 봤어도 '괜찮아, 다음에 잘 보면 되지 뭐.' 하고 긍정적으로 생각한다. 늦잠을 자 지각을 할 수밖에 없는 상황에서도 '괜찮아, 까짓것 선생님께 잠깐 혼나면 되지 뭐.'라며 태연하다.

이런 정민이를 보고 낙관성이 강한 아이라 생각할 수 있다. 하지만 낙관성은 정민이처럼 어떤 상황에서도 '괜찮아, 걱정할 것 없어. 다 잘 될 거야.'라고 긍정의 주문을 맹목적으로 되풀이하는 것이 아니다. 이런 무조건적인 긍정은 행복을 만드는 데 아무런 도움이 되지 않는다. 오히려 행복을 방해하는 걸림돌로 작용할 위험이 크다.

진정한 낙관성은 현실을 기반으로 한다. 현실을 정확히 인식하고 미래에 대한 희망을 포기하지 않는 것이 진정한 낙관성이다. 시험을 잘 못 보았을 때 주눅 들지 않고 다음에 잘 보면 된다고 생각하는 것 자체는 문제가 없다. 문제는 생각은 그렇게 하면서 다음 시험을 잘 보기 위해 어떤 노력도 하지 않는다는 데 있다. 다음 시험을 잘 보려면 왜 시험을 잘 보지 못했는지 원인을 분석하고 부족했던 부분을 보충하려고 노력해야 한다. 그런데 그런 노력 없이 입으로만 다음에 잘 보면 된다고 말한다면 다음 시험 역시 잘 볼 가능성이 지극히 낮다.

낙관성이란 어떤 일에 실패했을 때 부정적인 생각을 하지 않는 것이다. 현실을 받아들이면서도 스스로를 부정하지 않고, 자신이 할 수 있다는 것을 믿는 것이다. 또한, 낙관적인 사람은 장애에 부딪히거나 좌절을 겪을 때 막연한 믿음만 갖는 게 아니라 좋아질 것이라고 믿고 창의성을 발휘해 문제를 해결한다. 말로만 긍정을 외치는 것이 아니라 긍정의 말이 현실이 될 수 있도록 행동한다.

낙관성은 두 가지 얼굴을 갖고 있다. 그것은 현실적 낙관성과 비현실적인 낙관성이다. 현실적 낙관성은 개인의 행복과 성공을 이루게 하지만 비현실적인 낙관성은 개인을 곤경에 빠뜨리고 재앙을 초래하기도 한다. 정민이는 비현실적인 낙관성을 가진 경우다. 이런 사람들은 위험을 무시한다. 어른들은 건강에 뻔히 안 좋은 줄 알면서도 나만은 괜찮을 것이라 굳게 믿고 술과 담배를 즐기기도 한다. 또 남들이 위험하다고 다 말리는데도 무리하게 투자를 했다가 낭패를 보기도 한다.

행복을 만드는 데 필요한 낙관성은 어디까지나 현실적인 낙관성이다. 따라서 아이가 밝고 긍정적이라고 해도 현실을 인식한 낙관성인지 현실을 부정한 비현실적 낙관성인지 살펴봐야 한다. 혹시 정민이처럼 비현실적 낙관성이 강한 아이라면 진정한 낙관성이 어떤 것인지 더욱 세심하게 지도할 필요가 있다.

낙관적인 아이는 우울증에 빠지지 않는다

요즘은 어린아이들까지 우울증으로 힘들어하는 경우가 많은데, 특히 청소년 우울증은 심각한 수준이다. OECD 국가 중 우리나라 청소년 자살률이 1위라는 것은 정말 충격이다.

중학교 1학년 미영이는 자타가 공인하는 모범생이다. 규정에 어긋나는 일은 절대 하지 않고, 공부도 열심히 해 항상 전교에서 상위권을 유지한다. 그럼에도 미영이는 늘 우울해 보인다. 뭐든 비관적으로만 생각하고 만족하는 법이 없다. 미영이의 성적은 전교 10위권 이내이다. 상당히 우수한 성적이지만 미영이는 10위권 안팎에서 왔다 갔다 할 뿐, 더는 성적이 오르지 않는다며 안달복달한다. 시험 기간만 되면 신경이 예민해져, 온 가족이 미영이의 눈치를 보며 지낸다. 시험이 끝나면 더 힘든 시간이 온다.

"속상해. 100점 받았어야 하는데, 하나 틀렸어. 난 머리가 나쁜가 봐, 아무리 열심히 해도 성적이 오르지 않아."

좋은 성적임에도 스스로를 탓하며 괴로워한다. 부모가 "괜찮아. 100점이나 98점이나 다 잘한 거야." 위로하고 격려해도 소용이 없다. 동생 미애와는 전혀 다르다. 초등학교 5학년인 미애 역시 공부에 욕심이 많다. 언니 못지않게 공부도 잘해 반에서 1~2등을 도맡아 한다. 한번은 실수로 답안지를 밀려 쓰는 바람에 성적이 뚝 떨어진 적이 있다. 처음에는 어이없는 실수에 속상해 울었지만 미애는 이내 곧 마음을 추슬렀다.

"이젠 다 울었어요. 어쩌다 그런 실수를 했는지 모르겠어요. 다음부터는 정신 바짝 차려야겠어요."

그러더니 특유의 밝고 명랑한 미소를 지었다.

이처럼 미영이와 미애의 차이는 '낙관성'으로부터 나온다. 낙관성을 가진 동생 미애는 실수로 성적이 크게 떨어진 상황 속에서도 자신에 대한 믿음을 잃지 않고 다음엔 잘할 수 있다고 긍정적으로 생각한다. 반면 낙관성이 없는 미영은 상황을 부정적으로만 몰아가고 자신을 믿지 않는다. 남들이 보았을 때 별것 아닌 상황도 크게 부풀려 심각하게 만든다.

이처럼 낙관적인 아이는 자신을 함부로 비하하지 않는다. 자신을 믿고 낙관적으로 생각하기 때문에 어떤 어려운 상황 속에서도 좌절하지 않고 극복할 힘을 갖고 있다. 반면 비관적인 아이는 매사에 비관적이고 무엇보다 자신의 가치를 깎아내린다. 자신의 잠재된 능력을 믿지 못하고 늘 자신을 탓하며 괴로워하는 아이가 행복할 수 없음은 당연하다.

비관적인 생각이 많으면 아이는 쉽게 우울증에 걸릴 수 있다. 현대인을 괴롭히는 가장 무서운 병 중 하나가 우울증이다. 우울증은 마음을 황폐하게 하고 정상적인 사고를 방해해 몸과 마음을 점점 더 병들게 한다. 이런 우울증은 남녀노소를 가리지 않는다. 요즘은 어린아이들까지 우울증으로 힘들어하는 경우가 많은데, 특히 청소년 우울증은 심각한 수준이다. OECD 국가 중 우리나라 청소년 자살률이 1위라는 것은 정말 충격이다. 어떻게 하면 청소년들이 우울증에 빠지지 않도록 도와줄 수 있을까? 여러 가지 방법이 있겠지만 그중 가장 효과가 좋은 것은 낙관성을 가르치는 것이다.

마틴 셀리그만은 20여 년간 유아부터 성인에게 나타나는 낙관성과 비관성을 연구했다. 그 결과 어린 시절부터 비관적인 사고를 자주 했던 사람은 우울증에 빠질 가능성이 크고, 어떤 것도 잘 해내기 쉽지 않다는 것을 발견했다. 아이들의 우울증이 주로 언제 발생하며, 우울증에 취약한 아이와 잘 극복하는 아이의 차이점을 집중적으로 연구했다. 연구 결과 아이들 중 1/4 이상이 특정한 시기에 두드러지게 우울한 증상을 보였으며, 역시 비슷한 수의 아이들이 5년 동안 최소한 한 번 이상 심각한 우울증을 경험한 적이 있음을 알게 되었다. 또 비관적인 아이들이 낙관적인 아이들보다 훨씬 더 우울증 증세가 심했으며, 우울증을 겪은 아이는 세상을 더욱 비관적인 눈으로 본다는 것도 밝혀냈다. 시간이 지날수록 낙관적인 아이의 경우 우울증이 점차 사라졌지만, 비관적인 아이는 그렇지 않았다. 또한, 예전에 우울증을 앓았던 아이들은 더 철저히 비관적인 모습을 보였고, 그래서 안 좋은 일이 일어날 때마다 쉽게 우울증에 빠져드는 것으로 나타났다.

그렇다면 낙관성을 가르치면 우울증에 빠질 위험이 줄어들까? 필라델피아 근처의 애빙톤 군구에서 실험한 결과가 이를 증명하고 있다. 애빙톤 군구에서는 낙관성 학습이 아이에게 미치는 효과를 검증하기 위한 실험을 수행했다. 10~12살 아이들 중 가벼운 우울 증상을 보이거나 부모가 자주 다투는 집의 아이들을 선정해 두 그룹으로 나누고, 한 그룹만 낙관성 학습 프로그램에 참여하게 한 다음 2년 동안 추적 조사했다. 전체적으로 추적 조사 기간에 경미하거나 심각한 우울 증상을 보인 아이는 전체의 20~45%로 매우 높았다. 하지만 낙관성 학습 프로그램에 참여했던 아이들은 그렇지 않은 아이들에 비해 우울 증상을 보인 아이들이 절반 정도에 불과했다. 두 팀의 차이는 훈련 과정이 끝난 직후 더 극명하게 나타났다. 낙관성 훈련을 받지 않은 아이들은 훈련을 받은 아이들에 비해 우울 증상을 보인 아이들이 압도적으로 많았다.

여러 가지 연구 결과에서 알 수 있듯이 낙관적인 아이일수록 우울증에 강하다. 낙관적이지 않은 아이들도 낙관성을 학습하면 얼마든지 우울증을 예방하고 치료할 수 있다.

내 아이는 우울한가

내 아이가 우울한지 아닌지를 어떻게 판단할 수 있을까? 심리학자나 정신과 의사에게 진단용 면접을 받지 않는 이상 우울증 여부를 확신하게 말할 수는 없다. 그러나 아래 검사를 하면 대략적으로나마 우울증 상태를 알 수 있다. 이 검사는 성인 우울증 검사의 변형판으로 미르너 와이스먼Myrna Weissman 등이 미국 국립정신보건원의 유행병연구센터를 통하여 공동 개발한 것이다. 이것은 CES-DC(유행병연구센터-아동우울증) 검사라고 불린다. 검사를 하기에 앞서 자녀에게 다음과 같이 이야기해 주면 아이가 좀 더 편안한 기분으로 검사에 임할 수 있다.

"내가 요즘 아이들의 감정에 관한 책을 읽고 있거든. 그래서 너는 요즘 기분이 어떤지 궁금해졌어. 문장마다 네 가지 답변 가운데 하나를 고르는 거야. 이것을 한 번 읽어 보지 않을래? 지난주에 네 기분이 어땠는지 또는 네가 어떻게 행동했는지 잘 생각해서 가장 잘 어울리는 것을 고르면 돼. 처음부터 차례대로 해 볼까? 여기에서 맞고 틀리는 건 없어."

1 평소 아무렇지도 않던 것이 자꾸 마음에 걸렸다.

전혀 그렇지 않다 　　　　 약간 그렇다 　　　　 꽤 그렇다 　　　　 매우 그렇다

2 무엇을 먹고 싶은 마음이 없었고, 배가 많이 고프지도 않았다.

전혀 그렇지 않다 　　　　 약간 그렇다 　　　　 꽤 그렇다 　　　　 매우 그렇다

3 식구들이나 친구들이 나를 즐겁게 해 주려고 했는데도 기분이 썩 좋지 않았다.

전혀 그렇지 않다 　　　　 약간 그렇다 　　　　 꽤 그렇다 　　　　 매우 그렇다

4 내가 다른 아이들만 못하다는 느낌이 들었다.

전혀 그렇지 않다 　　　　 약간 그렇다 　　　　 꽤 그렇다 　　　　 매우 그렇다

5 무엇을 하려고 해도 집중이 잘 안 되었던 것 같다.

전혀 그렇지 않다 　　　　 약간 그렇다 　　　　 꽤 그렇다 　　　　 매우 그렇다

6 마음이 가라앉아 있었다.

전혀 그렇지 않다 　　　　 약간 그렇다 　　　　 꽤 그렇다 　　　　 매우 그렇다

7 괜히 피곤해서 무엇을 하기 어려웠다.

전혀 그렇지 않다 　　　　 약간 그렇다 　　　　 꽤 그렇다 　　　　 매우 그렇다

8 무슨 나쁜 일이 일어나고 있는 것 같은 느낌이 들었다.

전혀 그렇지 않다 　　　　 약간 그렇다 　　　　 꽤 그렇다 　　　　 매우 그렇다

9 내가 했던 것들이 잘 안 풀려나간다는 느낌이 들었다.

전혀 그렇지 않다 　　　　 약간 그렇다 　　　　 꽤 그렇다 　　　　 매우 그렇다

10 괜히 겁이 나곤 했다.

전혀 그렇지 않다 　　　　 약간 그렇다 　　　　 꽤 그렇다 　　　　 매우 그렇다

11 평소처럼 잠을 잘 자지 못했다.

전혀 그렇지 않다 　　　　 약간 그렇다 　　　　 꽤 그렇다 　　　　 매우 그렇다

12 기분이 영 안 좋았다.

전혀 그렇지 않다 　　　　 약간 그렇다 　　　　 꽤 그렇다 　　　　 매우 그렇다

13 평소보다 말이 줄었다.

전혀 그렇지 않다 　　　　 약간 그렇다 　　　　 꽤 그렇다 　　　　 매우 그렇다

14 외롭고 친구가 없다는 느낌이 들었다.

전혀 그렇지 않다 　　　　 약간 그렇다 　　　　 꽤 그렇다 　　　　 매우 그렇다

15 아이들이 나와 어울리기 싫어하는 것 같았다.

전혀 그렇지 않다 　　　　 약간 그렇다 　　　　 꽤 그렇다 　　　　 매우 그렇다

16 별로 즐거운 일이 없었다.

전혀 그렇지 않다 　　　　 약간 그렇다 　　　　 꽤 그렇다 　　　　 매우 그렇다

17 울고 싶은 마음이 들었다.

전혀 그렇지 않다 　　　　 약간 그렇다 　　　　 꽤 그렇다 　　　　 매우 그렇다

18 슬펐다.

전혀 그렇지 않다 　　　　 약간 그렇다 　　　　 꽤 그렇다 　　　　 매우 그렇다

19 사람들이 나를 좋아하지 않는 것 같았다.

전혀 그렇지 않다 　　　　 약간 그렇다 　　　　 꽤 그렇다 　　　　 매우 그렇다

20 무슨 일을 새로 시작하기가 힘들었다.

전혀 그렇지 않다 　　　　 약간 그렇다 　　　　 꽤 그렇다 　　　　 매우 그렇다

채점은 간단하다. '전혀 그렇지 않다'는 답변은 0점, '약간 그렇다'는 1점, '꽤 그렇다'는 2점, '매우 그렇다'는 3점으로 채점한다. 그래서 전체 점수를 합산한다. 만약 한 문제에 두 개의 답변을 고른 것이 있으면 그 가운데 높은 점수에 해당하는 것을 선택한다. 검사 점수가 뜻하는 바는 다음과 같다. 총점이 0~9 사이이면 당신의 자녀는 우울하지 않다고 볼 수 있다. 총점이 10~15 사이이면 약간 우울한 편이다. 15점보다 많은 점수는 상당한 수준의 우울증을 가리킨다. 총점이 16~24 사이이면 꽤 우울한 아이에 해당한다. 총점이 24점보다 많으면 심각한 우울증에 시달리고 있을 가능성이 크다.

그러나 여기서 한 가지 확실히 해 둘 점이 있다. 단순한 필기 검사가 전문가의 진단을 대체할 수는 없는 법이다. 특히 위와 같은 검사는 세 가지 오류를 저지를 수 있음에 주의해야 한다. 첫째는 자신의 증상을 특히 부모 앞에서 숨기는 아이들이 많다는 사실이다. 따라서 검사 점수가 10점 아래로 나왔다고 하더라도 실제로는 우울한 아이일 수 있다. 둘째는 검사 점수가 높게 나왔다고 하더라도 실제로는 우울증이 아닌 다른 문제 때문에 높은 점수가 나왔을 수 있다는 것이다. 셋째, 다른 날보다 검사하는 날에 유난히 기분이 나빠서 점수가 높게 나오는 경우도 있다. 아이의 점수가 15점 이상이라면 일주일 정도 기다렸다가 다시 작성하게 해 보도록하자. 그리고 2주 후 한 번 더 같은 검사를 해서 자녀의 점수가 계속 15점 이상으로 나오면 전문가의 도움을 청하는 것이 좋다. 점수가 24점 이상이고 자살에 관해 이야기한다면 반드시 전문가의 도움을 받아야 한다. 아동을 대상으로 '인지행동^{cognitive-behavioral}' 치료를 하는 치료사가 가장 이상적일 것이다.

성취는 낙관성에 의해 좌우된다

누구든 어떤 일에 실패하면 일시적으로 무기력해지고 우울해진다. 낙관적인 사람들도 그렇다. 다만 낙관적인 사람은 연희처럼 일시적 무기력에서 재빨리 벗어나 기운을 추스르고 다시 도전한다. 이들에게 패배란 곧 도전이며 최후의 승리를 얻기 위한 일시적 후퇴일 뿐이다.

종종 낙관적인 아이를 큰 욕심도 없이 만사 편하게만 생각하는 아이로 오해하는 부모들이 있다. 연희 엄마도 그런 부모 중 하나였다. 연희 엄마는 연희를 보면 가끔 울화통이 터졌다. 연희는 상당히 낙관적인 아이였다. 아무리 어려운 일이 있어도 웃음을 잃지 않았다. 그런 연희의 성격이 다행스럽기도 하지만 한편으로는 연희가 더 크게 성장하는 데 방해가 된다는 생각을 지울 수가 없었다.

연희는 중학교 때 특목고를 준비했다. 중학교 3학년 내내 학교에서 돌아온 후 학원에서 밤늦게까지 공부하는 일상을 반복했다. 그때까지만 해도 대견했다. 중학생이 감당하기에 쉽지 않은 과정이었는데도 연희는 특유의 낙관성을 발휘하며 잘 견뎌냈다. 학원에서도 연희 정도면 무난하게 특목고에 합격할

만 3세부터 행복을 가르쳐라

수 있다며 한껏 기대하게 만들었다. 하지만 결과는 예상 밖이었다. 분명 시험도 잘 봤다고 했는데, 합격자 발표 명단에 연희가 없었다. 떨어질 것이라고는 상상도 하지 못했던 일이라 부모도, 연희도 충격이 컸다. 처음에는 행여 연희가 실망해 의기소침해질까 부모는 노심초사했다.

"괜찮아. 너무 실망하지 마. 특목고가 전부는 아니야. 오히려 잘 됐어."

부모의 위로 덕분이었을까? 아니면 연희의 낙관성 때문이었을까?

연희는 빠른 속도로 안정을 되찾았고, 다음 날에는 완전히 예전처럼 평온해졌다. 그런 모습을 보면서 다행이다 싶으면서도 부모는 속이 상했다. 지나치게 낙관적인 아이의 성격이 어쩌면 성취를 방해했을지 모른다는 생각이 들어서였다. 간절하게 특목고에 가기를 원하고 최선을 다해 노력했다면 저렇게까지 금방 아무 일도 없었다는 듯 행동할 수는 없을 것 같았다. 끝까지 물고 늘어지는 독한 구석이 없어 한계가 있다는 생각마저 들었다.

연희 부모의 생각처럼 낙관성이 때론 성취를 방해할 수도 있을까? 절대 그렇지 않다. 오히려 낙관성은 성취하는 데 재능보다 더 중요한 역할을 한다. 재능은 성취하는 데 필요충분조건이 아니다. 재능이 많아도 실패하는 사람들이 많은데, 이러한 사람들은 대부분 비관적인 사람들이다. 반대로 재능은 조금 부족해도 낙관적인 사람들은 성공할 가능성이 크다.

그럴 수밖에 없는 것이 아무런 어려움 없이 바로 이룰 수 있는 성취는 극히 드물다. 대부분 크고 작은 어려움을 겪어야 비로소 성취할 수 있는데, 비관적인 사람은 어려움 앞에서 쉽게 무너지는 경향이 있다. 반면 낙관적인 사람은 '이건 과정에 불과해. 이 과정만 잘 넘어가면 분명 잘할 거야.'라고 생각하며 적극적으로 문제를 해결한다.

특목고에 떨어진 연희는 일반고에 진학했다. 일반고에서 열심히 공부해 지금은 우리나라 최고의 명문대인 S대에 다니고 있다. 만약 특목고에 떨어졌을 때 '난 노력해도 안 되나 봐. 특목고에도 떨어졌는데 더 어렵다는 명문대는 갈 수나 있겠어?'라고 생각하고 우울해했다면 과연 S대에 합격할 수 있었을까? 연희가 S대에 진학할 수 있었던 힘은 '낙관성'에서 나왔다고 해도 과언이 아니다. 낙관성은 아이를 아무 걱정하지 않은 태평아로 만드는 것이 아니라 즐겁게 목표한 것을 성취할 수 있도록 돕는 원동력이다.

누구든 어떤 일에 실패하면 일시적으로 무기력해지고 우울해진다. 낙관적인 사람들도 그렇다. 다만 낙관적인 사람은 연희처럼 일시적 무기력에서 재빨리 벗어나 기운을 추스르고 다시 도전한다. 이들에게 패배란 곧 도전이며 최후의 승리를 얻기 위한 일시적 후퇴일 뿐이다. 낙관적인 사람들은 실패를 영구적이고 만연적인 것이 아니라 일시적이고 일부적인 것으로 본다.

반면 비관적인 사람은 실패를 영구적이고 만연적인 것으로 본다. 이런 사람들은 매우 오랜 기간을 우울하고 무기력하게 보낸다. 이들에게 후퇴는 곧 패배이고 한 번 패배는 곧 패전을 의미한다. 몇 주 또는 몇 달 동안 다시 시도할 생각도 하지 않으며, 설령 시도하더라도 조금만 다시 후퇴하게 되면 이내 무기력한 상태로 빠져버린다.

캐롤 드웩의 최근 연구는 낙관적인 아이가 성취도가 높음을 보여 준다. 캐롤은 초등학교 4학년 아이들을 설명양식에 따라 '무기력한 집단(비관적)'과

'성취지향적인 집단(낙관적)'으로 나눈 후 두 그룹에 차례 4학년 아이들의 수준으로는 풀 수 없는 어려운 문제와 쉽게 풀 수 있는 문제를 주고 풀게 했다. 인위적으로 실패와 성공을 경험하게 한 것이다.

실패를 경험하기 전에는 두 집단 사이에 아무런 차이가 없었다. 하지만 실패를 경험하면서 차이가 나기 시작했다. 무기력한 집단의 아이들은 문제를 푸는 수준이 1학년 수준으로 퇴보했다. 아이들은 문제가 어렵다고 불평하며 야구나 학교에서 하는 다른 활동들은 잘한다는 식으로 이야기했다. 반면 성취지향적인 집단의 아이들은 실패해도 4학년 수준의 문제 해결 전략을 유지했다. 이 아이들은 자신들이 틀렸다는 것을 인정하면서도 계속 문제를 풀려고 애썼다. 이 집단의 아이들은 모두 곧 문제를 풀게 될 것이라는 자신감을 잃지 않고 계속 문제와 씨름했다고 한다. 실패해도 자신감을 잃지 않고 계속 도전하는 사람들의 성취도가 더 높은 것은 당연하다.

일반적으로 성공을 경험하면 성취도가 더 높아지기 마련이다. 그런데 두 집단은 똑같이 성공한 후에도 반응이 달랐다. 무기력한 집단은 성공을 경험하고서도 자신감을 느끼지 못했다. 방금 제대로 푼 것과 똑같은 종류의 문제들을 다시 받으면 얼마나 많이 풀 수 있겠는가 물어보았더니, 겨우 절반 정도 풀 것이라고 예상했다. 반면에 성취지향적인 집단의 아이들은 90% 정도를 풀 수 있다고 예상했다.

이처럼 낙관성과 비관성은 성취에 큰 영향을 미친다. 결국, 성취는 재능이나 능력보다 낙관성에 의해 좌우된다고 해도 무리가 아니다.

낙관적인 아이 vs 비관적인 아이

비관적인 아이와 낙관적인 아이의 두드러진 차이는 실패의 원인을 전부로 보느냐 아니면 일부로 보느냐의 차이이다. 비관적인 아이는 실패의 원인을 전체로 확대해 해석하고, 낙관적인 아이는 일부 이유만을 실패의 원인으로 생각한다.

내 아이는 낙관적일까? 비관적일까? 평소 아이가 어떤 일이 일어났을 때 어떻게 생각하는지를 잘 살펴보면 내 아이가 낙관적인지, 비관적인지를 알 수 있다.

비관적인 아이는 뭔가 안 좋은 일이 생기면 자꾸 나쁜 쪽으로만 생각한다. 예를 들어 단짝 친구와 말다툼을 하면 '이제 그 애는 나와는 말도 안 할 거야. 아마 내가 미안하다고 사과를 해도 받아주지 않을 걸?' 생각하며 괴로워한다. 반면 낙관적인 아이는 나쁜 일이 생겨도 '지금은 나도, 친구도 말다툼 해서 기분이 나쁘지만 내가 먼저 사과하면 우리는 다시 예전처럼 친하게 지낼 수 있을 거야.'라고 낙관적으로 생각한다. 이처럼 어떤 일이 일어났을 때 그 일에 대해 스스로에게 설명하는 방식을 '설명양식'이라고 한다. 설명양식은 세 가지 차원이 있다.

	내재성 차원	영구성 차원	만연성 차원
비관적 설명양식	내탓(내부적)	항상(지속적)	전부(전체적)
낙관적 설명양식	남탓(외부적)	가끔(일시적)	일부(부분적)

설명양식은 어릴 때부터 발달되며, 한 번 만들어지면 특별한 계기가 없는 한 평생 지속된다. 비관적인 사람과 낙관적인 사람의 설명양식은 분명한 차이가 있다. 그 차이를 알면 아이가 낙관적인 아이인지 아닌지 알 수 있을 것이다.

낙관성의 기반이 되는 두 가지 이론, 무기력학습과 설명양식

낙관적인 사람과 비관적인 사람의 차이를 이해하기 위해서는 낙관성의 기반이 되는 두 가지 이론을 이해해야 한다. 그 두 가지 이론이 바로 '무기력학습'과 '설명양식'으로 이 둘은 서로 밀접한 관계가 있다.

무기력학습은 개 실험을 통해 입증되었다. 셀리그만은 개에게 전기충격을 가하고 개가 어떻게 반응하는지를 살펴보았다. 이때 개가 할 수 있는 것은 아무것도 없다. 실험 결과 아무런 방어도 하지 못하고 속수무책으로 끔찍한 전기충격을 당했던 개는 점차 수동적으로 변해 역경에 맞서는 것을 포기하는 것으로 나타났다. 최초의 충격적인 사건을 무기력하게 경험하고 나면, 경미한 전기 충격에도 그저 가만히 고통을 겪으며 도망치려는 시도도 하지 않고 충격이 사라지기만을 기다린다.

이것이 바로 '무기력학습'이다. 어떻게 해도 안 된다는 생각에 단념하는 반응을 말한다. 즉 자신이 뭔가를 변화시키려고 시도했지만, 변화시킬 수 없다고 여기고 스스로 포기하는 것이다.

하지만 똑같은 충격을 받았더라도 모두 무기력 반응을 나타내는 것은 아니다. 첫 번째 경험에서 똑같은 강도의 전기 충격을 받았지만 고통에서 벗어나려 애쓰다 결국엔 도망칠 수 있었던 30% 개들은 그 후 무기력해지지 않았다. 그 개들은 무기력이 아니라 낙관성을 학습했던 것이다.

사람을 대상으로 한 실험에서도 비슷한 결과가 나타났다. 어떤 사람을 폐쇄된 공간에 가두고 심한 소음이 들리도록 했다. 소음을 제거할 방법은 전혀 없었다. 그 뒤 같은 사람에게 소음을 제거할 수 있는 버튼을 마련해 주고 다시 심한 소음을 듣게 했지만 70%가 버튼을 누르지 않았다. 무기력을 학습했기 때문이었다.

당신이 어떤 어려움에 부딪힐 때마다 불가능하다고 지레 좌절하고 포기한다면 그 70%에 속하는 사람이 된다. 나머지 30% 사람들은 자기가 통제할 수 없는 상황에서도 무기력을 학습하지 않고 해결 방법을 찾았다.

셀리그만은 무기력해지지 않은 사람들이 부정적 사건을 어떻게 해석하는지 체계적으로 조사했다. 그 실험 결과, 자신이 겪은 좌절의 원인이 일시적이라고 믿는 사람들은 쉽게 무기력해지지 않았다. 실험실에서 피할 수 없는 소음을 듣거나 실연당해 괴로울 때 그들은 이렇게 생각한다. '금방 지나갈 거야. 나는 어떻게든 이것을 이겨 낼 수 있어. 이건 그저 한 가지 일일 뿐이야.'라고. 그들은 좌절을 털어내고 회사에서 겪은 좌절을 집으로 가져가지 않는다. 그들은 낙관적인 사람이기 때문이다.

반대로 '이건 절대로 끝나지 않을 거야, 모든 것을 망쳐버릴 거야. 내가 할 수 있는 건 아무것도 없어!'라고 습관적으로 이렇게 생각하는 사람들은 쉽게 무기력해진다. 그들은 좌절을 떨쳐내지 못하고 집에서 벌어진 모든 불만과 불평을 직장으로 가져간다. 그들은 비관적인 사람이다.

설명양식은 사건이 일어난 이유를 자신에게 습관적으로 설명하는 방식이다. 이것은 무기력학습을 좌우하는 데 큰 역할을 한다. 실험 결과에서도 알 수 있듯이 낙관적인 설명양식은 무기력을 없애고, 비관적인 설명양식은 무기력을 퍼뜨린다.

다소 어려운 말 같지만, 설명양식이란 '마음속 세상'을 비추는 거울과도 같은 것이다. 사람들은 저마다 가슴 속에 '이니야' 또는 '그래'라는 말을 품고 산다. 둘 가운데 어떤 말이 아이 마음속에 있는지 검사를 통해서 아이의 낙관성 또는 비관성 수준을 정확하게 알 수 있다.

내재성 차원(내 탓/내부적 vs 남 탓/외부적)

중학교 1학년 화영이나 지혜는 단짝 친구이지만 자주 싸우는 편이다. 다툼이 있으면 늘 지혜가 먼저 사과를 한다. 지혜는 싸움이 '자신이 잘못해서' 일어났다고 생각하기 때문이다. 반면 화영이는 늘 지혜 탓을 한다. 자기는 아무 잘못이 없고 늘 지혜가 싸움의 원인을 제공한다고 생각한다.

화영이처럼 나쁜 일이 생겼을 때 다른 사람에게 원인을 돌리는 모습은 썩 좋아 보이지는 않는다. 오히려 자기에게 문제가 있다고 자기 탓을 하는 지혜의 모습이 바람직해 보인다.

자신에게 잘못이 있어 내 탓이나 내부 탓을 하는 건 크게 문제 될 것이 없다. 하지만 잘못이 없는데도 어떤 일이든 자기 탓이라고 생각한다면 그 아이는 비관적인 아이일 가능성이 크다.

예를 들어 부모의 이혼은 아이와 아무런 상관이 없다. 부부의 문제로 이혼하는 것인데도, 비관적인 아이는 '내가 잘못해서 엄마, 아빠가 이혼하는 거야.'라며 자기 탓을 한다. 하다못해 길을 가다 깨진 블록에 걸려 넘어져도 '내가 그렇지 뭐, 나는 되는 게 없어, 원래 나는 어딜 가나 운이 없다니까.'라고 생각한다.

무조건 자기 탓을 하는 것 못지않게 무조건 남 탓이나 외부 탓을 하는 것도 문제다. 분명 자기에게 잘못이 있는데도 실패나 나쁜 일의 원인을 다른 사람이나 주변 때문이라 여기는 것도 바람직하지 않다.

낙관적인 아이는 무조건 전면적으로 자기를 비난하는 대신 자신의 특정 행동만을 후회한다. 예를 들어 시험을 잘 못 보았을 때 비관적인 아이는 '난 정말 멍청해.'라고 전면적인 자기 비난을 하지만, 낙관적인 아이는 '이번에 열심히 공부를 안 해서 성적이 좋지 않아.'라고 행동에 대해 비난을 한다.

전면적인 자기 비난은 구체적인 원인도 없이 무조건 자기가 잘못했다고 생각하는 것이므로 개선의 여지가 없다. 하지만 행동에 대한 자기 비난은 대부분 변화가 가능하다. 다음번에는 공부를 더 열심히 하면 성적이 오를 수 있다고 믿는 것처럼 말이다.

나쁜 일이 일어났을 때 (내재성 차원)	
전면적 자기 비난(비관적)	행동에 대한 자기 비난(낙관적)
"난 정말 멍청해. 시험을 망쳤어."	"이번에 열심히 공부를 안했더니 성적이 떨어졌어."
"엄마가 화가 났어, 난 항상 엄마를 화나게 해.	"내가 쓰레기를 아무 데나 버려서 엄마가 화났어."
"또 후보 선수네. 아무도 나를 좋아하지 않아."	"축구 모임에서 또 후보 선수네. 난 아직 축구를 잘 못하니까."

영구적 차원(일시적/가끔 vs 지속적/항상)

아빠가 갑자기 지방으로 발령이 나 전학을 가야 한다. 정든 친구들과 헤어져 아무도 모르는 낯선 곳으로 전학해야 하는 상황이다. 친구를 다시 사귀어야 하는 아이는 이런 상황에서 어떻게 반응하는가. 상황을 아이에게 설명해 주고 반응을 살펴보자. 아이는 과연 어떤 반응을 보였는가?

1. 애들이 나랑 안 놀아 주면 어떻게 해요? 아마 나랑 친구가 되고 싶어 하는 아이는 한 명도 없을 거예요.
2. 새로 전학 간 학교에서 친한 친구를 사귀려면 원래 시간이 좀 걸려요. 시간이 지나면 새로운 친구들을 많이 사귈 수 있을 거예요.

만약 1처럼 이야기한다면 아이는 비관적일 가능성이 크다. 비관적인 아이는 계속 나쁜 일이 일어날 것으로 생각한다. 전학을 가면 바로 친구가 생기기 어려운 것이 당연한데, 앞으로도 영원히 친구가 없을 것으로 생각하며 슬퍼한다. 반면 낙관적인 아이는 2번과 같이 일시적인 반응을 보인다. 당장은 힘들지만, 차차 시간이 지나면 좋은 친구가 생길 것이라고 믿는다.

비관적인 아이는 나쁜 일이 일어났을 때 '늘', '항상', '지속적'이라는 말을 많이 쓴다. 이런 아이는 비관적인 사고를 하고 있을 가능성이 크다. 이에 비해 낙관적인 아이는 '가끔', '이번에만'이라는 말을 많이 한다. 언제나 일어나는 일이 아니라 가끔 혹은 이번에만 일어난 일이라 생각하는 것이다. 엄마한테 혼이 나도 비관적인 아이는 '엄마는 맨날 나만 미워해.'라고 생각하는 반면 낙관적인 아이는 '내가 잘못해서 지금 엄마가 기분이 안 좋아. 화가 풀리면 다시 날 예뻐해 주실 거야.'라고 생각한다.

그러나 좋은 일이 생겼을 때는 정반대다. 비관적인 아이는 나쁜 일이 일어났을 때는 지속적이라고 생각하다가 좋은 일이 생기면 일시적으로 일어난 일이라 생각한다. 예를 들어 시험을 잘 보면 '이번엔 운이 좋았어.' 혹은 '이번엔 열심히 연습해서 성적이 잘 나온 거야.'라며 좋은 일의 원인을 일시적인 것으로 생각한다. '가끔', '이번엔'이라는 단어를 잘 쓰고, '예전엔 공부 잘했었는데'와 같이 과거형을 많이 쓴다.

반면 낙관적인 아이는 '지속적인 이유'로 자신에게 좋은 일이 생겼다고 여긴다. '평소 공부를 열심히 하기 때문'이거나 '남들에게 인기가 많아서'처럼 자신이 갖춘 능력과 특성 때문에 좋은 일이 생겼다고 믿는다. 또한 '늘'이란 표현을 자주 쓴다. 하지만 비관적인 아이는 자신의 능력과 특성보다는 좋은 일의 원인을 외부에서 찾는다. 아빠가 놀아 줄 때 낙관적인 아이는 '아빠가 자신과 시간을 보내는 것을 좋아한다'고 생각하는데 비관적인 아이는 '아빠가

만 3세부터 행복을 가르쳐라

기분이 좋아 놀아 준다'고 생각한다.

좋은 일이 일어났을 때 (영구적 차원)	
일시적(비관적)	지속적(낙관적)
"이번 시험에서 1등을 한 건 이번엔 다른 때보다 공부를 많이 했기 때문이야."	"나는 늘 열심히 공부하기 때문에 이번에도 1등을 한 거야."
"내가 반장이 된 건 다른 아이들이 나에게 뭔가를 해주고 싶었기 때문일 거야."	"아이들이 날 좋아하기 때문에 나를 반장으로 뽑은 거야."
"요즘 아빠가 기분이 좋으셔서 나랑 많이 놀아주는 것 같아."	"아빠는 나와 같이 시간을 보내는 것을 좋아해."

만연성 차원(일부 vs 전부/전체)

비관적인 아이와 낙관적인 아이의 두드러진 차이는 실패의 원인을 전부로 보느냐 아니면 일부로 보느냐의 차이이다. 비관적인 아이는 실패의 원인을 전부로 확대해 해석하고, 낙관적인 아이는 일부 이유만을 실패의 원인으로 생각한다.

유치원 때부터 단짝 친구인 중학교 2학년 경수와 세환이는 둘 다 과학을 좋아한다. 과학에 관한 한 지식도 해박해 담임 선생님은 둘에게 과학 경시대회에 참여할 것을 권했다. 과학 경시대회에서 입상하면 과학고를 가는 데도 도움이 될 것이라는 말에 둘 다 마음이 쏠렸다. 경시대회까지는 불과 두 달밖에 남지 않은 상황이었지만 둘은 참여해 보기로 했다. 이후 둘은 정말 열심히 준비했다. 학교 공부와 경시대회 준비를 병행하려니 잠자는 시간도 아까웠다. 그러나 하루에 4시간씩만 자면서 열심히 준비했지만 안타깝게도 둘 다 떨어지고 말았다. 경수와 세환이는 모두 크게 실망했다. 하지만 두 사람의 반응은 달랐다.

경수는 '난 실패자야. 아무래도 난 과학에는 소질이 없나 봐. 열심히 준비했는데도 입선도 못 한 것을 보면 난 전혀 소질이 없어. 과학만 소질이 없는 게 아니야. 그나마 과학을 제일 잘했는데, 과학 경시대회에도 떨어졌으니 다른 과목은 더 말할 것도 없지 뭐. 괜히 경시대회에 나갔나 봐. 차라리 나가지 말걸.' 하며 후회했다. 어찌나 상심이 컸는지 식욕도 잃었다. 엄마는 경수를 위해 평소 좋아하던 닭볶음탕을 만들어주었지만 상심한 경수는 엄마의 정성을 살필 수 있는 상황이 아니었다. 기분 전환을 유도하려고 아빠는 학교 운동장에 나가 함께 축구할 것을 권했지만 그마저도 시큰둥했다. 경수의 우울함은 일주일 이상 계속되었다. 시간이 지나면서 조금씩 나아지기는 했지만 어쩌다 과학 경시대회 이야기가 나오면 인상을 찌푸리며 신경질적인 반응을 보였다. 비관적인 아이는 경수처럼 나쁜 일이 생기면 실패의 원인을 전부로 해석한다. 과학 경시대회에 떨어진 것뿐인데도, 어떤 과목도 잘할 수 없을 것이라 확대해석하며 힘들어한다.

하지만 세환이의 반응은 좀 달랐다. 세환이도 처음에는 경수처럼 많이 속상해했다. 하지만 실패의 원인을 쓸데없이 확대하지 않았다.

'꼭 경시대회에서 좋은 성적을 받아 상을 타고 싶었는데, 속상해. 하지만 내가 화학 실력이 부족해서 그런 걸, 뭐. 나도 열심히 했지만, 더 열심히 했던 아이들이 많았던 모양이야.'

세환이는 엄마에게 한동안 속상한 감정을 털어놓았지만, 곧 진정이 되었다. 엄마가 차려 준 저녁을 맛있게 먹고 친구에게 전화해 주말에 함께 농구시합을 하자는 약속을 했다. 과학 경시대회에 떨어진 여파가 일상생활을 하는데 큰 지장을 주지 않은 것이다. 세환이는 비교적 낙관적인 아이다. 낙관적인 아이는 실패의 원인을 '일부 특정한 것'에서 찾는다. 자신이 뭐든 못하는 사람이어서가 아니라 '화학 실력이 부족했기 때문'이라고 자신을 이해시켰기 때문에 별 무리 없이 일상생활을 할 수 있었다.

역시 좋은 일이 일어났을 때의 설명양식은 정반대다. 낙관적인 아이는 좋은 일이 생기면 그 일로 인해 다른 일도 다 잘 될 것이라고 믿는 반면, 비관적인 아이는 단지 그 일만 좋을 뿐이라고 생각한다. 예를 들어 수학시험을 잘 보았을 때 '난 수학은 잘해.'라고 수학에만 한정시키면 비관적인 아이일 가능성이 크다. 낙관적인 아이는 '난 어떤 과목도 다 잘해.' 혹은 '난 똑똑해.'와 같이 좋은 일을 전체로 확대한다. 친구가 생일잔치에 초대해도 비관적인 아이는 그 친구가 자신을 좋아해서 초대했다고 생각하는 반면 낙관적인 아이는 자신이 인기가 많아서 초대했다고 생각한다.

좋은 일이 일어났을 때(만연성 자원)	
일부(비관적)	전부(낙관적)
"난 수학은 잘해"	"난 똑똑해."
"미영이가 날 좋아해서 생일파티에 초대한 거야."	"내가 인기가 많으니까 미영이도 날 생일파티에 초대한 거야."
"내가 노래를 잘해서 주인공 역할을 맡게 된 거야"	"난 재능이 많기 때문에 주인공 역할을 맡게 된 거야."

낙관성 테스트

우리 아이가 비관적인 성향이 강한지 낙관적인 성향이 강한지 알아보는 일은 중요하다. 부모는 아이의 현재 상태를 제대로 알아야 한다. 꿈을 이루어 줄 수는 없지만, 꿈에 도전하는 힘을 키워 줄 수 있는 첫 단추, 그것이 바로 낙관성 테스트이다.

내 아이의 낙관성을 체크해 보자. 아이가 일곱 살 이상이면 이 검사가 가능하다. 이른바 CASQ Child ren's Attributional Style Questionnaire (아동 귀인양식 질문지)는 아동의 설명양식을 측정하기 위한 검사법으로 이미 수천 명의 아동이 이 검사를 받았다.

이 검사는 8~13세 아이를 대상으로 한 것이며, 검사하는 데 약 20분 정도 소요된다. 아이가 8살 이하라면 이 검사를 통해 정확한 결과를 얻기 어려울 수도 있지만, 대략적인 성향을 이해하는 데는 도움이 될 것이다. 일단 자녀가 검사를 시작하면 더는 거들어 주지 않아도 된다. 다만 자녀가 아직 어려서 글을 잘 읽지 못한다면 자녀가 읽는 속도에 맞춰 함께 큰 소리로 읽어 주도록 한다.

① 시험을 봤는데 100점을 받았다.　　　　　　　　　　PvG

Ⓐ 내가 똑똑하기 때문이다.　　　　　　　　　　❶
Ⓑ 이 시험 과목은 내가 잘하는 과목이다.　　　　❷

② 친구들하고 게임을 했는데 내가 이겼다.　　　　　　PsG

Ⓐ 친구들이 잘 못하기 때문에 내가 이긴 것이다.　　❷
Ⓑ 내가 잘해서 이긴 것이다.　　　　　　　　　❶

③ 친구네 집에서 저녁 늦게까지 재미있게 놀았다.　　　PvG

Ⓐ 그날 저녁 친구가 나한테 잘 해 줬다.　　　　　❷
Ⓑ 그날 저녁 친구네 모든 식구가 나한테 잘 해 줬다.　❶

④ 방학 때 단체로 놀러 갔는데 재미있었다.　　　　　　PsG

Ⓐ 그때 내가 기분이 좋았기 때문에 재미있었다.　　❶
Ⓑ 그때 함께 간 친구들이 기분이 좋았기 때문에 재미있었다.　❷

⑤ 나만 빼고 친구들이 모두 감기에 걸렸다.　　　　　　PmG

Ⓐ 요즘 나는 건강한 편이다.　　　　　　　　　❷
Ⓑ 원래 나는 건강하다.　　　　　　　　　　　❶

⑥ 내 강아지가 차에 치였다.　　　　　　　　　　　　PsB

Ⓐ 내가 강아지를 잘 돌보지 못했다.　　　　　　❶
Ⓑ 운전사가 조심스럽게 운전하지 않았다.　　　　❷

7 내가 아는 몇몇 아이들은 내가 싫다고 한다.　　　　　PsB

Ⓐ 가끔 아이들이 나한테 짓궂게 군다.　　0
Ⓑ 가끔 내가 아이들한테 짓궂게 군다.　　1

8 학교에서 시험을 봤는데 좋은 성적을 받았다.　　　　PsG

Ⓐ 문제가 쉬웠기 때문이다.　　0
Ⓑ 내가 열심히 공부했기 때문이다.　　1

9 한 친구를 만났는데 그 친구가 나보고 멋있다고 말했다.　　PmG

Ⓐ 그 친구는 그날따라 사람들 외모에 관심이 많았다.　　0
Ⓑ 그 친구는 원래 사람들 외모에 관심이 많다.　　1

10 내가 좋아하는 친구가 있는데 그 친구가 어느 날 내가 싫다고 말했다.　PsB

Ⓐ 그 친구가 그날 기분이 안 좋아서 그런 것이다.　　0
Ⓑ 내가 그날 친구한테 짓궂게 굴어서 그런 것이다.　　1

11 우스운 이야기를 했는데 아무도 웃지 않았다.　　　　PsB

Ⓐ 내가 원래 우스운 이야기를 잘 못한다.　　1
Ⓑ 다들 그 이야기를 알고 있어서 더 이상 우습지 않았다.　　0

12 수업 시간에 선생님의 설명을 이해할 수 없었다.　　　　PvB

Ⓐ 그날은 모든 일에 관심이 없었다.　　1
Ⓑ 선생님의 설명에 주의를 기울이지 않았다.　　0

13 학교에서 시험을 봤는데 성적이 좋지 않았다.　　PmB

A 우리 선생님은 언제나 시험문제를 어렵게 내신다.　**1**
B 우리 선생님은 요즘 시험문제를 어렵게 내신다.　**0**

14 체중이 많이 늘어서 뚱뚱해 보이기 시작했다.　　PsB

A 요즘 주로 살찌는 음식을 먹었다.　**0**
B 내가 원래 살찌는 음식을 좋아한다.　**1**

15 어떤 사람이 내 돈을 훔쳤다.　　PvB

A 그 사람은 정직하지 못하다.　**0**
B 사람들은 정직하지 못하다.　**1**

16 내가 어떤 일을 했는데 부모님이 칭찬해 주셨다.　　PsG

A 그것은 내가 잘하는 일이었다.　**1**
B 내가 어떤 일을 하면 부모님은 늘 칭찬해 주신다.　**0**

17 게임을 해서 돈을 땄다.　　PvG

A 나는 언제나 운이 좋다.　**1**
B 나는 게임을 하면 언제나 운이 좋다.　**0**

18 강에서 수영하다가 물에 빠져 죽을 뻔했다.　　PmB

A 나는 평소에 조심성이 없는 편이다.　**1**
B 가끔 조심성 없게 행동할 때가 있다.　**0**

19 여러 모임에 초대를 받았다.　　　　　　　　　　　　PsG

Ⓐ 요즘 여러 사람이 나에게 친절하게 행동한다.　　　**0**

Ⓑ 요즘 내가 여러 사람에게 친절하게 행동한다.　　　**1**

20 길에서 한 어른이 나에게 소리를 질렀다.　　　　　　PvB

Ⓐ 그 사람이 제일 먼저 본 사람이 나였기 때문일 것이다.　**0**

Ⓑ 그 사람은 그날 여러 사람에게 소리를 질렀을 것이다.　**1**

21 다른 아이들과 함께 숙제했는데 결과가 좋지 않았다.　PvB

Ⓐ 나는 그 아이들과 함께 숙제하는 것을 좋아하지 않는다.　**0**

Ⓑ 나는 다른 아이들과 함께 숙제하는 것을 좋아하지 않는다.　**1**

22 새로 친구를 사귀었다.　　　　　　　　　　　　　PsG

Ⓐ 나는 사람들한테 인기가 좋다.　　　　　　　　**1**

Ⓑ 내가 알게 된 사람들이 착한 사람들이었다.　　　**0**

23 요즘 식구들과 마음이 잘 맞았다.　　　　　　　　PmG

Ⓐ 식구들과 있으면 언제나 마음이 잘 맞는다.　　　**1**

Ⓑ 식구들과 있으면 때때로 마음이 잘 맞는다.　　　**0**

24 사탕을 팔려고 했는데 아무도 사려 하지 않았다.　　PmB

Ⓐ 요즘은 물건 파는 아이들이 많아서 사람들이 아이들한테 물건을 사려 하지 않는다.　**0**

Ⓑ 사람들은 원래 아이들한테 물건을 사려 하지 않는다.　**1**

　　　　　　　　　　　　　만 3세부터 행복을 가르쳐라

25 게임을 했는데 내가 이겼다. PvG

- Ⓐ 때때로 나는 게임을 매우 열심히 한다. ⓪
- Ⓑ 때때로 나는 뭐든지 매우 열심히 한다. ①

26 학교에서 나쁜 성적을 받았다. PsB

- Ⓐ 나는 머리가 나쁘다. ①
- Ⓑ 선생님이 점수를 공평하게 주시지 않는다. ⓪

27 문으로 들어가다 부딪혀 코피가 났다. PvB

- Ⓐ 주변을 잘 살피지 않았다. ⓪
- Ⓑ 요즘 정신이 없는 편이디. ①

28 운동경기에서 내가 공을 놓치는 바람에 우리 팀이 졌다. PmB

- Ⓐ 나는 그날 운동경기를 열심히 하지 않았다. ⓪
- Ⓑ 나는 보통 운동경기를 열심히 하지 않는다. ①

29 체육 시간에 발목을 삐었다. PsB

- Ⓐ 지난 몇 주 동안 체육 시간에 위험한 운동경기를 했다. ⓪
- Ⓑ 지난 몇 주 동안 나는 체육 시간에 잘하지 못했다. ①

30 부모님과 함께 바닷가에 가서 재미있게 놀았다. PvG

- Ⓐ 그날은 바닷가에서 모든 것이 재미있었다. ①
- Ⓑ 그날은 바닷가에서 날씨가 참 좋았다. ⓪

31 기차가 늦게 도착하는 바람에 약속에 늦었다.　　　　　PmB

Ⓐ 요즘은 기차가 늦게 도착하곤 한다.　　0
Ⓑ 기차는 거의 언제나 늦게 도착한다.　　1

32 어머니께서 내가 좋아하는 음식을 차려 주셨다.　　　　　PvG

Ⓐ 어머니는 가끔 나를 위해서 무엇을 해 주신다.　　0
Ⓑ 어머니는 늘 나를 위해서 무엇을 잘 해 주신다.　　1

33 우리 팀이 경기에서 졌다.　　　　　PmB

Ⓐ 우리 팀 선수들은 서로 잘 맞지 않는다.　　1
Ⓑ 그날따라 우리 팀 선수들은 서로 잘 맞지 않았다.　　0

34 숙제를 금세 끝마쳤다.　　　　　PvG

Ⓐ 나는 요즘 뭐든지 빨리한다.　　1
Ⓑ 나는 요즘 숙제를 빨리한다.　　0

35 선생님의 질문에 잘못 대답했다.　　　　　PmB

Ⓐ 원래 질문을 받으면 당황한다.　　1
Ⓑ 그날따라 질문을 받고 당황했다.　　0

36 버스를 잘못 타는 바람에 길을 잃고 방황했다.　　　　　PmB

Ⓐ 그날은 정신이 없었다.　　0
Ⓑ 나는 평소에 정신이 없는 편이다.　　1

만 3세부터 행복을 가르쳐라

37 놀이동산에 가서 재미있게 놀았다.   PvG

Ⓐ 나는 보통 놀이동산에 가면 재미있게 논다.   **0**

Ⓑ 나는 보통 재미있게 논다.   **1**

38 나보다 큰 아이가 내 뺨을 때렸다.   PsB

Ⓐ 내가 그 아이의 동생을 놀려서 그랬다.   **1**

Ⓑ 그 아이의 동생이 내가 놀렸다고 일러서 그랬다.   **0**

39 갖고 싶던 물건들을 생일 선물로 많이 받았다.   PmG

Ⓐ 사람들은 언제나 내가 무엇을 갖고 싶어 하는지 잘 맞춘다.   **1**

Ⓑ 이번 생일에는 사람들이 내가 무엇을 갖고 싶어 하는지 잘 맞추었다.   **0**

40 방학 때 시골에 가서 아주 재미있게 지냈다.   PmG

Ⓐ 시골은 참 좋은 곳이다.   **1**

Ⓑ 때를 잘 맞춰 시골에 갔기 때문이다.   **0**

41 이웃집에서 저녁을 먹으러 오라고 말했다.   PmG

Ⓐ 사람들은 때때로 친절하게 행동한다.   **0**

Ⓑ 사람들은 언제나 친절하게 행동한다.   **1**

42 수업 시간에 교생 선생님이 들어오셨는데 그 선생님이 나를 예쁘게 보셨다.   PmG

Ⓐ 나는 그날따라 수업 시간에 얌전히 있었다.   **0**

Ⓑ 나는 거의 언제나 수업 시간에 얌전히 있다.   **1**

43 친구들이 나 때문에 재미있어 했다. PmG

Ⓐ 나는 언제나 재미있는 이야기를 잘한다. **1**
Ⓑ 나는 때때로 재미있는 이야기를 잘한다. **0**

44 아이스크림을 파는 아저씨에게 공짜로 아이스크림을 얻어 먹었다. PsG

Ⓐ 그날 내가 아이스크림을 파는 아저씨에게 상냥하게 굴었다. **1**
Ⓑ 그날 아이스크림을 파는 아저씨가 기분이 좋았다. **0**

45 마술 공연을 보던 중에 마술사가 나보고 조수 역할을 해달라고 부탁했다. PsG

Ⓐ 내가 조수로 뽑힌 것은 순전히 우연이었다. **0**
Ⓑ 내가 아주 관심 있게 지켜보았기 때문에 조수로 뽑힌 것이다. **1**

46 친구한테 함께 영화 보러 가자고 했다가 거절당했다. PvB

Ⓐ 그날은 친구가 기분이 영 좋지 않았다. **1**
Ⓑ 그날은 친구가 영화 보러갈 기분이 아니었다. **0**

47 부모님이 이혼하셨다. PvB

Ⓐ 사람들이 결혼해서 함께 산다는 것은 쉬운 일이 아니다. **1**
Ⓑ 우리 부모님이 결혼해서 함께 사는 것은 쉬운 일이 아니었다. **0**

48 어느 동아리에 가입하려다가 거절당했다. PvB

Ⓐ 나는 다른 사람들과 잘 어울리지 못한다. **1**
Ⓑ 나는 그 동아리 사람들과 잘 어울리지 못했다. **0**

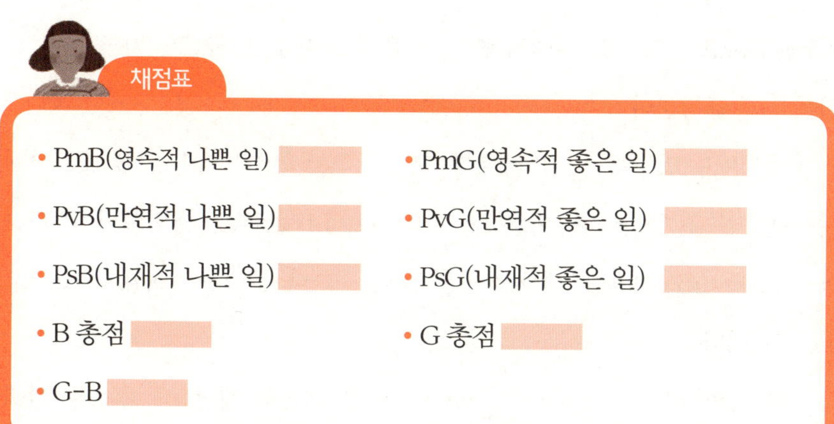

이제 검사의 점수를 매겨 보자. 검사 점수를 자녀에게 보여 주어도 상관없다. 다만 자녀에게 점수를 알려 줄 때는 각 점수가 무엇을 뜻하는지도 설명하도록 한다.

먼저 PmB 점수를 매겨 보자. PmB는 Permanent Bad, '영속적 나쁜 일'을 뜻한다. 13, 18, 24, 28, 31, 33, 35, 36번 문항에 대한 답변으로 고른 항목 오른쪽 끝에 있는 숫자들을 모두 더하면 된다. 그 합계를 위 채점표의 PmB 칸에 적는다.

이제 PmG 점수를 계산해 보자. PmG는 Permanent Good, '영속적 좋은 일'을 뜻한다. 5, 9, 23, 39, 40, 41, 42, 43번 문항의 해당 숫자들을 모두 더해 채점표에 기입한다.

이제 PvB 점수를 계산해 채점표에 기입하자. PvB는 Pervasiveness Bad, '만연적 나쁜 일'을 뜻한다. 문항은 12, 15, 20, 21, 27, 46, 47, 48번이다. PvG는

Pervasiveness Good, '만연적 좋은 일'을 뜻하며 1, 3, 17, 25, 30, 32, 34, 37번이 이에 해당한다.

이제 PsB 점수를 매길 차례다. PsB는 Personalization Bad, '내재적 나쁜 일'을 뜻한다. 문항은 6, 7, 10, 11, 14, 26, 29, 38번이다. PsG는 Personalization Good, '내재적 좋은 일'을 뜻한다. 문항은 2, 4, 8, 16, 19, 22, 44, 45번이다.

나쁜 일에 대한 총점(PmB + PvB + PsB)을 계산해 채점표의 B 총점 칸에 적도록 하자. 그리고 좋은 일에 대한 총점(PmG + PvG + PsG)도 계산해 해당 칸에 적는다. 마지막으로 전체 척도점수인 G-B는 G 총점에서 B 총점을 빼어 구한다. 이것을 채점표의 가장 아래 칸에 적는다. 이것이 당신 자녀의 낙관성 점수이다.

이렇게 얻은 당신 자녀의 점수가 이 검사를 받았던 수만 명의 아이와 비교해 볼 때 뜻하는 바는 다음과 같다.

첫째, 여자아이들과 남자아이들의 점수에는 차이가 있다. 적어도 사춘기에 이르기 전까지는 여자아이들이 남자아이들보다 눈에 띌 정도로 더 낙관적이다. 9세에서 12세까지 여자아이들의 평균 G-B 점수는 7.0이다. 반면에 9세에서 12세까지 남자아이들의 평균 G-B 점수는 5.0이다. 만약 당신의 자녀가 여자아이이고 이 점수가 4.5 미만이면 꽤 비관적인 편이다. 그리고 점수가 2 미만이면 매우 비관적이며 우울증에 시달릴 위험을 안고 있다. 남자아이일 경우 G-B 점수가 2.5 미만이면 꽤 비관적인 편이며, 1 미만이면 매우 비관적이고 우울증 위험이 있다고 볼 수 있다.

B 총점의 경우에 9세에서 12세까지 여자아이들의 평균 점수는 7.0이며 남자아이들의 평균 점수는 8.5이다. 이 평균치보다 3점 이상 높은 점수를 얻은 사람은 매우 비관적인 사람이다.

G 총점의 경우에 9세에서 12세까지 여자아이들과 남자아이들의 평균 점수는 13.5이다. 이 평균치보다 3점 이하의 점수는 매우 비관적이다. 좋은 일에 관한 세 차원(PmG, PvG, PsG) 각각의 평균 점수는 대략 4.5이다. 이 각 차원에서 3점 이하의 점수는 매우 비관적이다. 나쁜 일에 관한 세 차원(PmB, PvB, PsB) 각각의 평균 점수는 여자아이들의 경우 대략 2.5이고, 남자아이들의 경우 대략 2.8이다. 각 차원에서 4점 이상의 점수는 우울증의 위험신호로 볼 수 있다.

앞의 설명 양식의 세 가지 차원의 점수를 보고 자녀가 비관적이라면 낙관적인 설명양식을 습관화시켜 낙관성을 키워 주도록 하자.

부모의 비관적 잔소리가
아이를 비관적으로 만든다

부모가 낙관적이어야만 아이가 나쁜 문제가 생겼을 때 '항상' 일어나는 일이 아니라 '어쩌다 한 번' 일어나는 일로 생각하고, 실패했을 때도 자신감은 좀 떨어지겠지만, 자신의 실패를 다른 일로 확대하지 않는다.

아이는 부모의 거울이기 때문에 부모의 일상은 아이들에게 중요한 본보기가 된다. 따라서 낙관적인 부모가 낙관적인 아이를 만든다. 부모의 말과 행동, 심지어는 감정까지 그대로 배우기 때문에 낙관성을 가르치려면 우선 부모가 낙관적이어야 한다. 평소 비관적인 생각을 자주 하는 부모 밑에서 자란 아이는 비관적으로 변할 가능성이 크다. 어렸을 때 비관적으로 생각하는 아이는 비관적인 어른으로 자랄 가능성이 높고 우울증에 걸릴 가능성도 높다. 어떤 일이 일어났을 때 이를 해석하는 설명양식은 특별한 계기가 없는 한 평생 지속하기 때문이다.

어린아이들은 기본적으로 낙관적인 성향을 갖고 있다. 좋은 일은 자기가 한 것이고 영원히 지속할 것이며 모든 상황에서 이롭게 작용할 것이라 믿는

 만 3세부터 행복을 가르쳐라

다. 반면 나쁜 일은 다른 사람 탓을 하거나 어쩌다 생긴 것이며 금방 사라질 것으로 생각한다. 아이들도 때에 따라 쉽게 우울해지지만 그렇다고 해서 쉽게 희망을 버리진 않는다. 단, 이는 어디까지나 7세 미만의 아이들에게 국한된 이야기다. 미국에서는 매년 5만 명 이상의 사람이 우울증으로 자살하는데, 이중 약 2백여 명이 아이들이다. 그러나 7세 미만의 아이들은 거의 없다.

어렸을 때부터 낙관성을 유지하던 아이들도 8세부터는 달라지기 시작한다. 8세 정도 되면 이미 자신의 생각이 구체화하고, 초등학교 3학년쯤 되면 낙관성이 강한 아이와 비관성이 강한 아이로 나뉜다. 우리가 상상하는 것보다 훨씬 더 빨리 아이들의 설명양식이 굳어지는 셈이다.

아이들이 어떤 성향으로 변하는지는 부모의 언행에 달렸다. 특히 아이들은 엄마가 어떤 상황에서 어떻게 이야기하는지 늘 주목하고 있다. 부모가 자연스럽게 내뱉는 설명이나 부모가 말하면서 취하는 행동들을 대개 1분 정도 주의 깊게 살핀다. 뭔가 잘못되었을 때 아이는 부모가 내뱉는 낱말 하나하나에 주의를 기울인다. 게다가 말의 구체적인 내용뿐만 아니라 말의 형식적인 특성도 아이들은 민감하게 듣는다. 이처럼 엄마의 설명양식은 어린 자녀에게 많은 영향을 미치는데, 실제로 백 명의 아이들과 부모들을 대상으로 설명양식 질문지를 돌렸을 때, 놀랍게도 엄마의 낙관성과 아이의 낙관성 수준이 매우 비슷한 것으로 나타났다.

그래서 아이들을 꾸중할 때도 부모는 주의해야 한다. 아이들은 어른들이 말하는 내용뿐만 아니라 어떻게 말하는지도 주의 깊게 듣기 때문이다. 특히 칭찬보다 꾸중 들을 때 아이는 부모의 말에 더욱 집중한다. 어른들의 꾸중을 그대로 믿고 그것을 바탕으로 자신의 설명양식을 만들어 가기 때문인데, 평소 아이들을 혼낼 때 어떻게 말하는지 생각해 보자.

혹시 "장난감 치우라고 했잖니. 왜 넌 항상 엄마가 하라는 대로 안 하는 거야?"라고 말한다면 이제부터라도 혼내는 방식을 바꾸어야 한다. '항상'은 비관적인 말이기 때문이다. 부모가 비관적인 말로 지적하면 아이는 '아, 난 항상 엄마 말을 안 듣는 나쁜 아이구나.'라고 비관적으로 생각할 수밖에 없다. 생각뿐만 아니라 행동할 때도 비관적으로 변하게 된다. 반면 "장난감 치우라고 했잖니. 엄마가 말한 대로 안 했구나!"라는 식으로 문제의 원인을 지적하면 아이의 반응은 다르다. 아이는 '내가 장난감을 치우지 않아서 엄마가 화를 낸 거야. 엄마가 나를 미워하는 건 아니야.'라고 생각하게 된다.

어찌 보면 아주 사소한 차이처럼 보일 수 있다. '항상'이라는 단어가 있느냐 없느냐의 차이인데, 이 작은 차이가 쌓여 아이의 인생을 행복하게도 불행하게도 만들 수 있음을 잊어서는 안 된다.

아래의 표를 보면서 평소 자신이 아이를 낙관적으로 혼냈는지, 비관적으로 혼냈는지 살펴보자. 만약 비관적으로 비판해 왔다고 해도 지금부터 바꾸면 된다. 아이가 어떤 잘못을 했든, 어떤 상황에서든 아이의 성격이나 능력이 아니라 구체적이고 일시적인 행동에 초점을 맞춰 얘기해 보자.

특히 아이가 취학 전이라면 더 조심해야 한다. 부모가 낙관적이어야만 아이가 나쁜 문제가 생겼을 때 '항상' 일어나는 일이 아니라 '어쩌다 한 번' 일어나는 일로 생각하고, 실패했을 때도 자신감은 좀 떨어지겠지만, 자신의 실패를 다른 일로 확대하지 않는다. 그래서 다른 일에 도전할 수 있게 된다.

부모의 무심코 내뱉은 말 한마디가 아이를 비관적으로도, 낙관적으로도 만들 수 있다. 아이에게 낙관성을 가르치기 전에 부모가 말하는 습관을 돌아보고 비관적이었다면 낙관적으로 바꿀 수 있도록 노력하자.

취학 전 아이를 혼낼 때	
비관적(지속적 원인)	**낙관적(일시적 원인)**
"세은아, 대체 왜 이러니? 넌 정말 괴물 같은 아이야!"	"세은아, 너 오늘 정말 버릇없구나. 엄마 마음에 안 들어."
"엄마 없을 때 계속 울었다면서? 넌 참 까다로운 아이야."	"엄마 없을 때 계속 울었다면서? 요즘 엄마가 자주 나가서 네가 무척 힘들겠구나."
"은혜야, 장난감 치우라고 했잖니. 왜 넌 항상 엄마가 하라는 대로 안 하는 거야?"	"은혜야, 장난감 치우라고 했잖니. 엄마가 말한 대로 안 했구나."
비관적(전부적 원인)	**낙관적(일부적 원인)**
"넌 나쁜 아이야."	"넌 요즘 동생들을 너무 많이 놀려."
"됐다, 세은아. 운동을 잘 못하는구나. 엄마도 운동에는 영 소질이 없거든."	"세은아. 공 다루는 법을 집중적으로 배워야겠구나."
"그 애는 왜 다른 아이들과 노는 것을 싫어한다니? 항상 부끄럼을 많이 타는 것 같구나."	"그 애는 아이들과 어울리는 것을 힘들어 하는 것 같구나. 오늘은 부끄러움을 많이 타는 듯해."
비관적(내부적, 전부적 원인(수동적))	**낙관적(외부적, 일부적 원인(능동적))**
"넌 운동신경이 둔해."	"공을 잘 보다가 타이밍을 잘 맞추어 방망이로 쳐야지. 더 열심히 연습해 보자."
"너희는 너무 이기적이야."	"다 같이 나눠 가져야지."
"또 C야? 넌 절대 우등생이 될 수 없나 보다."	"또 C야? 더 열심히 공부해야겠구나."
"방이 돼지우리 같잖아. 이 게으름뱅이야."	"방이 돼지우리 같잖아. 네가 어지른 건 네가 치워야지."

비관적인 아이도
낙관적으로 변하는 마법의 ABC

1~2주 정도만 'ABC'를 기록해도 아이의 'ABC'가 어떻게 작동하는지 보인다. 비관적인 아이는 불행한 사건이 일어났을 때 있는 그대로 객관적으로 상황을 생각하지 못하고 왜곡하는 경향이 다분하다.

아이의 비관적인 생각을 낙관적인 생각으로 바꾸게 하려면 우선 'ABC'부터 가르쳐야 한다. 'ABC'는 어떤 나쁜 일이 일어났을 때 어떻게 해석하느냐에 따라 결과가 달라진다는 것을 보여 주는 모델이다. A는 역경adversity의 첫 글자이다. '불행한 사건'이라고 한다. 친한 친구와 싸웠다든가, 시험을 망쳤다든가, 사랑하는 가족과의 이별 등 아이가 힘든 일을 겪었을 때를 말한다. C는 결과consequences의 첫 글자로 역경을 겪은 후 어떤 기분을 느끼거나 행동하는지를 의미한다. '잘못된 결론'이라고 한다. 많은 사람이 역경은 바로 결과로 이어진다고 생각하지만 'ABC' 모델을 만든 마틴 셀리그만, 앨버트 엘리스Albert Ellis와 아론 벡Aron Beck은 A와 C 사이에 B(믿음)가 있다고 주장했다. '왜곡된 믿음'이라고 한다. B는 A에 대한 믿음belief과 해석이다. 즉 A를 어떻게 믿고

만 3세부터 행복을 가르쳐라

해석하느냐에 따라 결과가 달라진다고 보는 것이다.

예를 들어 가장 친한 단짝 친구가 몇 번씩 전화해도 받지 않았다고 가정해 보자. 친구가 전화를 받지 않은 상황이 아이에겐 불행한 사건(A)이다. 만약 아이가 '어제 친구가 집에 같이 가자고 했는데 내가 바쁜 일 때문에 먼저 와서 삐친 것이 분명해. 이제 더 이상 나와 친구 하고 싶지 않아서 전화를 받지 않은 거야.'라고 생각한다면 어떻게 될까? 당연히 아이는 우울하고 불안해할 것이다. 반면 '친구가 바쁜가 봐. 아니면 자느라 휴대전화를 꺼 놨나? 나중에 확인하면 전화하겠지, 뭐.'라고 생각한다면 친구가 전화를 받지 않았다고 우울해할 이유가 없다.

이처럼 어떤 나쁜 일이 일어났을 때 어떻게 생각하고 믿느냐에 따라 결과는 크게 달라진다. 따라서 아이에게 'ABC'를 이해시키고 생각을 바꾸는 연습을 한다면 낙관적인 아이로 바뀔 수 있다.

먼저 자기와 대화하는 법을 가르쳐라

'ABC'를 가르치려면 우선 자기 자신과 대화하는 법부터 가르쳐야 한다. 아이 중에는 나쁜 일이 생겼을 때 속으로 무언가를 생각하는 과정을 아는 아이들도 있지만 모르는 아이들도 있기 때문이다. 자기와의 대화를 어떻게 설명해야 하는지 난감할 수도 있지만, 이것은 전혀 어렵지 않다. 자기와의 대화를 알려 줄 때 중요한 것은 '자기 자신에게 말을 하는 것'은 지극히 정상이며 누구나 자기 자신과 끊임없이 대화한다는 것을 알려 주는 것이다. 그래야 아이가 자기와의 대화를 거부감 없이 할 수 있다.

아이가 자신과 대화하는 법을 이해했다면 최근에 있었던 일을 물어보고, 그때 어떤 생각을 했는지 의견을 들어보는 것이 좋다.

"오늘 학교에서 무슨 일이 있었어?"

"친구들이 날 뚱뚱하다고 놀렸어요."

"그랬구나. 그때 무슨 생각을 했어."

"내가 뚱뚱한 것은 맞지만 뚱뚱하다고 다른 사람들에게 피해를 주는 것도 아닌데, 왜 맨날 놀림을 당해야 하지? 다이어트를 해도 살이 잘 안 빠지는 체질인데, 그렇다면 앞으로도 계속 아이들은 나를 뚱뚱하다고 놀리겠지? 이런 생각을 했어요."

이렇게 말이다. 부모가 아이와 대화할 때, 그때그때 속으로 생각했던 심경을 말하게 하면 아이는 자기와의 대화법을 이해하고 실행해 볼 것이다.

상황이 아니라 생각 때문에 감정이 생긴다는 것을 알려 주어라

아이가 자기와의 대화를 이해했다면 본격적으로 'ABC' 모델을 설명할 차례다. 'ABC' 모델을 소개할 때 꼭 알려 주어야 할 것이 있다. 감정은 이유 없이 갑자기 생기는 것이 아니며, 그런 감정을 유발하는 생각을 했기 때문에 생기는 것이라고 알려 주어야 한다. 아이에게 어떤 상황을 제시해 주고, 어떤 생각을 할 때 어떤 감정이 드는지 선으로 연결하도록 하자. 이 연습을 통해 아이는 상황이 감정을 유발하는 것이 아니라 생각이 감정을 불러일으킨다는 것을 이해할 수 있다.

만 3세부터 행복을 가르쳐라

생각

이제 나는 친구가 하나도 없다.

친구가 일부러 나에게 못되게 굴었다.

우리는 화해하고 다시 친구가 될 수 있다.

감정

슬프다.

화가 난다.

괜찮다.

상황❷ 시험을 망쳤다.

생각

엄마한테 엄청나게 혼날 것이다.

그동안 공부는 안 하고 너무 놀기만 했다.

열심히 공부하면 다음 시험은 잘 볼 수 있다.

감정

겁이 난다.

부끄럽다.

괜찮다.

상황❸ 형은 밤늦게까지 TV 보는 것을 허락받았는데 나는 아니다.

생각

나는 뭔가 재미있는 것을 하고 싶어도 절대 허락받지 못한다.

부모님은 나보다 형을 더 사랑한다.

부모님은 형 말고 나만 놀이동산에 데리고 간 적이 있다.

감정

화가 난다.

슬프다.

괜찮다.

아이가 상황이 아니라 생각이 감정을 불러일으킨다는 것을 이해했다면 본격적으로 'ABC' 모델을 설명하도록 한다. 다음 세 가지 예를 아이에게 들려주고 아이가 자신의 언어로 다시 설명하도록 한다. 이때 초점은 믿음과 결과 사이의 연결이다.

● 예①

불행한 사건(A) : 반 친구들이 모두 보는 앞에서 선생님이 나에게 고함을 치는 바람에 다들 웃음을 터뜨렸다.

왜곡된 믿음(B) : 선생님은 나를 미워한다. 그리고 이제 반 친구들이 모두 나를 바보로 생각한다.

잘못된 결론(C) : 나는 정말로 슬펐고 책상 밑으로 기어들어가고 싶었다.

아이가 왜 슬펐는지, 왜 책상 밑으로 기어들어가고 싶었는지 물어보자. 만약 아이가 선생님이 나를 미워한다고 생각하지 않고 내가 잘못해 선생님께 야단을 맞았다고 생각하면 어떻게 될까? 아이가 다르게 생각할 수 있도록 질문을 던져 보자. 아이 스스로 믿음(생각)이 바뀌면 결론이 달라진다는 것을 이해하는 것이 중요하다.

● 예②

불행한 사건(A) : 나의 가장 친한 친구 미진이는 이제 영애가 자기의 가장 친한 친구라면서 앞으로는 학교 식당에서 내 옆이 아니라 영애 옆에 앉을 것이라고 말했다.

왜곡된 믿음(B) : 내가 그렇게 예쁘지 않기 때문에 미진이가 나를 더는 좋아하지 않는다. 영애는 웃긴 얘기도 잘하고 옷도 정말 예쁘게 입는다. 하지만 나는 웃기지도 못하고 옷도 촌스럽게 입는다. 만약 내가 아이들한테 좀 더 인기가 있었다면 틀림없이 미진이는 나를 가장 친한 친구로 생각했을 것이다. 이제 아무도 점심시간에 내 옆에 앉지 않을 것이다. 이제 모두 영애가 미진이의 가장 친한 친구라는 것을 알게 될 것이다.

잘못된 결론(C) : 식당에 가는 일이 두려웠다. 웃음거리가 되고 혼자 앉아 밥을 먹어야 하는 것이 싫었다. 그래서 배가 아프다고 꾀병을 부리면서 양호실에 가게 해 달라고 선생님께 말했다. 내가 정말로 볼품없게 느껴졌으며 전학 가고 싶었다.

'이 아이는 왜 전학을 가고 싶어 할까? 미진이가 영애 옆에 앉겠다고 해서 그런 것일까? 아니면 이제 아무도 자기 옆에 앉지 않을 것으로 생각해서 그런 것일까? 이 아이는 왜 자기가 볼품없다고 느꼈을까?'와 같은 질문을 던져 아이가 이 상황을 어떻게 생각하는지 들어 보자. 그런 다음 만약 아이가 '미진이는 변덕쟁이고 의리가 없어'라고 생각했다면 결론이 어떻게 달라졌을지도 함께 이야기해 보자.

● **예③**

불행한 사건(A) : 친구들과 함께 버스 정류장에서 버스를 기다리고 있었는데 아이들이 떼로 몰려오더니 친구들이 모두 보는 앞에서 나를 '뚱보', '돼지'라고 놀리기 시작했다.

왜곡된 믿음(B) : 걔네들 말이 맞기 때문에 나는 대꾸할 수 없다. 이제 내 친구들이 모두 나를 비웃을 것이다. 그리고 아무도 버스에서 내 옆에 앉으려고 하지 않을 것이다. 이제 모두 내 별명을 부르며 나를 놀려댈 것이다. 그리고 나는 그것을 그냥 받아들일 수밖에 없을 것이다.

잘못된 결론(C) : 당황스러워 죽고 싶을 지경이었다. 친구들로부터 도망치고 싶었지만, 막차였기 때문에 그럴 수가 없었다. 어쩔 수 없이 고개를 떨어뜨린 채 운전석 바로 뒤 맨 앞좌석에 혼자 앉기로 했다.

'이 아이는 왜 친구들로부터 도망치고 싶었을까? 남들이 '뚱보'라고 놀렸기 때문일까? 아니면 이제 친구들이 모두 자기를 따돌릴 거라고 생각했기 때문일까? 다르게 생각해 볼 수는 없을까? 예를 들어 친구들은 나를 뚱보, 돼지라고 놀리지 않고, 떼로 몰려와 놀린 친구들을 나쁘다고 생각할 거야.'라고 생각한다면 결론이 어떻게 달라졌을지 함께 이야기해 보자.

이런 대화를 통해 아이는 어떻게 생각하느냐에 따라 결론이 달라진다는 것을 확실히 알게 될 것이다.

아이 스스로 자신의 'ABC'를 기록하게 하라

아이가 'ABC' 모델을 이해했다면 아이의 'ABC'가 어떻게 작동하는지를 알아내야 한다. 나쁜 일이 일어났을 때 아이가 어떻게 생각하는지를 알아야 비관적인 사고방식을 없애고 낙관성을 키울 수 있다. 낙관성을 키우기 위해서는 'ABC' 일기를 쓰는 것이 좋다. 'ABC' 일기는 매일 혹은 이틀에 한 번 자신의 생활에서 5개 정도 'ABC'를 기록하면 충분하다. 꼭 거창한 사건이 아니어도 괜찮다. 친한 친구에게 전화를 걸었는데 평소와는 달리 빨리 끊고 싶어 하는 느낌을 받았다면 그것도 충분한 역경(A)이 될 수 있다.

'ABC' 일기는 불행한 사건(A), 왜곡된 믿음(B), 잘못된 결론(C) 세 부분으로 구분해 기록하도록 한다. A를 기록할 때는 상황을 객관적으로 기록하는 것이 중요하다. 추론하거나 평가해서는 안 된다. 예를 들어 엄마에게 혼이 났을 때 '엄마에게 혼이 났다'는 사실만 A가 될 수 있다. '시험을 못 봐 엄마가 혼을 낼 것이다'와 같은 추론이나 '엄마가 부당하게 나만 혼을 냈다'와 같은 평가는 A가 아니라 B에 해당한다.

믿음(B)을 기록할 때는 종종 생각과 감정을 혼동한다. 아이들은 B를 적을 때 '시험을 망쳐 화가 난다', '엄마에게 혼이 날까 무섭다'와 같이 감정을 적는데, 생각과 감정을 꼭 구분해 감정이 아닌 생각을 적도록 가르친다.

마지막 결론(C) 부분에는 아이의 감정이나 행동을 기록하도록 한다. 서로 다른 감정이 동시다발적으로 들더라도 모두 적으면 된다. 만약 아이가 'ABC'를 기록하기 어려워한다면 다음과 같은 몇 가지 예를 보여 주어도 좋다.

● 'ABC' 예 ①

불행한 사건(A) : 친구 생일 파티에 나만 초대를 받지 못했다.

왜곡된 믿음(B) : 친구들은 나를 좋아하지 않는다. 그렇지 않고서야 나만 빼놓고 자기들끼리 생일 파티를 할 수가 없다.

잘못된 결론(C) : 정말 화가 나서 미칠 것만 같다. 앞으로 나를 왕따 시킨 그 친구들과는 얼굴도 마주치고 싶지 않다.

● 'ABC' 예 ②

불행한 사건(A) : 수업 시간에 분수 문제를 풀어 보라고 하셨다. 어려운 문제라 못 풀자 선

생님이 수업 시간에 졸기만 하고 공부를 안 하니 못 푸는 것이라 말했다.

왜곡된 믿음(B) : 못 푼 건 잘못이지만 선생님이 나를 미워해서 일부러 아이들 앞에서 공

개적으로 망신을 준 것이다.

잘못된 결론(C) : 일부러 그런 선생님도 미웠지만 나 자신이 한심해 견딜 수가 없다.

1~2주 정도만 'ABC'를 기록해도 아이의 'ABC'가 어떻게 작동하는지 보인다. 비관적인 아이는 불행한 사건이 일어났을 때 있는 그대로 객관적으로 상황을 생각하지 못하고 왜곡하는 경향이 다분하다. 잘못된 믿음은 곧 부정적인 결과로 이어진다. 아이가 이런 연결고리만 이해해도 낙관성의 반은 배운 것이나 마찬가지다.

비관적인 아이들은
항상 최악의 시나리오를 생각한다

비관적인 아이들은 여러 원인 가운데 최악의 원인을 선택함으로써 더 우울해하고 비극적인 생각에 빠지게 된다. 최악의 원인을 선택하니 이후 시나리오도 최악으로 흘러간다.

앞에서 아이의 설명양식을 살펴보면 내 아이가 비관적인 아이인지, 낙관적인 아이인지를 알 수 있다고 했다. 설명양식이란 어떤 일이 일어났을 때 왜 그런 일이 일어났는지를 자신에게 습관적으로 설명하는 방식이다.

비관적인 아이에게 나쁜 일이 일어났을 때는 그 일이 영구적으로 계속될 것이고, 종종 나쁜 일을 전체로 확대한다. 또한, 나쁜 일이 일어난 이유가 다 자기 탓이라고 여기며 우울해한다. 비관적인 아이에게 낙관성을 가르치려면 설명양식을 바꿔야 한다.

아이의 설명양식을 효과적으로 바꿔 주기 위해서는 다음 5단계를 참조하여 차례로 진행하는 것이 좋다.

이미 앞에서 낙관적인 아이와 비관적인 아이의 차이를 설명했다. 하지만 설명양식을 가르치려면 좀 더 확실하게 낙관적인 사람과 비관적인 사람의 차이를 알 필요가 있다. 가능한 낙관적인 사람과 비관적인 사람은 어떤 모습이고, 어떤 생각을 하고, 어떻게 행동하는지 자세히 묘사해 설명하는 것이 좋다.

한 초등학교 농구부에서 선수들을 모집한다는 공고를 냈다. 성철이와 진환이도 그 공고를 봤다. 하지만 반응은 서로 판이했다.

우울한 성철이, 선발전을 포기하다

희철 : 안녕, 복도에 붙은 벽보 봤어? 다음 주에 농구부에서 선수들을 뽑는대.

성철 : 나도 봤어. 하지만 난 관심 없어

희철 : 난 응모할 거야. 농구부 선수가 되면 정말 좋을 것 같아. 유니폼도 멋지고, 안 그래?

성철 : 글쎄.

희철 : 응모하면 되지 않을까? 우리는 키가 꽤 큰 편이잖아?

성철 : 아니, 그렇지 않아. 6학년치고는 아주 작은 편이야. 다른 애들이 우리보다 두 배는 더 클걸?

희철 : 앞으로 더 자랄 거잖아. 안 그래?

성철 : 절대 안 그래. 설령 우리가 자라면 다른 애들은 가만히 있니? 더 자라지. 키가 된다 해도 나는 절대 뽑히지 않을 거야.

희철 : 그래도 이번 주에 열심히 연습하면 뽑힐 수 있을 거야. 우리 함께 연

습하자.

성철 : 꿈 깨라니까. 시간 낭비야. 이미 늦었어.

희망에 찬 영수, 농구부에 도전하다

명규 : 영수야, 복도에 붙은 벽보 봤어? 다음 주에 농구부에서 선수들을 뽑
는대.

영수 : 응. 너도 나가려고?

명규 : 그럼. 학교 대표팀이 되면 얼마나 근사하겠어. 유니폼도 멋질 거고.
네 생각은 어때?

영수 : 뭘 말이야?

명규 : 우리 정도 실력이면 나가볼 만하지 않겠냐고.

영수 : 물론이지. 우리보다 더 큰 아이들도 있지만 빠르기는 우리가 더 빠를걸.

명규 : 수업이 끝나면 운동장에서 연습하자.

영수 : 좋지. 어쩌면 올해 키가 쑥 커서 팀에서 제일 큰 선수가 될지도 몰라.
그럼 정말 얼마나 멋지겠니. 지난여름에 민성이는 키가 9cm나 자랐
대. 우리도 그렇게 되길 기대해 보자.

명규 : 좋았어. 이번 주에 열심히 연습하면 도움이 될 거야.

영수 : 좋은 생각이야. 형이 고등학교 농구부 선수야. 형한테 부탁하면 잘 가
르쳐 줄 거야. 이따 수업 끝나고 운동장에서 만나자, 알았지?

아이에게 성철이와 영수 이야기를 읽게 한 후 두 아이의 차이를 물어보자.

두 사람의 가장 큰 차이는 성철이는 늘 부정적으로만 생각하고 부정적인 면만 보지만, 영수는 긍정적인 부분을 생각한다는 것이다. 성철이와 영수의 이야기를 통해 아이가 비관적으로 생각했을 때와 낙관적으로 생각했을 때의 결과가 크게 다르다는 것을 이해했다면 다음 단계로 넘어가도 된다.

2단계_문제를 정확하게 파악하기

비관적인 아이들은 보통 자기는 아무것도 잘하는 것이 없고, 자기가 겪고 있는 문제는 절대 바뀌지 않는다고 생각한다. 이런 아이들은 문제를 해결하는 방법을 찾으려고도 하지 않는다. 하지만 이런 부정적인 생각들은 대부분 정확하지 않다. 왜곡된 경우가 많다. 어떤 문제가 일어난 원인은 여러 가지일 수 있다. 그런데 비관적인 아이들은 여러 원인 가운데 최악의 원인을 선택함으로써 더 우울해하고 비극적인 생각에 빠지게 된다. 최악의 원인을 선택하니 이후 시나리오도 최악으로 흘러간다.

이런 아이들은 문제를 정확하게 파악하고 낙관적으로 생각하려고 노력해야 한다. 그러려면 문제의 원인이 될 만한 다른 요인들을 생각하는 방법부터 가르쳐야 한다. 예를 들어 엄마 표정이 좋지 않으면 비관적인 아이는 '나 때문에 엄마가 화가 난 게 분명해.'라고 원인을 자기 탓으로 돌리며 '곧 엄마가 나를 불러 막 야단을 치겠지? 엄마가 저런 표정일 때는 늘 화가 많이 나 있었어. 너무 화가 나서 앞으로 나를 더 미워할지도 몰라.'라며 제멋대로 최악의 시나리오를 쓴다.

비관적인 아이가 낙관적이고 정확한 판단을 한다는 것은 무척 어려운 일이다. 문제를 정확하게 파악하는 연습을 하게 하려면 우선 아이가 생각하는 원인 외에 다른 원인이 있는지 생각해 보도록 유도해야 한다.

"정말 엄마가 우리 보라 때문에 화가 났다고 생각해? 아니야. 엄마가 왜 표정이 안 좋았는지 한 번 맞춰 볼까?"

일단 자기 때문에 화가 난 것이 아님을 확인시켜 주면 아이는 안심하고 가능한 다른 원인을 생각한다. "혹시 밖에서 기분 나쁜 일 있었어요?", "아빠가 엄마 말을 안 들어줬어요?", "할아버지나 할머니가 어디 아프신가요?"와 같이 말이다. 이런 연습을 통해 아이는 문제를 정확하게 파악하는 훈련을 할 수 있다. 문제의 원인이 하나가 아니라 여러 가지 일 수 있다는 것을 아는 것만으로도 아이의 생각은 한결 긍정적으로, 낙관적으로 바뀌게 된다.

3단계_영구성에서 벗어나기

비관적인 아이들은 나쁜 일이 생기면 그 일이 영구적으로 계속될 것으로 생각하며 낙담한다. 영구성은 비관적인 사람들의 대표적인 설명양식 중 하나다. 영구적인 생각은 기분을 가라앉게 하고 노력해 보기도 전에 모든 것을 포기하게 한다. 하지만 나쁜 일이 생겨도 그 문제의 원인을 일시적인 것으로 생각한다면 많은 것들이 좀 더 가벼워질 것이다.

영구성은 설명양식에서 아주 중요한 비중을 차지하기 때문에 아이가 영구성의 개념을 완전히 이해할 때까지 서두르지 말고 충분히 가르쳐야 한다. 몇 가지 상황을 함께 살펴보고 어떤 부분이 영구적이고, 어떤 부분이 일시적인지를 물어보자. 그리고 그 생각들을 결과와 연결 지으면 비관적인 생각과 낙관적인 생각이 사람의 기분과 행동을 어떻게 바꿀 수 있는지 알려 줄 수 있다.

상황 : 아빠가 주말에 놀이동산에 데려간다고 했다. 그런데 막상 주말이 되자 아빠는 갑자기 회사에 급한 일이 생겼다며 다음에 가자고 한다.

설명① : 아빠는 늘 그렇다. 지금까지 한 번도 약속을 지킨 적이 없다. 아마 앞으로도 아빠는 계속 바쁠 것이기 때문에 결국 놀이동산에는 가지 못할 것이다.

설명② : 속상하지만, 아빠 회사 일이 바쁘다니 어쩔 수 없지. 바쁜 일이 끝나면 다시 약속을 잡아야겠다.

설명①은 원인을 영구적으로 생각한 경우다. 아빠는 늘 바쁘므로 결국 놀이동산을 함께 가지 못할 것으로 생각하면 희망이 없다. 반면 같은 상황이라도 설명②처럼 원인을 일시적인 것으로 생각하면 우울하지 않다.

일시적인 생각과 영구적인 생각을 이해했다면 아이와 함께 생각을 만드는 연습을 해 보자. 상황을 제시하고 영구적인 생각과 일시적인 생각을 아이에게 말해 보도록 하자.

연습 : 한 소년이 다른 아이들에게 괴롭힘을 당하고 있다. 아이들은 소년의 멱살을 붙잡고 "이 겁쟁이야, 꺼지라고 했지?"라며 위협한다.

영구적인 생각 : _______________________________________

일시적인 생각 : _______________________________________

영구적인 생각으로는 '저 녀석들은 늘 날 괴롭혀.', '나는 한 번도 친구가 없었어.', '아무도 날 안 좋아해.', '나는 원래 다른 아이들과 잘 못 어울려.' 등과 같은 생각을 할 수 있다. 일시적인 생각으로는 '애들이 오늘따라 나한테 못되게 구네.', '나한테 화가 났나 봐.', '내가 요즘 못되게 굴기는 했지.' 같은 것들이 있다. 아이와 함께 영구적인지 생각과 일시적인 생각을 각각 말한 다음에는 영구적인 생각을 했을 때와 일시적인 생각을 했을 때의 기분이 어떤지 물어보자. 그런 과정을 통해 아이는 원인을 일시적인 것으로 생각했을 때 기분이 한결 편해진다는 것을 알게 된다. 그러면서 영구적인 생각에서 조금씩 벗어날 수 있다.

4단계_'ABC'를 이용해 자기 경험 설명하기

이제 아이가 직접 겪은 일들을 함께 분석해 볼 차례다. 'ABC' 일기를 작성했다면 그 일기를 토대로 최근에 어떤 일이 일어났는지, 그 일이 일어났을 때 어떤 생각을 했고, 기분이 어땠는지 물어도 좋다. 단 아이가 어떤 일이 일어났는지를 설명할 때는 반드시 '누가, 무엇을, 언제, 어디서'를 다 말할 수 있도록 도와주어야 한다. 상황을 구체적으로 설명할수록 아이가 'ABC'를 이해하기가 쉽기 때문이다.

그런 다음 그런 일이 일어났을 때 아이가 어떤 생각을 했는지 물어보자. 이때 그 생각이 영구적인지 일시적인지를 구분해 적도록 한 후 그런 생각들을 했을 때 어떤 감정을 느꼈고 어떤 행동을 했는지 물어보자. 그다음에는 같은 상황에서 아이가 다른 생각을 해 볼 수 있도록 해 보자.

예를 들어 아이가 친구와 싸웠을 때 '내가 장난을 심하게 해서 친구를 화나게 했다.'라고 생각했다면 그 생각은 일시적인 생각에 해당한다. 이때 '그 친구는 늘 나한테 싸움을 걸어.'와 같이 영구적인 생각을 해 보게끔 한다. 이렇게 반대되는 생각을 해 보게 하는 이유는 생각이 결과에 어떤 영향을 미치는지를 아이가 확인할 수 있게 하기 위해서이다.

아이가 생각과 결과가 이어지지 않게 말할 수도 있다. '나는 친구들에게 늘 따돌림을 당해요.'라는 생각을 했다고 말하면서도 '그래도 괜찮아요.'라고 말한다면 아이와 좀 더 대화해야 한다. 아이가 애써 감정을 감추는 것일 수도 있고, 무의식적으로 자신을 보호하고자 감정을 부인하는 것일 수도 있다. 아이가 솔직하게 감정을 말하고 알아차릴 수 있도록 도와야 한다. '지금 따돌림을 당하고 있고, 앞으로도 따돌림을 당할 것으로 생각하면서 정말 괜찮다는 거니? 보통 이런 생각을 하면 다른 아이들은 무척 힘들어하던데.'와 같이 말하여 아이가 다시 생각해 볼 수 있도록 해야 한다.

아이가 겪은 일은 세 가지 정도만 이야기해도 충분하다. 세 가지 역경에 대해 원래 했던 생각과 반대되는 생각을 이야기하고, 각각의 결과를 이야기했다면 마지막 단계로 넘어가도 좋다.

역경 ❶ : ______________________________________

영구적인 생각 : ______________________________________

결과 : ______________________________________

일시적인 생각 : ______________________________________

결과 : ____

역경 ❷ : ____
영구적인 생각 : ______________________________________
결과 : ____
일시적인 생각 : ______________________________________
결과 : ____

역경 ❸ : ____
영구적인 생각 : ______________________________________
결과 : ____
일시적인 생각 : ______________________________________
결과 : ____

5단계_다른 원인 생각해 보기

비관적인 아이들은 나쁜 일이 일어난 원인이 자기에게 있다고 생각한다. 정말 아이에게 문제가 있어 나쁜 일이 생겼다면 스스로 자기의 잘못을 인정하고 반성하는 것도 나쁘지 않다.

하지만 비관적인 아이들은 무조건 자기 탓을 한다. 또한, 자기의 행동 자체를 탓하기보다 성격을 탓한다. 행동은 바뀔 수 있지만, 성격은 어지간한 노력으로 바꾸기 어려우니 나쁜 일이 일어나면 해결할 방법을 찾지 못하고 더 비관적으로 생각할 수밖에 없다.

이렇게 비관적인 아이의 설명방식을 바꾸려면 우선 원인을 자기한테서만 찾지 말고 다른 사람 혹은 다른 이유에서 찾아보는 연습을 해야 한다. 부모 입장에서는 아이가 무조건 자기 탓을 하는 것도 안타깝지만 그렇다고 자기의 문제를 보지 않고 남 탓만 하는 것도 원하지 않을 것이다. 원인을 무조건 외부적인 요인으로 돌리게 해서는 안 된다. 원인이 여러 가지일 수 있다는 것을 깨닫게 해 주고 무조건 자기 탓을 하며 무기력해지지 않게 하는 것이 핵심이다.

아이가 직접 겪은 힘들었던 일과 그 상황에서 어떤 생각이 들었는지 말하도록 하자. 그리고 그 생각이 '나 때문'인지, 아니면 '다른 사람 혹은 다른 이유 때문'인지를 물어보고 그 생각이 어떤 결과로 이어졌는지 적도록 하자. 아이가 처음에 '나 때문'이라고 대답했다면 '혹시 다른 사람이나 다른 이유는 없었을까?'라고 질문해 아이가 다른 원인을 생각해 볼 수 있도록 도와주자. 아이가 다른 원인을 생각하면 어떤 결과가 나타날지 적어 보게 하자.

역경 ❶ : ____

나 때문이라는 생각 : _______________________________________

결과 : ____

다른 사람 혹은 다른 이유 때문이라는 생각 : _________________________

____

결과 : ____

역경 ❷ : ______________________________

나 때문이라는 생각 : ______________________________

결과 : ______________________________

다른 사람 혹은 다른 이유 때문이라는 생각 : ______________________________

____

결과 : ______________________________

역경 ❸ : ______________________________

나 때문이라는 생각 : ______________________________

결과 : ______________________________

다른 사람 혹은 다른 이유 때문이라는 생각 : ______________________________

____

결과 : ______________________________

좀 더 재미있게 다양한 원인을 생각해 볼 방법이 있다. 일명 '파이 게임'이다. 어떤 문제가 생기거나 나쁜 일이 일어났을 때 파이 조각에 다양한 원인을 적어보도록 하는 게임이다. 이 게임은 문제에 대한 자신의 책임을 흑백논리로만 생각해 다른 원인을 잘 생각하지 못하는 아이들에게 유용하다.

우선 아이에게 최근에 겪었던 힘든 일을 이야기하도록 하자. 처음에는 한두 가지 이유밖에 생각하지 못할 것이기 때문에 부모가 다양한 가능성을 생각할 수 있도록 도와주어야 한다. 예를 들어 아이가 선생님이 자기를 미워해서 학교에 가기 싫다고 말한다면 '늘 선생님이 널 혼내니?', '넌 아무 잘못도 없는데 선생님이 널 미워해서 혼내는 거야?', '혹시 수업 시간에 떠들어 선생님이 화난 것은 아닐까?'와 같은 질문으로 아이가 다른 원인을 생각해 볼 수 있도록 도와준다.

이런 과정을 통해 찾은 원인을 파이 조각에 쓰도록 한다. 물론 그 원인은 충분히 현실 가능한 것이어야 한다. 아이가 현실 가능한 이유를 말할 때마다 파이 조각을 나누어서 그 안에 이유를 적게 하면 된다. 파이를 최대한 많이 나누면 나눌수록 게임의 효과가 크다. 이 게임을 하다 보면 아이가 여러 가지로 원인을 생각해 보는 데 익숙해져 점점 더 많이 파이 조각을 나눌 수 있게 된다. 그만큼 비관적인 생각도 낙관적으로 바뀔 수 있다.

왜곡된 믿음을 반박하는 기술

오랫동안 왜곡된 믿음을 갖고 있던 아이라면 처음에는 반박의 증거를 잘 찾지 못한다. 오히려 자신의 믿음을 입증할 수 있는 증거를 많이 찾으려 든다. 사람은 자기도 모르게 자기 생각을 반박하는 것보다 지지하는 것에 눈을 돌리기 때문이다.

사람은 누구나 다른 사람이 자기를 비난하면 반박한다. 아이들도 마찬가지다. 엄마 대신 동생을 돌보느라 숙제를 못 했는데, 엄마가 "너 TV 보다가 숙제 못 했지?"라고 혼내면 바로 아니라며 반박한다. 하지만 스스로 자기에게 문제가 있다고 생각할 때는 그렇게 하지 못한다.

비관적인 생각에서 벗어나려면 자기 생각에 근거가 없거나 필요 이상으로 과장되었거나 틀렸다는 것을 스스로 깨달아야 한다. 그러기 위해서는 '자기 반박'을 할 수 있어야 한다. 자기 생각이 틀릴 수도 있다는 것을 인정하고 스스로 반박할 수 있는 증거를 찾아야 한다.

아이 혼자서 자기 반박 기술을 익히기는 어렵다. 부모의 도움이 필요하다. 'ABC'를 연습해 상황이 아니라 생각이 감정이나 결과에 영향을 미친다는 것만 알아도 낙관성을 키울 수 있지만 자기 반박 기술을 더하면 더욱 효과적으로 비관적인 생각에서 벗어날 수 있다.

'ABCDE'로 왜곡된 믿음에 반박하기

비관적인 아이들은 어떤 불행한 사건(A)을 겪었을 때 그 불행한 일을 당연하게 여기는 왜곡된 믿음(B)을 갖고 있다. 그리고 그 왜곡된 믿음 때문에 잘못된 결론(C)는 우울해하고 무기력해진다. 아이가 자신의 왜곡된 믿음에 효과적으로 반박할 수 있다면 아이는 활기를 되찾고 행복해질 수 있다.

A Adversity : 아이에게 닥친 불행한 사건

B Belief : 그 불행한 사건을 당연하게 여기는 왜곡된 믿음

C Consequence : 그 왜곡된 믿음을 바탕으로 내린 잘못된 결론

D Disputation : 왜곡된 믿음에 대한 반박

E Energization : 왜곡된 믿음을 정확하게 반박한 뒤에 얻은 활력을 뜻함

우빈이의 예를 통해 'ABC'를 반박했을 때 결과가 어떻게 달라지는지 알아보자.

중학교 1학년 우빈이는 기말고사가 끝나고 친구들과 놀이공원에 가기로 약속했다. 중학교에 입학한 후 새로운 환경에 적응하느라 제대로 놀지도 못했기 때문에 마음이 설렜다. 집에 돌아오자마자 들뜬 목소리로 "엄마 주말에 친구들

과 놀이공원에 가기로 했어요. 가도 되죠?"라고 말했는데, 엄마는 뜻밖에도 반대했다. 같이 가기로 한 친구들이 마음에 들지 않는다는 게 이유였다.

"놀이공원에 가는 건 괜찮은데, 다른 애들이랑 가면 안 되겠니? 애들이 좀 불량해서 엄마는 마음에 걸리는구나."

나쁜 친구들이 아니라고 아무리 말해도 소용이 없었다. 너무 화가 났다. 왜 엄마는 사사건건 트집을 잡고 하는 일마다 못 하게 하는지 이해할 수가 없었다. 엄마가 미워 미칠 것만 같았다. 어찌나 엄마가 미운지 당장 엄마 없는 곳으로 가출이라도 하고 싶은 심정이었다.

우빈이가 모처럼 친구들과 놀이공원을 가려고 했다가 엄마의 반대 때문에 못 가게 된 것은 불행한 사건(A)에 해당한다. 친구들이 마음에 안 든다고 못 가게 한 엄마의 처사에도 문제가 있지만, 하는 일마다 엄마가 사사건건 트집을 잡고 못 하게 한다고 생각하는 건 우빈이의 왜곡된 믿음(B)이라 할 수 있다. 자신을 믿지 못하고 무조건 엄마가 간섭만 한다고 생각하니 화가 나고 엄마가 미워지는 것은 당연하다(C). 왜곡된 믿음을 바꾸지 않는 한 우빈이의 화는 풀어지지 않을 것이다. 하지만 우빈이가 자기의 믿음을 반박할 수 있다면 얘기는 달라진다.

화가 나서 자기 방에 들어가 음악을 듣고 있는데 문득 이런 생각이 들었다.
'잘 알지도 못하면서 내 친구들을 불량한 친구로 생각하는 건 분명 엄마 잘못이야. 하지만 엄마가 사사건건 내가 하는 일을 반대했었나? 아니지. 지난주에 친구랑 영화 보러 가겠다고 했을 때는 흔쾌히 허락해 주셨어. 영화 끝나고 맛있는 거 사 먹으라고 용돈도 주셨잖아? 그런데 왜 이번에는 못 가게 하시는 걸까? 아! 전에 놀이공원 같이 가기로 했던 친구들이 우리 집에 놀러 왔을 때 욕하는 걸 엄마가 들었지? 엄마로선 나쁜 친구들이라고 생각할 수도 있었겠네.'

처음 생각처럼 엄마가 뭐든 못 하게 하는 것은 아니라는 증거를 찾고, 엄마가 친구들을 나쁘게 생각한 근거도 이해하게 되면서 우빈이는 마음이 많이 누그러졌다. 엄마에게 친구들이 나쁜 아이들이 아니라는 것을 잘 말씀드리면 놀이공원 가는 걸 허락받을지도 모른다는 생각을 하자 기분이 좋아졌다.

'ABCDE'를 좀 더 확실히 이해하기 위해 몇 가지 예를 더 들어 보자. 다음 예 중에서 예1과 예2는 앞에서 'ABC'를 설명하면서 소개했던 예이다. 'ABC'를 반박하면 어떻게 활기를 띠게 되는지 알 수 있다.

● 예①

불행한 사건(A) : 반 친구들이 모두 보는 앞에서 선생님이 나에게 고함을 치는 바람에 다들 웃음을 터뜨렸다.

왜곡된 믿음(B) : 선생님은 나를 미워한다. 그리고 이제 반 친구들이 모두 나를 바보로 생각한다.

잘못된 결론(C) : 나는 정말로 슬펐고 책상 밑으로 기어들어가고 싶었다.

반박(D) : 선생님이 나에게 고함을 쳤다고 해서 반드시 선생님이 나를 미워하는 것은 아니다. 선생님은 거의 모든 학생에게 고함을 친다. 그런데 선생님은 우리 반을 제일

만 3세부터 행복을 가르쳐라

좋아한다고 말씀하셨다. 내가 좀 멍청한 짓을 해서 선생님이 화를 내신 것 같다. 그러므로 이 일로 선생님을 탓하고 싶지 않다. 우리 반 친구들은 모두 적어도 한 번씩은 선생님께 혼이 났다. 그러니 친구들이 나를 바보로 여길 것으로 생각되지 않는다.

활기(E) : 심하게 꾸중을 들은 것 때문에 아직도 약간은 슬프지만, 전보다는 훨씬 덜했다. 그리고 이제는 책상 밑으로 기어들어가고 싶다는 마음이 사라졌다.

● **예②**

불행한 사건(A) : 나의 가장 친한 친구 미진이는 이제 영애가 자기의 가장 친한 친구라면서 앞으로는 학교 식당에서 내 옆이 아니라 영애 옆에 앉을 것이라고 말했다.

왜곡된 믿음(B) : 내가 그렇게 예쁘지 않기 때문에 미진이가 나를 더는 좋아하지 않는다. 영애는 웃긴 얘기도 잘하고 옷도 정말 예쁘게 입는다. 하지만 나는 웃기지도 못하고 옷도 촌스럽게 입는다. 만약 내가 아이들한테 좀 더 인기가 있었다면 틀림없이 미진이는 나를 가장 친한 친구로 생각했을 것이다. 이제 아무도 점심시간에 내 옆에 앉지 않을 것이다. 이제 모두 영애가 미진이의 가장 친한 친구라는 것을 알게 될 것이다.

잘못된 결론(C) : 식당에 가는 일이 두려웠다. 웃음거리가 되고 혼자 앉아 밥을 먹어야 하는 것이 싫었다. 그래서 배가 아프다고 꾀병을 부리면서 양호실에 가게 해달라고 선생님께 말했다. 내가 정말로 볼품없게 느껴졌으며 전학 가고 싶었다.

반박(D) : 영애는 정말로 좋은 아이다. 사실 미진이가 가장 친한 친구가 새로 생겼다고 말한 것은 이번이 처음이 아니다. 얼마 전에는 소영이가 가장 친한 친구라고 말했다. 내가 웃기는 얘기를 얼마나 잘하는가는 중요치 않다고 생각한다. 그리고 내 옷 스타일 때문에 미진이가 다른 친구에게 갔다고도 생각하지 않는다. 왜냐하면, 지난번에 미진이와 쇼핑몰에 함께 가서 둘이 똑같은 옷을 샀기 때문이다. 다만 미진이는 가장 친한 친구를 자주 바꾸는 것 같다. 친구가 미진이만 있는 것도 아니니 상관없다. 다른 친구들과 점심을 먹으면 된다.

활기(E) : 누구와 함께 점심을 먹어야 하는지에 대해 크게 걱정하지 않았다. 이제 내가 볼품없게 느껴지지도 않았다.

● 예③

불행한 사건(A) : 어제는 내 동생의 생일이었다. 엄마와 아빠는 동생에게 선물도 잔뜩 사 주고 엄청 큰 케이크를 사 주셨다. 그리고 나를 쳐다보지도 않으셨다.

왜곡된 믿음(B) : 엄마 아빠는 늘 동생만 좋아한다. 동생이 갖고 싶어 하는 것은 모두 다 사 주신다. 나는 안중에도 없다. 나는 엄마 아빠가 왜 나보다 동생을 더 좋아하시는지 알고 있다. 왜냐하면 동생이 나보다 공부를 잘하기 때문이다.

잘못된 결론(C) : 나는 정말로 슬프고 외로웠다. 엄마 아빠가 나에게 실망했다고 말할까 봐 겁이 났다.

반박(D) : 엄마 아빠가 동생에게 선물을 많이 사 준 건 사실이다. 동생 생일이었으니까 당연하다. 내 생일에도 엄마 아빠는 선물을 많이 사 주셨다. 오늘은 동생 생일이라 동생에게 더 많은 관심을 기울이셨는지 모른다. 하지만 그렇다고 해서 반드시 엄마 아빠가 동생을 더 좋아하는 것은 아니다. 오늘은 동생 생일이니까 동생이 특별하게

 만 3세부터 행복을 가르쳐라

느끼도록 애쓰신 것뿐이다. 내가 동생보다 공부를 못하는 건 사실이지만 엄마 아빠
는 성적 가지고 나를 혼낸 적이 한 번도 없다. 동생과 비교하지도 않는다.

활기(E) : 이제는 엄마 아빠가 나에게 실망할지도 모른다는 생각을 하지 않는다. 동생이 엄
마 아빠의 관심을 끈 것에 대해서도 기분이 나쁘지 않다. 내 생일에 동생도 똑같
은 기분을 느낄 것으로 생각하기 때문이다.

반박하는 데도 기술이 필요하다

왜곡된 믿음을 반박하는 데도 기술이 필요하다. 무조건 반박하라고 하면
어떻게 반박해야 하는지 몰라 아이가 당황할 뿐만 아니라 효과도 없다.

첫 번째 기술은 '증거 수집'이다. 우빈이의 경우 '엄마가 늘 하고 싶은 것
을 못 하게 한 것이 아니라는 증거'를 찾음으로써 왜곡된 믿음에 반박할 수 있
다. 왜곡된 믿음을 뒤집을 수 있는 증거가 명백할수록 반박하기가 쉬우므로
아이에게 충분한 시간을 주고 증거를 찾도록 한다.

오랫동안 왜곡된 믿음을 갖고 있던 아이라면 처음에는 반박의 증거를 잘
찾지 못한다. 오히려 자신의 믿음을 입증할 수 있는 증거를 많이 찾으려 든다.
사람은 자기도 모르게 자기 생각을 반박하는 것보다 지지하는 것에 눈을 돌
리기 때문이다. 이를 확증편향이라고 하는데, 확증편향에서 벗어나게 하려면
단순히 자신의 생각이 잘못되었음을 보여 주는 증거만 찾아서는 안 된다. 그
전에 자기 생각을 지지하는 모든 증거를 찾고 어떤 증거들이 자기 생각에 불
리하게 작용하는지 생각해 봐야 한다. 억지로라도 지지하는 증거와 반박하는
증거 모두를 찾다 보면 확증편향에서 벗어날 수 있다.

두 번째 필요한 기술은 다른 시각을 갖는 것이다. 다른 시각을 갖는다는 것은 어떤 일에 대한 해석을 달리하는 것과도 통한다. 예를 들어 답안지를 밀려 써 시험을 망쳤을 때 비관적인 아이는 대부분 '난 이제 끝장이야. 너무 시험을 못 봤기 때문에 다음에 아무리 시험을 잘 봐도 만회할 수 없어.'라고 생각한다. 하지만 '어쩌다 그런 큰 실수를 했을까? 좋은 경험이야. 이번 실수를 경험 삼아 다음부터는 시험 볼 때 좀 더 조심해야겠어.'라고 다른 시각으로 상황을 해석하면 기분이 한결 나아진다.

세 번째 기술은 탈 비극화이다. 비관적인 아이들은 나쁜 일이 생기면 습관처럼 '~면 어쩌지?'라는 생각을 한다. 축구를 하다 다리를 다쳤다면 '엄마가 다친다고 축구하지 말라 했는데, 혼나면 어쩌지?', '다리를 많이 다쳐 수술해야 하면 어쩌지?', '다리가 낫지 않아 영영 축구를 못 하게 되면 어쩌지?'와 같은 생각을 하면서 걱정한다.

'~면 어쩌지?'라는 생각에서 벗어나게 하려면 아이에게 앞으로 일어날 수 있는 최악의 시나리오가 무엇인지 물어봐야 한다. 그런 다음 실제로 그 일이 일어날 가능성이 얼마나 되는지를 물어보자. 또한 상상하는 최악의 상황이 벌어지면 상황을 개선하기 위해 어떤 일을 할 수 있는지도 물어보자. 그런 다음 앞으로 일어날 수 있는 최선의 시나리오를 물어보고 최악의 시나리오와 최선의 시나리오 중 어떤 상황이 실제로 일어날 가능성이 큰지 생각해 보도록 하자. 어떤 일이 생기든 아이들이 생각하는 최선 혹은 최악의 상황이 일어날 가능성은 거의 없다. 대개 최선과 최악 사이 어딘가에 해당하는 상황이 일어난다. 이런 연습을 통해 아이는 최악의 시나리오를 상상하며 걱정하는 습관을 조금씩 없앨 수 있다.

　마지막, 반박을 위해 필요한 기술은 공격 계획을 세우는 것이다. 일어날 수 있는 여러 가지 상황 중 실제로 일어날 가능성이 가장 큰 경우를 대비해 공격 계획을 세우는 것이다. 최악의 경우도 미리 대비하는 것이 좋다. 아주 드물지만 걱정한 대로 최악의 상황이 벌어질 수도 있으니까 말이다.

Part 05

트라우마를 이겨 낸 아이가 행복하게 자랄 수 있다

회복력이 외상 후 성장을 돕는다

조그마한 어려움에도 외상 후 스트레스 장애에 시달리다 삶을 포기하는 사람이 있는가 하면 도저히 감당할 수 없을 것 같은 커다란 역경을 겪고도 행복하고 성공적인 삶을 사는 사람이 있다. 이런 차이는 '회복력'이 만든다. 회복력은 역경 후 용수철처럼 움츠렸다 솟아오르는 탄력성을 갖고 있다.

2014년 4월 16일, 대한민국을 충격에 빠뜨린 사건이 발생했다. 476명을 태운 세월호가 침몰해 300명이 넘는 사람이 목숨을 잃었다. 사람의 힘으로 도저히 어쩔 수 없는 천재 天災였더라면 이렇게까지 온 국민이 비통해하고 절망에 빠지지 않았을지 모른다. 구조할 수 있는 시간이 1시간이나 있었음에도 그 많은 사람들이 바다에 수장되는 모습을 지켜보는 대한민국 국민도 큰 상처를 입었다. 지켜본 사람의 상처가 그 정도인데, 당사자들의 상처는 감히 짐작조차 못 할 정도로 클 것이다. 특히 그 배에 탔던 승객들 대부분이 어린 고등학생들이었기에 더욱 비통하다. 실제로 살아남은 학생들과 유가족 중 상당수가 트라우마에 의한 외상 후 스트레스 장애 post traumatic stress disorder, PTSD로 고통을 겪고 있고, 앞으로도 그럴 가능성이 크다.

외상 후 스트레스 장애는 사고, 자연재해, 실패, 고문, 전쟁 등과 같은 경험에서 비롯된 공포를 잊지 못하고 계속 떠올리며 고통 받는 정신적, 심리적 상태를 말한다. 이렇게 무서운 외상 후 스트레스 장애를 극복할 방법은 없을까? 긍정심리학의 회복력resilience을 이용하면 트라우마로 인한 외상 후 스트레스 장애를 이겨 낼 수 있다.

지피지기면 백전백승이다. 외상 후 스트레스 장애를 정확히 이해해야 왜 회복력이 외상 후 스트레스 장애를 극복하는 데 큰 도움이 되는지 알 수 있다. 큰 충격을 받았다고 다 외상 후 스트레스 장애라 진단하지는 않는다. 외상 후 스트레스 장애를 진단하는 데는 분명한 과학적 기준이 있다. 미국 정신의학회의 정신 질환 진단 및 통계 편람 제4판에 실린 외상 후 스트레스 장애의 최신 진단 기준은 다음과 같다.

Ⓐ 개인이 트라우마 사건에 노출된 적이 있다.

Ⓑ 그 트라우마 사건을 지속적으로 재체험한다.

Ⓒ 그 트라우마와 관련된 자극을 지속적으로 회피하고 일반적인 반응이 마비된다.

Ⓓ 지나친 흥분 증상들이 지속된다.

Ⓔ 심리적 혼란(기준 B, C, D의 증상들)이 1개월 이상 지속된다.

Ⓕ 심리적 혼란은 임상적으로 상당한 고통을 유발하거나 사회적, 직업적, 그 밖의 주요 영역에서 기능하는 것을 손상시킨다.

이 진단에서 가장 중요한 한 가지 기준은 그 증상들이 트라우마 사건 이전에는 결코 나타나지 않는다는 것이다.

많은 사람들이 외상 후 스트레스 장애는 기억하지만 외상 후 성장 post-traumatic growth, PTG 에 대해서는 아직 잘 모른다.

극심한 역경을 겪은 후, 상당히 많은 사람이 외상 후 스트레스 장애에 시달리면서 심각한 우울증과 불안증을 보이지만 모두가 그런 것은 아니다. 어떤 사람들은 그 사건이나 사고를 계기로 성장하기도 한다. '나를 죽이지 못한 것은 나를 더욱 강하게 만든다.'는 니체의 말처럼 장기적으로 보면 외상 후 성장을 보이는 이들의 심리적 기능 수준은 전보다 더욱 높아진다.

긍정심리학 창시자 마틴 셀리그만은 그의 책 『플로리시 flourish』에서 외상 후 성장을 위해서는 다섯 가지 요소가 필요하다고 했다.

그 첫 번째 요소는 트라우마를 제대로 이해해야 한다는 것이다. 보통 트라우마 사건을 접하면 자신, 타인, 미래에 대한 믿음이 산산이 부서진다. 극심한 우울과 절망감, 무기력함을 느끼는 건 트라우마 사건을 접한 뒤 대부분의 사람들에게 당연하게 나타나는 반응이다. 그러므로 자신에게 평생 고치지 못할 심리적, 정신적 결함이 생겼다고 믿어 버려서는 안 될 것이다. 트라우마를 제대로 이해한다는 것은 트라우마 후에 일반적으로 어떤 반응을 겪게 되는지를 객관적으로 이해한다는 것이다.

좀 더 풀어 이야기하자면, 슬픈 사건을 겪고 슬픔을 느끼는 것은 당연한 반응이며 그 슬픔이 나 자신의 결함이라고 여겨서는 안 된다는 말이다. 슬픈 사건을 겪은 후 슬픔을 당연한 것이 아니라 나의 결함으로 인식하는 순간 외상 후 스트레스 장애를 갖게 될 가능성이 높아진다.

외상 후 성장(PTG)을 위한 두 번째 요소는 불안감 감소다. 끔찍한 사고나 사건을 겪으면 이후에도 계속 그 사고나 사건에 대해 공포감을 느낀다. 시도 때도 없이 끔찍했던 그날의 기억이 떠오르고 사고 당시에 겪었던 고통을 재경험하게 된다. 아무리 생각하지 않으려 해도 소용이 없다. 그러나 다행히도 불쑥불쑥 떠오르는 생각과 이미지를 통제할 수 있는 방법이 있다. 긍정정서를 함양하고 확장 및 구축, 강점 발휘, 낙관성을 키우기 위한 낙관적 설명양식, 'ABC 확인하기' 등을 이용하면 고통스러운 기억과 이미지를 통제해 불안감을 줄일 수 있다.

세 번째 요소는 건설적인 자기 노출이다. 트라우마를 겪은 사람들은 대부분 트라우마를 부인하려 든다. 애초부터 그런 일이 일어나지 않은 것처럼 생각하고 행동하려 노력한다. 하지만 트라우마를 억지로 감추려 들면 심리적, 신체적 증상이 더 악화될 수 있다. 힘들더라도 트라우마 경험을 털어놓고 트라우마를 정면으로 바라보는 것이 트라우마를 극복하는 데 도움이 된다.

네 번째로 '트라우마 스토리텔링'도 외상 후 성장을 돕는다. 트라우마 스토리텔링은 자기가 겪은 트라우마를 차분하게 글로 적어 보는 것이다. 트라우마를 글로 쓰다 보면 트라우마를 통해 잃은 것만 있는 것이 아니라 얻은 것도 있다는 것을, 슬픈 일이 있으면 감사할 일도 있다는 것을, 약점이 있으면 강점도 있다는 것을 깨닫게 된다. 아이들로 하여금 그 사실을 쓰게 하면 된다. 그 후, 자신의 어떤 강점을 활용했는지, 인간관계가 어떻게 개선되었는지, 영적인 삶이 얼마나 강화되었는지, 삶에 얼마나 감사하게 되었는지, 어떤 새로운 문이 열렸는지 자세하게 서술하도록 한다. 머릿속으로 생각할 때는 거대하게 느껴졌던 문제들이 글로 옮긴 후 다시 보면 좀 더 간단해 보인다.

외상 후 성장을 위한 마지막 다섯 번째 요소는 도전에 더욱 강건하게 맞서는 전반적인 생활 신념과 실천적 태도를 명확하게 표현하는 것이다. 여기에는 이타적인 사람이 되기 위한 새로운 방법, 죄의식 없이 성장 받아들이기, 트라우마 생존자 또는 동정심이 풍부한 사람이라는 새로운 정체성 확립하기, 하데스Hades(죽음을 관장하고 지하 세계를 다스리는 신)에서 돌아온 후 인생을 사는 법에 대한 소중한 진실을 세상에 알린 그리스 신화 영웅들의 이상을 진지하게 받아들이기 등이 포함된다.

사람은 누구나 살아가면서 크고 작은 역경들과 마주친다. 인생을 결정하는 것은 이런 역경들이 아니라 역경에 대응하는 방식이다. 이순신 장군이 명량해전을 치를 때 '고작 13척밖에 남지 않은 배로 왜구를 물리칠 수 있을까?'라고 생각했다면 과연 승리할 수 있었을까? 13척의 배로 무려 10배가 넘는 133척의 왜구를 물리쳐야 하는 상황은 분명 역경 중의 역경이라 할 수 있다. 하지만 이순신 장군은 '우리에겐 아직 13척의 배가 남았다'고 생각했다. 결국 133척의 왜의 함대를 물리치고 대승을 거두었다.

조그마한 어려움에도 외상 후 스트레스 장애에 시달리다 삶을 포기하는 사람이 있는가 하면 도저히 감당할 수 없을 것 같은 커다란 역경을 겪고도 행복하고 성공적인 삶을 사는 사람이 있다. 이런 차이는 '회복력'이 만든다. 회복력은 역경 후 용수철처럼 움츠렸다 솟아오르는 탄력성을 갖고 있다. 친밀하고 지속적인 인간관계, 소통, 직장에서의 성공, 신체 건강, 역경 극복 등 행복하고 성공한 삶을 좌우하는 것은 회복력, 즉 역경에 효과적으로 끈질기게 대응하는 능력이다. 회복력은 역경을 극복하는 힘이고, 내면의 심리적 근육을 단련시켜 주는 도구이다. 우리는 지금까지 회복력을 너무 간과한 경향이 있다.

이 장은 어떻게 하면 아이의 회복력을 강화할 수 있는가 다룰 것이다. 많은 사람이 긍정적으로 사고하면 회복력이 높아질 것으로 생각한다. 아주 틀린 이야기는 아니지만 무조건적인 긍정과 낙관은 문제의 본질을 정확하게 판단하지 못하게 하는 경우도 많다. 무조건적인 긍정보다는 유연하고 정확한 사고가 우선이라는 것을 기억하고 여기서 제시한 방법을 잘 활용해 아이들의 회복력을 높여 보자.

역경을 극복하는 회복력을 키워라

역경을 이겨 낸 사람들은 역경을 통해 자신에 대한 믿음을 키우면서 기꺼이 새로운 경험과 세계를 받아들인다. 어떤 새롭고 낯선 상황에서도 자신이 넘어서고 이겨 낼 수 있다는 믿음이 있기 때문에 얼마간의 위험 또한 감수하고 받아들인다.

우리는 누구나 역경에 부딪힌다. 어른, 아이 할 것 없이 누구라도 역경을 극복해 내기란 쉽지 않다. 그래서인지 역경을 극복하는 데 집중하기보다 역경으로 인해 안게 된 상처를 타인에게 호소하는 경우가 많다. 이는 회복력이 약하기 때문에 벌어지는 현상이다. 회복력이 역경을 극복하는 데 도움을 준다는 사실을 모르고 있기 때문에 회복력의 도구를 활용하지 못하는 것이다. 사람들은 보통 네 가지 차원에서 회복력을 활용한다.

첫째, '역경 이겨 내기'다. 가족 해체, 죽음, 가난, 정서적 방임, 신체적 학대 등 아동기나 청소년기에 겪은 역경을 뒤늦게 극복해야 하는 사람들이 있다. 어른이 되어서도 어린 시절의 상처는 잘 지워지지 않는다. 어릴수록 상처에 취약하고 그 상처를 다룰 수 있는 방법에 있어서도 취약하기 때문일 것이다.

오래된 상처를 극복하거나 아이들이 상처를 간직한 채 어른으로 자라지 않게 하기 위해 회복력은 활용될 수 있다.

둘째는 '헤쳐 나가기' 위해 회복력을 활용한다. 친구나 가족과의 말다툼, 직장 상사와의 갈등, 예기치 못한 지출 등 매일 닥치는 역경을 헤쳐 나가는 데 회복력이 필요하다. 살다 보면 스트레스와 짜증스러운 사건이 끊이지 않는다. 하지만 회복력을 지닌 사람은 일상적인 역경에 굴하지 않고, 위기에서 쉽게 빠져나온다.

셋째, '딛고 일어서기' 위해 회복력이 필요하다. 성인기에 들어서면 거의 모든 사람이 커다란 좌절을 경험하며 삶을 뒤흔드는 혼란스럽고 충격적인 사건을 겪기 마련이다. 어떤 사람에게는 실직이나 이혼이 닥치고, 어떤 사람은 부모나 자녀의 죽음에 맞닥뜨린다. 회복력을 가진 사람은 무기력하게 포기하지 않는다. 활력을 되찾아 다시 앞으로 나아갈 방법을 찾는다.

넷째, '적극적으로 도전하기' 위해서도 회복력이 중요하다. 스스로 보호하고 방어하려는 욕구를 초월하여 더욱 높은 차원에 도달하기 위해 회복력을 활용한다. 인생의 의미와 목적을 찾아내고 새로운 경험과 도전을 흔쾌히 받아들이는 것을 목표로 삼은 사람들이 있다. 그들은 회복력을 활용하여 더 적극적으로 도전하고 더 멀리 뻗어 나가 자신이 성취하고 싶은 것을 성취해 낸다.

회복력은 이처럼 하나의 능력이 아니라 여러 가지 능력으로 이루어진다. 낙관성도 회복력이 높은 사람의 특징 가운데 하나다. 캐런 레이비치와 앤드류 샤테가 오랜 연구 끝에 알아낸 사실이 있다. 회복력이 높은 사람은 ① 감정 조절, ② 충동 통제, ③ 낙관성, ④ 원인 분석, ⑤ 공감, ⑥ 자기 효능감, ⑦ 적극적도전(뻗어 나가기)의 일곱 가지 능력을 활용해 역경에 대처해 나간다는 것이다.

이 일곱 가지 능력은 측정할 수 있고 학습할 수 있으며 개선할 수도 있다. 그래서 희망적이다. 지금껏 회복력이 낮았더라도 노력하면 얼마든지 회복력을 높일 수 있기 때문이다. 먼저 아이의 회복력 지수를 측정하고 아이가 7가지 회복력 능력을 어느 정도로 갖추고 있는지 알아보자. 이 회복력 지수RQ, Resilience Quotient 검사는 가장 권위 있는 회복력 지수 검사 방법으로써 성인용으로 만들어진 것이다. 아이들이 쉽게 이해 할 수 있게 내용을 수정했다. 10세 미만 아이들은 부모들이 도와주는 것이 좋다.

회복력 지수 테스트(RQ Test)

회복력 지수RQ, Resilience Quotient 검사는 모두 56개 문항이다. 문항에 답할 때 너무 오래 고심하게 하지 말자. 처음부터 끝까지 10분 정도에 마쳐야 한다. 각 문항이 본인과 얼마나 일치하는지 다음 척도에 따라 대답하도록 하자.

1. 문제를 해결하려고 노력할 때 나는 즉각적인 생각을 믿으며 처음 떠오른 해결책을 적용

한다.

2. 미리 계획한 대화를 나눌 때도 나는 언제나 감정적으로 대응한다.

3. 앞으로 내 건강이 걱정스럽다.

4. 당면한 과제에 집중하지 못하도록 방해하는 것이 있다면 그 어떤 것도 능숙하게 차단

한다.

5. 첫 번째 해결책이 효과가 없으면 원점으로 돌아가서 문제가 해결될 때까지 다른 해결

책을 끊임없이 시도한다.

6. 호기심이 많다.

7. 과제에 집중하게 도와줄 긍정정서를 활용하지 못한다.

8. 새로운 것을 시도하기 좋아한다.

9. 도전적이고 어려운 일보다는 자신 있고 쉬운 일을 하는 것이 더 좋다.

10. 사람들의 표정을 보면 그가 어떤 감정을 느끼는지 알아차린다.

11. 일이 잘 안 풀리면 포기한다.

12. 문제가 생기면 여러 가지 해결책을 찾은 후 문제를 해결하려고 노력한다.

13. 역경에 처할 때 감정을 통제할 수 있다.

14. 나에 대한 다른 사람들 생각은 내 행동에 영향을 미치지 못한다.

15. 문제가 일어나는 순간, 맨 처음에 떠오르는 생각이 무엇인지 알고 있다.

16. 내가 유일한 책임자가 아닌 상황이 가장 편안하다.

17. 내 능력보다 타인의 능력에 의지할 수 있는 상황을 선호한다.

18. 언제나 문제를 해결할 수는 없지만 해결할 수 있다고 믿는 것이 더 낫다.

19. 문제가 일어나면 문제의 원인부터 철저히 파악한 후 해결을 시도한다.

20. 학교나 집에서 나는 내 문제 해결 능력을 의심한다.

21. 내가 통제할 수 없는 것들에 대해 깊이 생각하는 데 시간을 허비하지 않는다.

22. 변함없는 단순한 일상적인 일을 하는 것을 좋아한다.

23. 내 감정에 휩쓸린다.

24. 사람들이 느끼는 감정의 원인을 간파하지 못한다.

25. 내가 어떤 생각을 하고 그것이 내 감정에 어떤 영향을 미치는지 잘 파악한다.

26. 누군가에게 화가 나도 일단 마음을 진정하고 그것에 관해 대화할 알맞은 순간까지 기다릴 수 있다.

27. 어떤 문제에 누군가 과잉 반응을 하면 그 날 그 사람이 단지 기분이 나빠서 그런 거라고 생각한다.

28. 나는 대부분의 일을 잘 해낼 것이다.

29. 친구들은 문제 해결에 도움을 얻으려고 자주 나를 찾는다.

30. 사람들이 특정 방식으로 대응하는 이유를 간파하지 못한다.

31. 내 감정은 가정, 학교에서의 집중력에 영향을 미친다.

32. 힘든 일에는 언제나 보상이 따른다.

33. 과제를 마친 후 부정적인 평가를 받을까 봐 걱정한다.

34. 누군가 슬퍼하거나 분노하거나 당황할 때 그 사람이 어떤 생각을 하고 있는지 정확히 알고 있다.

35. 새로운 도전을 좋아하지 않는다.

36. 공부, 놀이, 용돈과 관련된 것은 미리 계획하지 않는다.

37. 친구가 흥분할 때 그 원인을 꽤 정확하게 알아차린다.

38. 어떤 일이든 미리 계획하기보다는 즉흥적으로 하는 것을 좋아한다. 그것이 별로 효과

　　적이지 않아도 그렇다.

39. 대부분의 문제는 내가 통제할 수 없는 상황 때문에 일어난다.

40. 도전은 나 자신이 성장하고 배우는 한 가지 방법이다.

41. 내가 사건과 상황을 오해하고 있다는 말을 들은 적이 있다.

42. 누군가 내게 화를 내면 대응하기 전에 그의 말을 귀 기울여 듣는다.

43. 내 미래에 대해 생각할 때 성공한 내 모습이 상상되지 않는다.

44. 문제가 일어날 때 내가 신중을 기하지 않고 서둘러 판단한다는 말을 들은 적이 있다.

45. 새로운 사람들을 만나는 것이 불편하다.

46. 책이나 영화에 쉽게 몰입한다.

47. '예방하는 것이 치료보다 낫다'는 속담을 믿는다.

48. 거의 모든 상황에서 문제의 진짜 원인을 잘 파악한다.

49. 훌륭한 대처 기술을 갖고 있으며 대부분의 문제에 잘 대응한다.

50. 형제(자매)들이나 가까운 친구들은 내가 그들을 이해하지 못한다고 말한다.

51. 매일 똑같은 일을 처리할 때 가장 편안하다.

52. 문제를 충분히 파악하지 못하더라도 문제는 최대한 빨리 해결하는 것이 중요하다.

53. 어려운 상황에 처할 때 나는 그것이 잘 해결될 거라고 자신한다.

54. 형제(자매)들이나 친구들은 내가 그들 말을 경청하지 않는다고 말한다.

55. 어떤 것이 갖고 싶으면 즉시 나가서 그것을 산다.

56. 친구들이나 가족과 '중요한' 주제에 대해 의논할 때 감정을 자제할 수 있다.

그렇다면 회복력을 구성하는 일곱 가지 능력은 무엇인가. 하나하나 구체적으로 살펴보자.

감정 조절 능력

감정 조절은 스트레스 아래에서 평온을 유지하는 능력이다. 감정을 조절하지 못하는 사람은 주변 사람들을 지치게 할 뿐만 아니라 공동 작업을 어렵게 한다. 스트레스를 더 많이 받고 역경에도 취약할 수밖에 없다. 하지만 회복력이 높은 사람은 여러 가지 기술을 활용해 자신의 감정, 집중력, 행동을 통제한다. 그래서 역경이 닥쳤을 때 자신의 감정을 조절해 평온을 유지하고 문제를 해결할 방법을 모색할 수 있다. 물론 모든 감정을 통제해야 하는 건 아니다. 오히려 슬픔, 우울함 등 감정은 솔직하게 표현하는 것이 건설적이고 생산적이다. 슬픔을 꾹꾹 눌러 참는 것보다는 속 시원히 울고 나면 한 발 뒤로 물러나 상황을 객관적으로 볼 수 있는 여유가 생긴다. 감정을 건강하게 표현하는 건 회복력을 높이는 방법이다. 감정 조절 능력이 부족한 사람은 'ABC 확인하기'를 하면 도움이 된다. 자신에게 어떤 왜곡된 믿음이 있는지를 알면 감정 조절이 쉬워진다. 회복력 지수 테스트에서 문항별로 나왔던 점수들을 기입해 보자.

감정 조절 능력 테스트

문항 13 _______   문항 25 _______   문항 26 _______   문항 56 _______

   만 3세부터 행복을 가르쳐라

긍정성 문항 총점은 위 문항의 점수를 합한 것이다. ______

문항 2 ______   **문항 7** ______   **문항 23** ______   **문항 31** ______

부정성 문항 총점은 위 문항의 점수를 합한 것이다.

긍정성 문항 총점에서 부정성 문항 총점을 뺀 것이 아이의 감정 조절 능력 점수이다. 13점이 초과하는 점수는 평균 이상이고, 6점에서 13점까지는 평균이다. 6점 미만은 평균 이하다.

충동 통제 능력

충동을 통제할 수 있는 능력이 있는 사람들은 대체로 회복력이 높다. 대니얼 골먼 박사는 충동 통제 능력이 인생에 어떤 영향을 주는지 알아보기 위해 마시멜로 연구를 한 적이 있다. 아이들을 방으로 한 명씩 데려간 후 연구자가 아이들에게 마시멜로를 하나씩 주었는데, 지금 먹어도 되지만 자신이 잠깐 나갔다 돌아올 때까지 먹지 않고 기다리면 하나를 더 주겠다고 했다. 15년 후 그 아이들을 추적 조사한 결과, 마시멜로를 하나 더 받으려고 기다린 아이들이 교우 관계도 더 좋았고, 성적도 좋은 것으로 나타났다. 이는 충동 통제 능력이 있는 아이들이 역경이 닥쳤을 때 충동적으로 대응하지 않는다는 것을 입증하는 결과이기도 하다. 시험공부를 하는 동안은 함께 놀자는 친구의 유혹을 참아 낼 수 있었고, 친구와 갈등이 생겨도 관계가 악화되는 극단적 상황을 만들지 않았다.

충동 통제 능력은 감정 조절 능력과 밀접한 관련이 있다. 감정을 조절할 수 있다는 건 그만큼 충동적으로 행동하는 일이 적다는 것이기도 하다. 실직했을 때 대부분 부정적인 생각이 떠오르고 자신은 아무짝에도 쓸모없는 사람이라고 비관하기 쉽다. 이럴 때 감정을 조절할 수 있는 사람은 감정에 휩쓸리지 않고 새로운 수단을 취해 나가겠지만, 그렇지 않은 사람은 술독에 빠져 살거나 방황하게 된다. 역경에 대처하는 능력을 키우려면 충동을 통제할 수 있어야 한다. 충동 통제 능력이 부족한 사람은 'ABC 확인하기'와 '사고의 함정 피하기'를 통해 충동적인 믿음과 그 믿음이 회복력을 어떻게 훼손시키는지를 간파하는 것이 중요하다. 그런 다음 '반박하기'를 하면 충동 통제 능력을 향상하고 정확하게 사고할 수 있다. 정확한 사고는 감정 조절 능력을 높이고 회복력을 높여서 탄력적인 행동을 하게 돕는다.

충동 통제 능력 테스트

문항 **4** ______ 문항 **15** ______ 문항 **42** ______ 문항 **47** ______

긍정성 문항 총점은 위 문항의 점수를 합한 것이다. ______

문항 **11** ______ 문항 **36** ______ 문항 **38** ______ 문항 **55** ______

부정성 문항 총점은 위 문항의 점수를 합한 것이다. ______

긍정성 문항 총점에서 부정성 문항 총점을 뺀 것이 아이의 충동 통제 능력 점수이다. 0점이 초과하는 점수는 평균 이상이고, -6점에서 0점까지는 평균, -6점 미만은 평균 이하다.

 만 3세부터 행복을 가르쳐라

낙관성 능력

낙관적인 사람은 고통을 지나가는 것이라고 생각한다. 곧 다시 좋아질 것이라 기대하기 때문에 미래에 대해 희망을 품는다. 또 자신이 인생의 방향을 어느 정도 통제하고 있다고 믿는다. 그래서 역경도 자신이 통제하고 극복할 수 있다고 믿는다. 그래서 회복력이 높은 사람은 낙관적이다. 이런 낙관성이 자기 효능감과 결합하면 스스로 동기를 부여해 해결책을 찾아낸다. 자기 효능감은 자신이 문제를 해결할 수 있다는 확고한 믿음이다. 만약 아이가 주어진 어떤 일을 스스로 해낼 수 없다고 하거나, 문제를 어떻게 해결해야 할지 모르겠다고 한다면, 낙관성을 키워 주어야 한다. 낙관성이 낮은 사람은 '반박하기'와 '진상 파악하기'를 통해 통제 가능한 요인을 장악할 수 있다.

낙관성 능력 테스트

문항 **18** _______   문항 **27** _______   문항 **32** _______   문항 **53** _______

긍정성 문항 총점은 위 문항의 점수를 합한 것이다. _______

문항 **3** _______   문항 **33** _______   문항 **39** _______   문항 **43** _______

부정성 문항 총점은 위 문항의 점수를 합한 것이다. _______

긍정성 문항 총점에서 부정성 문항 총점을 뺀 것이 아이의 낙관성 능력 점수이다. 6점이 초과하는 점수는 평균 이상이고, -2점에서 6점까지는 평균이다. -2점 미만은 평균 이하다.

원인 분석 능력

역경에 부딪혔을 때 우울하고 슬픈 감정에 휩싸이게 되면 정확한 판단을 내리기 어렵다. 실제로 이런 상황에 직면한 95%의 사람들이 잘못된 사고를 하게 된다고 한다.

예를 들면 회사가 어려워 구조조정을 당한 것인데 자신이 무능력해 해고를 당한 것으로 생각하는 것이다. 해고당한 원인을 사실과는 전혀 다른 엉뚱한 곳에서 찾는 것이다. 그래서 원인 분석 능력은 회복력의 능력 가운데서도 특히 중요하다.

원인 분석은 문제의 원인을 정확하게 분석하는 능력으로 낙관성과 연관되어 있다. 여기에는 어떤 일에 대한 개인의 설명양식이 중요하다. 비관적인 사람들은 '내 탓, 항상, 전부'의 설명양식을 가지고 있는데, 문제의 원인이 나에게 있고 나는 원래 그런 사람이며 이런 문제들은 지속적으로 반복될 것이며 변할 수 없는 것이라 생각한다. 그렇기 때문에 자기 삶이 파괴될 것이라는 잘못된 믿음을 갖고 있다. 만약 아이가 비관적인 속성이 있다면 역경이 닥쳤을 때 감정에 휩싸여 잘못된 사고를 할 가능성이 높다. 이런 사람은 원인 분석 습관을 바꿔야 한다. 원인 분석 능력이 낮은 사람은 낙관성과 마찬가지로 '반박하기'를 통해 원인 분석 능력을 향상시킬 수 있다.

원인 분석 능력 테스트

문항 ⑫ ＿＿＿＿　　　문항 ⑲ ＿＿＿＿　　　문항 ㉑ ＿＿＿＿　　　문항 ㊽ ＿＿＿＿

긍정성 문항 총점은 위 문항의 점수를 합한 것이다. ＿＿＿＿

문항 **①** _____   문항 **④①** _____   문항 **④④** _____   문항 **⑤②** _____

부정성 문항 총점은 위 문항의 점수를 합한 것이다. _____

긍정성 문항 총점에서 부정성 문항 총점을 뺀 것이 아이의 원인 분석 능력 점수이다. 8점이 초과하는 점수는 평균 이상이고, 0점에서 8점까지는 평균이다. 0점 미만은 평균 이하다.

공감 능력

공감 능력이란 특정 상황에 부닥친 다른 사람의 행동과 마음을 이해해 주는 능력이다. 공감 능력이 뛰어난 사람은 학교나 직장에서 사람들의 신뢰를 얻고 어려움에 부닥쳤을 때 주변 친구들이 그를 도울 가능성이 많다. 그래서 사회적 관계를 잘 맺고 친밀하게 유지한다. 설사 상대방의 의견에 찬성하지 않는다고 해도 상대방을 이해해 주기 때문에 적보다 친구가 더 많다.

폭력, 성폭행, 살인 등의 범죄자들은 공감 능력이 부족하다. 타인의 고통을 공감하지 못하는 것이다. 특히 싸움이 일어나는 원인의 대다수는 서로의 생각에 공감하지 못하기 때문인데, 그래서 공감 능력은 모든 인간관계의 기본이 된다. 만약 아이가 친구들과 의견 충돌이 잦거나, 친구의 행동을 이해하지 못한다면 공감 능력을 키워 주어야 한다. 회복력을 떠나 그래야만 좋은 인간관계를 맺을 수 있다. 공감 능력이 낮은 사람은 'ABC 확인하기'를 통해 스스로 동기 부여하는 방법을 배울 수 있으며, 다른 사람과 상호 작용하는 방법도 배울 수 있다.

공감 능력 테스트

문항 **10** _______   문항 **34** _______   문항 **37** _______   문항 **46** _______

긍정성 문항 총점은 위 문항의 점수를 합한 것이다. _______

다음 문항의 점수를 적어라.

문항 **24** _______   문항 **30** _______   문항 **50** _______   문항 **54** _______

부정성 문항 총점은 위 문항의 점수를 합한 것이다. _______

긍정성 문항 총점에서 부정성 문항 총점을 뺀 것이 아이의 공감 능력 점수이다. 12점이 초과하는 점수는 평균 이상이고, 3점에서 12점까지는 평균이다. 3점 미만은 평균 이하다.

자기 효능감

회복력이 높은 사람은 일반적으로 자기 효능감이 높은 편이다. 그래서 본인의 의지대로 인생을 살아가면서 스스로 행동을 제어하고 자기 운명을 개척할 수 있다. 자기 효능감이 낮으면 어떤 문제에 직면했을 때 자신이 그 일을 해낼 수 없다고 생각하고 성취감도 더디다. 자신의 능력을 의심하거나 믿지 못하면 좌절하고 불안할 수밖에 없다. 그래서 회피할 가능성이 높다. 하지만 자기 효능감을 키우면 자신감과 자기 통제력이 커지면서 실제로 실패를 덜 겪게 해 준다. 자기 효능감을 키울 수 있는 가장 좋은 방법은 큰 성공도 좋지만, '작은 성공'을 '자주' 경험하는 것이다. 이런 습관을 통해 자신도 얼마든지 해낼 수 있다는 믿음과 자신감을 가질 수 있다. 자기 효능감이 낮은 사람은 '사고의 함정 피하기'를 통해 문제의 원인에 대한 불합리한 믿음을 떨쳐 내고, '반박하기'를 통해 문제를 더 확실하게 해결할 수 있다.

자기 효능감 테스트

문항 **5** _____ 문항 **28** _____ 문항 **29** _____ 문항 **49** _____

긍정성 문항 총점은 위 문항의 점수를 합한 것이다. _____

문항 **9** _____ 문항 **17** _____ 문항 **20** _____ 문항 **22** _____

부정성 문항 총점은 위 문항의 점수를 합한 것이다. _____

긍정성 문항 총점에서 부정성 문항 총점을 뺀 것이 아이의 효능감 점수이다. 10점이 초과하는 점수는 평균 이상이고, 6점에서 10점까지는 평균이다. 6점 미만은 평균 이하다.

적극 도전하기 능력

익숙해진 일상을 반복할 뿐 새로운 도전을 하지 못하는 사람들은 대체로 회복력이 약하다. 어떤 도전을 과감히 받아들이지 못하는 건 실은 실패할지도 모른다는 두려움 때문이다. 자신의 진짜 한계와 맞닥뜨릴지 모른다는 불안함 때문이다. 하지만 역경을 이겨 낸 사람들은 역경을 통해 자신에 대한 믿음을 키우면서 기꺼이 새로운 경험과 세계를 받아들인다. 어떤 새롭고 낯선 상황에서도 자신이 넘어서고 이겨 낼 수 있다는 믿음이 있기 때문에 얼마간의 위험 또한 감수하고 받아들인다. 이처럼 실패를 두려워하지 않고 새로운 세계에 도전하는 것이 '적극 도전하기 능력'이다.

적극 도전하기 능력이 부족한 사람은 타인과의 친밀한 관계 형성을 방해하고 새로운 경험을 시도하지 못하게 가로막는 어떤 뿌리 깊은 믿음을 갖고 있다. '반박하기'를 통해 불합리한 믿음을 검증하고, '진상 파악하기'를 통해 뻗어 나가기에 대한 두려움을 떨쳐 낼 수 있다.

적극 도전하기 테스트

문항 **6** _____   문항 **8** _____   문항 **14** _____   문항 **40** _____

긍정성 문항 총점은 위 문항의 점수를 합한 것이다. _____
다음 문항의 점수를 적어라.

문항 **16** _____   문항 **35** _____   문항 **45** _____   문항 **51** _____

부정성 문항 총점은 위 문항의 점수를 합한 것이다. _____

긍정성 문항 총점에서 부정성 문항 총점을 뺀 것이 아이의 적극 도전하기 능력 점수이다. 9점이 초과하는 점수는 평균 이상이고, 4점에서 9점까지는 평균이다. 4점 미만은 평균 이하다.

재능보다 노력, 결과보다 과정을 칭찬해라

아이들에게 필요한 건 자신의 노력에 따라 달라질 수 있다고 믿는 성장 마인드이다. 성장 마인드를 갖는 것은 회복력을 키우는 출발점이다.

부모는 아이가 고난이나 역경에 부딪혔을 때 스스로 헤쳐 나가기를 바란다. 다른 사람의 도움 없이 스스로 역경을 극복할 수 있어야 진정한 행복을 만들 수 있기 때문이다. 그래서 영국에서는 만 3세부터 행복을 가르친다. 일찍부터 스스로 역경을 극복하는 방법을 알려 주는 것이 좋다는 것이다.

아이의 회복력을 키워 주는 방법은 여러 가지가 있지만, 그 모든 방법을 가르친다 한들 부모의 양육 방법에 문제가 있다면 아이의 회복력이 자라는 데 한계가 있다. 꼭 회복력과 직접적인 관련이 없더라도 평상시 부모의 양육 방법은 아이의 회복력에 알게 모르게 많은 영향을 끼친다. 회복력을 키워 주기 위해 부모가 꼭 알아 두어야 할 양육 방법을 알아보도록 하자.

아영이는 언어를 습득하는 데 남다른 재능을 갖고 있다. 돌이 지나기 전부터 못하는 말이 없더니 유치원에서 영어를 배운 후 영어까지 술술 잘했다. 중학교에 들어서서는 일본어를 배웠는데 이 또한 아영이게는 어렵지 않았다. 그런데 이상하게 수학은 못했다. 공부를 안 하는 것도 아닌데 시험만 보면 성적이 평균 이하였다. 그런 아영이를 보면서 엄마는 "우리 아영이는 언어에는 소질이 있는데 수학에는 영 소질이 없나 봐."라는 말을 종종 했다. 부모라면 누구나 한 번쯤 이와 비슷한 말을 한 적이 있을 것이다.

아영이 엄마는 노력보다는 타고난 소질이나 재능이 성공을 좌우한다고 믿는 부모였다. 이런 믿음은 아이에게 고스란히 전달된다.

문제는 소질이나 재능이 성공의 요인이라 생각하는 아이들은 대체로 회복력이 약하다는 데 있다. 자기의 능력이 뛰어나든, 부족하든 그 능력은 고정된 것이라 믿고 앞으로도 변하지 않을 것으로 생각한다. 그래서 이미 인정받은 능력을 지키기 위해, 혹은 해 봤자 안 될 거라는 생각에 도전을 회피하는 경우가 많다. 실제 아영이는 수학에 재능이 없으므로 해 봤자 수학 실력이 늘지 않을 거라 생각하고 일찌감치 수포자(수학 포기자)의 길로 들어섰다.

심리학자인 캐롤 드웩은 사람들은 크게 두 가지 방식으로 마인드를 세팅한다고 한다. 하나는 재능이나 성격은 절대 변하지 않는다고 믿는 믿음이고, 다른 하나는 성공은 소질보다 노력의 결과물이라고 믿는 마인드다. 고착된 마인드를 가진 아이는 실패했을 때 재능이 없다고 생각해 좌절하기 쉽다. 타고

만 3세부터 행복을 가르쳐라

난 소질을 바꾸기 어렵다고 생각하며 노력해 볼 시도조차 안 한다. 반면 지적 능력이나 운동 실력이 자신의 노력을 통해 얻어진다고 생각하는 아이들은 다르다. 성장 마인드를 가진 아이는 실패했을 때 '이번에는 노력을 덜 했어. 다음번에는 더 노력해야지.'라고 생각한다.

아이들에게 필요한 건 자신의 노력에 따라 달라질 수 있다고 믿는 성장 마인드이다. 성장 마인드를 갖는 것은 회복력을 키우는 출발점이다. 물론 '너는 음악에 소질이 있구나!'와 같은 칭찬도 아이들에게 동기를 유발한다. 하지만 소질이 있더라도 노력하지 않으면 성공할 수 없다는 것을 분명히 이야기해 줄 필요가 있다. 소질만 칭찬하고 끝나면 자칫 아이들에게 과정과 노력이 덜 중요하다는 인식을 심어 줄 수 있기 때문이다.

실제로 지난 30년 동안의 연구 결과, '성공이 타고난 재능 때문에 가능하다'고 생각하는 부모 밑에서 자란 아이들은 '타고난 재능이 없는 사람들만 노력하는 것'이라고 생각한다고 한다. 타고난 재능만 믿는 아이들이 열정적이고 적극적으로 삶에 도전할 리 만무하다. 성장 마인드를 지닌 사람들은 실패나 패배에서 오히려 발전의 실마리를 찾는다. 자신의 분야에서 성공한 사람들 대다수가 노력가인 것도 그 때문이다.

새로운 것을 배우거나 성취하려고 할 때는 반드시 땀 흘려 공부하는 노력이 필요하다는 걸 가르쳐야 한다. '네가 이기든 지든 그것보다 더 중요한 건 노력하는 거야.'라고 말해 주자. 칭찬할 때도 결과보다는 과정을 칭찬해야 한다. 아이의 노력이나 자세 같은 것 말이다. 좋은 결과보다 노력했던 자세를 칭찬하고, 좋지 않은 결과보다 노력하지 않았던 자세를 지적해야 한다. 그러면 아이는 자신의 노력에 따라 결과가 바뀔 수 있다는 성장 마인드를 지니게 될 것이다. 아이가 성장 마인드를 가지면 회복력은 자연스럽게 자란다.

실패에 대한 걱정보다 흥미에 대한 관심이 필요하다

아이가 실패하지 않도록 보호하는 것보다 흥미를 가질 수 있도록 해 주면 스스로 그 실패를 넘어서 더 높은 단계로 도약한다. 자신의 실패를 받아들이고 교훈을 얻으면서 아이의 회복력은 강해진다.

아이도 아이의 세계 안에서 크고 작은 실패를 경험한다. 달리기 시합에서 꼴등을 하게 되기도 하고, 준비물을 챙겨오지 못해 선생님께 야단을 맞을 때도 있다. 친구들은 모두 잠자리를 잡았지만 혼자만 못 잡아 시무룩하기도 하고 축구시합에서 한 골도 넣지 못해 속상할 때도 있다. 그러나 잦은 실패 경험이 아이를 위축되게 만드는 것이 아니라 부모의 반응이 아이를 위축되게 만들기도 한다는 것을 이해하자. 부모가 보이는 반응에 따라 아이의 회복력은 달라진다.

노골적으로 아이의 실패를 나무라거나 겉으로는 "괜찮아, 다음번에 잘하면 돼."라고 말하면서 속으로는 속상해하고 걱정하지 않았는지 생각해 보자. 많은 부모가 아이의 실패를 두려워한다. 실패보다는 성공의 경험이 아이를 더 성장시킬 수 있다고 믿는다.

그래서 말로는 '괜찮다'고 하면서 속으로는 아이가 계속 실패해 패배자가 되면 어쩌나 걱정한다. 아이의 실패가 두려워 아이가 마땅히 해야 할 일을 부모가 대신해 주기도 한다.

물론 가능한 실패를 맛보지 않고 무난하게 자라주기를 바라는 게 모든 부모의 마음이다. 실패해서 기분 좋은 사람은 없다.

하지만 실패가 꼭 아픈 상처이기만 한 것은 아니다. 실패를 통해 성공의 교훈을 얻을 수도 있고, 실패를 되풀이하지 않으려고 노력하다보면 실력이 쌓이기도 한다.

물리학자 보어는 전문가를 '아주 작은 영역에서 할 수 있는 모든 실수를 한 사람'이라고 표현했다. 그만큼 전문가는 실패에 익숙한 사람들이며, 그 과정을 빠르게 극복한 사람들이라는 얘기다.

실패가 두려워 실패할 가능성이 있는 일에 도전하지 못 하게 하거나 경쟁에서 무조건 이길 수 있도록 아이를 돕는 것은 명백히 아이의 성장을 방해하는 일이다.

청결에 지나치게 신경 쓰는 부모 밑에서 자란 아이는 뜻밖에도 더 허약한 경우가 많다. 우리 몸은 나쁜 균에 적당히 노출되었을 때 면역력이 더 강해진다. 예방접종도 나쁜 균을 몸에 일부러 주입하는 것이 아닌가. 몸에서 좋은 균과 나쁜 균이 한판 전쟁을 벌이면 나쁜 균에 대한 면역력이 향상된다. 실패는 예방접종과 같다. 성장을 방해하는 것이 아니라 역경에 대한 회복력을 키워 더 크게 성장할 수 있도록 돕는다. 부모가 아이의 실패를 두려워하면 아이는 은연중 '실패는 나약한 것'이라는 잘못된 믿음을 갖게 될 수 있다. 이런 믿음이 아이의 회복력을 크게 떨어뜨리고 인생 전체에 큰 영향을 미치게 된다.

영화감독 스티븐 스필버그는 어렸을 때 학교에서 4년 동안 내내 C만 받았다고 한다. 전기 기술자였던 아버지는 아들이 엔지니어가 되길 바랐지만, 아들은 수학이나 과학에는 관심이 전혀 없었고 영화감독이 되고 싶어 했다. 스필버그의 아버지는 사진 찍는 것을 즐겼는데 스필버그는 아버지가 찍은 사진을 항상 지적했다.

"카메라가 흔들리지 않게 잡으셔야죠. 에이, 이건 구도가 영 이상해요."

"그렇게 잘하면 네가 직접 하지 그러냐? 그럼 네가 해!"

화가 난 아버지의 배려(?)로 스필버그는 그 다음번 가족 여행에서부터 아버지의 카메라를 쓸 수 있게 되었다. 카메라를 차지한 스필버그는 마음에 드는 구도를 잡아 정성껏 사진을 찍었다. 여행에서 돌아오면 그 사진을 한 편의 영화처럼 편집해 가족에게 보여 주었다. 흥미와 관심이 있었기에 누가 가르쳐 주지 않아도 스스로 다양한 시도를 하면서 방법을 찾아 나갔던 것이다. 그리고 결국 고등학생 때 영화감독으로 데뷔해 지금은 영화계의 거장이 되었다.

아이가 실패하지 않도록 보호하는 것보다 흥미를 가질 수 있도록 해 주면 스스로 그 실패를 넘어서 더 높은 단계로 도약한다. 자신의 실패를 받아들이고 교훈을 얻으면서 아이의 회복력은 강해진다.

저녁 식사 시간이나 가족이 모이는 시간에 요즘 어떤 실수를 했는지, 또 실수를 통해 어떤 교훈을 얻었는지 이야기해 보자. 우선 부모가 자신의 실수담을 들려주고 아이에게 실수하거나 어려운 일에 부딪혔을 때 어떻게 할 것인지 물어보자.

그러면 아이는 실패가 나쁜 게 아니라고 받아들이고, 실패를 통해 더 강한 아이로 자랄 수 있을 것이다. 이렇듯 아이의 회복력을 키우려면 먼저 흥미를 불러일으켜야 한다.

감정 코칭으로
아이의 정서 능력을 높여라

동생이 싫다고 말하는 아이에게 "동생이 싫구나?"라고 부드럽게 말해 보자. 아이는 자신의 감정이 엄마에게 전달됐다는 것을 확인한 것이기 때문에 자신의 감정이 존중받고 있다고 느낀다. 그리고 엄마는 그 말로 말미암아 진심으로 아이를 이해하기 위한 준비 과정에 돌입한다.

같은 상황을 겪더라도 아이들마다 반응은 각양각색이다. 친구와 다투었다고 가정하자. 어떤 아이는 그 일로 종일 감정을 추스르지 못한다. 어떤 일에도 집중을 할 수가 없으며 계속 그 사건만을 떠올린다. 그런가 하면 어떤 아이는 당시에는 화를 내기는 했지만, 곧 자신의 감정을 추스르고 아무 일 없었다는 듯 평소 하던 대로 생활한다. 이 두 아이의 차이는 정서 능력이 만든다.

정서 능력은 자신의 감정이나 기분을 잘 조절하고, 타인의 감정에도 공감하고 이해할 수 있는 능력이다. 흔히 EQ Emotional Quotient, 감정지수라고도 부른다. 정서 능력이 뛰어난 아이는 자기감정을 잘 조절한다. 어려운 일을 겪었을 때 부정감정을 잘 조절해 쉽게 좌절하거나 포기하지 않는다. 부정정서에 휩싸여 괴로워하는 대신 부정정서를 긍정정서로 바꿔 다시 시작한다. 한마디로 정서 능력이 강하면 회복력도 강하다. 어렸을 때 엄마와 안정적인 애착관계를 형성한 아이일수록 정서 능력이 높은데, 이미 그 시기가 지났다면 어떻게 해야 아이의 정서 능력을 키워 줄 수 있을까?

가장 먼저 생각해 볼 수 있는 것은 따뜻한 관심과 애정이다. 이것은 분명 아이의 정서에 도움이 되지만, 그것만으로는 부족하다. 아이들이 슬픔이나 우울 등 부정감정을 다스리는 방법을 알지 못하면 따뜻한 관심과 애정도 일시적 위안에 그칠 수밖에 없다. 아이들도 어른과 마찬가지로 긍정감정과 부정감정을 모두 느낀다. 문제는 자신이 느끼는 감정을 정확히 알지 못한다는 데 있다. 감정을 다스리려면 우선 그 감정이 무엇인지 알아야 한다. 지금 나를 지배하는 감정이 어떤 것인지도 모르는데 감정을 다스린다는 것은 불가능하다. 그래서 부모의 감정 코칭이 필요하다. 감정 코칭은 아이에게 자신의 감정이 무엇인지 알도록 도와주고 어떻게 다스려야 하는지를 알려 주는 것이다.

가족 치료의 세계적인 권위자인 고트먼 박사가 말한 바로는 감정 코칭은 정서 능력이 높은 아이로 키워 줄 뿐만 아니라, 회복력이 강한 사람으로 키워 주는 열쇠라고 한다. 감정 코칭을 받은 아이들은 고통스러운 감정을 다스리고 조절할 수 있기 때문에 부정감정을 훨씬 적게 경험한다는 것이다. 문제를 일으키고 또래와 갈등을 빚는 아이들의 대부분은 부정감정 경험에 많이 노출됐던 아이들이다. 고트먼 박사는 이런 아이들도 감정 코칭을 해 주면 충분히 좋아질 수 있다고 한다.

감정 코칭은 아이가 자신의 감정을 파악할 수 있게 도와주고, 지금 느끼는 속상하고 화난 감정이 문제가 아니라 나쁜 행동이 문제라는 걸 일깨워 주는

만 3세부터 행복을 가르쳐라

것이다. 고트먼 박사의 감정 코칭법은 다음 3단계로 진행된다.

1단계_아이의 감정을 파악하고 공감하자

감정 코칭의 첫 단계는 아이의 감정을 파악하고 공감하는 것이다. 아이의 감정을 주의 깊게 살피지 않는 부모가 예상외로 많다. 아이들은 감정에 변화가 있을 때 누군가가 알아주기를 기대한다. 말은 안 해도 온몸으로 화가 났다거나 슬프다는 감정을 표현하는데 부모가 이를 눈치채지 못해 상처받는 아이들이 많다. 평소 아이에게 많은 관심을 두고 아이의 작은 감정도 놓치지 않으려는 노력이 필요하다.

아이의 감정을 눈치 챘다면 "우리 OO가 기분이 안 좋아 보이네. 무슨 일이 있었니?"라고 물어보자. 아이가 스스로 자신의 감정을 이야기할 수 있도록 말이다. 묻지 않았는데도 스스로 감정을 표출하는 경우도 있다. 어떤 경우든 일단 아이가 감정을 드러내면 그것이 좋은 감정이든 나쁜 감정이든 충분히 공감해 주는 것이 중요하다.

아이가 "엄마, 나 동생 싫어!"라고 말했다면 어떻게 대처할 것인가? 펄쩍 뛰면서 "왜 동생이 싫어! 동생이 싫으면 어떻게? 그럼 못 써! 동생 싫어하는 아이는 나쁜 아이야."라고 말하는가? 아니면, "넌 왜 맨날 동생하고 싸워." 하고 아이를 꾸짖는가? 그것도 아니면 "너희는 정말, 할 말이 없다!" 하고 앞발 뒷발 다 들었다는 식으로 말하는가? 이런 방식은 모두 아이의 감정을 이해해 주지 못하는 태도다. 아이의 감정을 공감하는 건 생각보다 어려운 일이 아니다. 아이의 말을 따라 하는 것만으로도 아이가 어떤 마음이었는지 이해하게 되며, 아이에게도 충분히 이해받는 느낌을 줄 수가 있다. 동생이 싫다고 말하는 아이에게 "동생이 싫구나?"라고 부드럽게 말해 보자. 아이는 자신의 감정이 엄마에게 전달됐다는 것을 확인한 것이기 때문에 자신의 감정이 존중받고 있다고 느낀다. 그리고 엄마는 그 말로 말미암아 진심으로 아이를 이해하기 위한 준비 과정에 돌입한다. '왜 동생이 싫은 거지?' 하고 아이의 감정을 고민하게 되는 것이다. "왜 싫어?"와 "동생이 싫구나?"는 몇 글자 차이지만, 분명 아이에게도 엄마에게도 극과 극의 감정을 전달한다. 아이 말을 그대로 따라해 보는 것이 부모에게도 도움이 되는 이유는, 아이가 내뱉은 말의 결론만을 판단 기준에 두는 것이 아니라 아이가 그런 말을 하게 되기까지의 과정을 고민해 보게 하기 때문이다. 아이의 말을 따라한 다음, 이제 차근차근 아이에게 물어 보면 된다. 무엇 때문에 화가 났는지, 동생의 어떤 점이 싫은지를 말이다. 그리고 아이가 느낀 감정이 어떤 감정인지 설명해 줄 필요가 있다. 분노, 속상함, 실망 등 아이의 감정에 이름을 붙일 수 있도록 도와주고 그 감정을 인정한다는 것도 알려 주자. "물건을 자꾸 뺏는 동생 때문에 많이 속상했겠구나.", "엄마가 동생만 사랑하는 것 같아 질투가 났었구나."와 같이 말이다. 많은 부모들이 아이의 부정적인 감정들을 수용하고 이해하는 데 특히 인색한데, 그런 태도는 아이의 부정감정을 속에서 더 불태우게 만드는 격이라는 것을 명심하자. 부정감정들도 누구에게나 생길 수 있는 당연한 감정이며 그런 감정을 이해받을 때 아이는 더 빠르게 진정될 수 있다는 것도 함께 말이다.

많은 부모들이 아이의 감정을 이해해 주는 게 먼저라는 것을 여러 교육을 통해 많이 알고 있음에도 잘 실천하지 못 한다. 구체적으로 어떻게 해야 하는 건지 몰라서인 경우도 있지만, 그동안 해 오던 습관이 있어 바꾸기에 스스로 어색하고 아이에게 쑥스러워 못 하는 경우도 많다. 그러나 한 번 실천해 보라고 권하고 싶다. 아이의 회복력이 높아질 뿐만 아니라 부모의 육아 스트레스도 급감할 것이니 말이다.

2단계_나쁜 행동에 대응하자

아이들은 속이 상하거나 화가 나면 감정을 행동으로 표출하는 경우가 많다. 동생이 말을 안 듣거나 약을 올리면 화가 나 동생을 때리기도 하고, 부모에게 혼이 나면 분을 참지 못해 물건을 집어 던지거나 발로 차기도 한다. 부정감정이 나쁜 행동으로 이어지는 것이다.

어떤 감정이든 아이의 감정은 충분히 공감해 주어야 한다. 하지만 감정을 공감한다는 것이 해서는 안 될 나쁜 행동까지 허용한다는 의미는 아니다. 감정은 공감해야 하지만 행동은 분명히 제한해야 한다. "우리 ○○가 동생 때문에 화가 났구나."라고 공감해 주되, 화가 났다고 해서 누군가를 때리거나 욕을 하는 등의 행동은 바람직하지 않다는 것을 알려 주어야 한다. 아이의 부정감정에 대한 부모의 잘못된 대응으로 많은 아이들이 부모에게 자신이 야단맞는 이유는 자신의 나쁜 감정 자체에서 찾으려는 경향이 있다. 그러나 부정감정은 이해할 수 있지만 나쁜 행동은 잘못된 것이라는 말해줌으로써, 아이들로 하여금 자신의 감정이 아니라 나쁜 행동에 문제가 있음을 인식하게 해야 한다. 부모로부터 감정을 먼저 이해받은 아이들일수록 자신의 나쁜 행동이 잘못되었다는 부모의 말을 빠르게 인지한다.

3단계_아이 스스로 문제를 해결하게 하자

감정 코칭 마지막 단계는 해결책을 모색하는 단계다. 화가 날 수는 있지만 누군가를 때리거나 욕을 해서는 안 된다고 가르쳤다. 그렇다면 이번에는 아이 스스로 화가 나는 감정을 다스릴 수 있는 훈련이 필요하다. 늘 언제나 누군가로부터 자신의 감정을 이해받을 수 있는 것은 아니기 때문이다. 자신의 부정 감정으로 인해 자신이 손해 보는 일을 겪지 않게 하기 위해서도 아이 스스로 자신의 감정 문제를 해결할 수 있도록 코치해야 한다.

성급하게 부모가 먼저 해결책을 제시해서는 안 된다. 시간이 걸리더라도 아이가 스스로 해결책을 찾을 수 있도록 기다려 주고 도와주어야 한다. 비록 훌륭한 해결책은 아니더라도 아이는 자기 수준에 맞는 해결책을 얼마든지 찾을 수 있다. "동생한테 화가 나더라도 동생이 어려서 그런 거라고 내가 이해할래.", "동생한테 형 화났다고 먼저 알리고 내 물건을 빼앗지 못하도록 경고를 줄래.", "동생을 때리고 싶은 마음이 들면, 다른 방으로 자리를 옮길래."와 같은 해결책을 내놓을 것이다. 물론 이 해결책의 가정하여 내놓은 것이지만, 아이들은 아이들 나름대로의 해결책을 생각해 낼 것이다.

부모는 아이가 내놓은 해결책을 열심히 경청하면서 "그것도 좋네. 또 다른 방법은 없을까?", "더 좋은 방법은 없을까?"라고 질문을 던져 아이가 또 다른 해결책을 생각해 볼 수 있도록 도와주는 것이 중요하다.

이때 아이가 제시한 해결책 어느 하나라도 하찮게 생각해서는 안 된다. 해결책을 제시할 때마다 '그거 좋은 생각이네.', '아! 그런 방법이 있었구나!'라고 말하며 긍정적인 반응을 보여 주는 것이 좋다. 설령 아이의 해결책이 다소 현실 가능성이 없거나 그리 좋은 방법이 아니더라도 괜찮다. 일단 다양한 해결책을 들어보고 그중 좋은 해결책을 아이가 선택하도록 하면 된다. 이때도 아이가 제시한 해결책을 하나하나 점검하며, 정말 그 방법이 최선인지, 현실성이 있는지 살펴보게 해야 한다. 아이 대신 부모가 최종적으로 해결책을 선택해 버리면 감정 코칭의 효과가 떨어진다.

자기 통제력이 잘 자라야
아이도 잘 자란다

자유롭게 놀 때 사고력과 정서가 발달할 뿐만 아니라 자기 통제력도 자란다. 아이에게 똑바로 움직이지 말고 서 있으라고 해 보자. 아마 1분도 견디지 못할 것이다. 그러나 아이에게 경비원 역할 놀이를 제안하고 경비원처럼 문 앞을 지키고 서 있으라고 해 보자. 아이는 놀라운 인내심을 발휘한다.

때로는 하고 싶지 않은 일을 해야 하고, 하고 싶어도 참아야 할 일이 많다. 자기 통제력이 약하면 그때마다 엄청난 스트레스를 받을 수밖에 없다. 하지만 자기 통제력이 강하면 그런 상황에서도 의연하게, 스트레스를 최소화할 수 있다.

아이들에게 자기 통제력을 키워 주는 것 역시 부모의 몫이다. 다만 방법이 중요하다. 자기 통제력을 키워 준다고 강제적으로 무엇인가를 하게 하거나 참게 하면 역효과만 난다. 자기 통제력은 강제가 아닌 스스로의 판단에서 시작되어야 한다.

크리스틴 카터 박사에 의하면 자기 통제력을 키워 주는 가장 좋은 방법은 아이를 적절하게 통제하는 것이라고 한다. 때에 따라서는 훈육을 통해 아이의 한계를 설정해 주는 것이다. 규제를 하라는 게 아니라 스스로 책임지는 자세를 배우게 하라는 의미다. 그러면 실수나 실패를 했을 때도 스스로 책임을 지고 다시 시작할 수 있는 아이로 자란다.

이제부터는 아이가 잘못했을 때 무조건 "안 돼!"라고 말해서는 안 된다. 우선 아이가 지켜야 할 규칙과 체계를 세우고 아이가 잘못했을 때 왜 안 되는지, 아이의 행동에서 무엇이 잘못됐는지를 정확하게 설명해 주어야 한다. 아이들도 생각할 줄 안다. 무조건 "엄마가 하지 말라고 했지!"라고 말하지 말고, "친구한테 나쁜 말을 하면 안 돼. 왜냐하면……."의 방식으로 설명해 주자. 아이가 이해할 수 있도록 말이다. 이런 대화는 말다툼이 아니라 건전한 토론이 될 수 있다.

훈육할 때도 무조건 "이렇게 해."라고 정해 주는 것은 바람직하지 않다. 똑같은 실수를 반복하지 않으려면 어떻게 해야 할지 생각해 보도록 유도하는 것이 중요하다. 훈육할 때 애써 권위를 내세우려고 무서운 얼굴을 할 필요는 없다. 오히려 가볍고 부드럽게 접근할 때 훈육 효과는 더 좋아진다.

많은 부모들이 아이가 도무지 말을 안 듣는다고 하소연을 하지만, 실은 부모의 태도가 아이를 그렇게 만든 것이다. 부모가 변하면 신기하리만큼 아이들도 달라진다. 아이가 버릇이 없고 말을 잘 안 듣는다고 해도 부모가 태도를 바꾸면 얼마든지 아이는 긍정적으로 바뀔 수 있다.

아이들에게 충분히 놀 수 있는 시간을 마련해 주는 것도 잊지 말자. 자유롭게 놀 때 사고력과 정서가 발달할 뿐만 아니라 자기 통제력도 자란다. 아이에게 똑바로 움직이지 말고 서 있으라고 해 보자. 아마 1분도 견디지 못할 것이다. 그러나 아이에게 경비원 역할 놀이를 제안하고 경비원처럼 문 앞을 지키고 서 있으라고 해 보자. 아이는 놀라운 인내심을 발휘한다. 이런 놀이들은 충동적인 아이들에게 많은 도움이 된다. 스스로 놀이의 규칙을 정하고 이를 지키는 과정에서 절제와 통제력이 자라나는 것이다.

자기를 통제력이 잘 형성된 아이들일수록 학교 성적도 훨씬 좋다고 하니, "그만 놀고 공부해!"란 말을 쉽게 하지 말자. 자기 통제력이 충분히 자랄 수 있도록 즐겁게 노는 것 또한 중요하다는 것을 명심하자. 아이가 어릴수록 아이의 바탕을 만들어 주는 데 시간을 더 쏟는다면 아이는 그 바탕 위에 자신이 원하는 모습을 얼마든지 만들어 갈 수 있을 것이다.

권위적 양육 방식을 선택하라

부모가 적절한 규칙을 정하고, 규칙 위반 시 온화하고 일관성 있게 대응하고, 문제 해결하는 과정에 아이를 참여시키고, 감정을 표현하는 것과 통제하는 것을 도와준다면 아이의 성취도는 높아질 것이다.

자녀 양육 태도의 전문가인 심리학자 다이애나 바움린드Diana Baumrind는 양육 방식을 크게 '독재적 방식, 허용적 방식, 권위적 방식' 세 가지로 구분했다. 부모들은 어떤 양육 방식이 가장 좋은 양육 방식이라 생각할까? 대부분 '허용적 방식'을 꼽는다. 그런데 과연 부모의 생각대로 허용적 양육 방식이 가장 좋은 방법일까?

수많은 연구가들이 위의 세 가지 양육 방식에 대해 연구했는데, 결과는 부모들의 생각과는 달랐다. 권위적인 양육 방식이 회복력 수준이 가장 높고 유능한 아이로 키우는 데 가장 효과적이라는 조사 결과가 나왔다. 각 양육 방식의 특징과 그것이 아이에게 미치는 영향을 좀 더 자세히 살펴보자.

독재적인 부모는 강압적이며, 아이에게 수없이 지시하고 철저하게 순종하길 바란다. '아빠(엄마)가 그러라고 했지!', '시키는 대로 해!'와 같은 말을 자주 한다. 또한, 아이에게 '곤경을 참고 견디는 법'만을 가르치며 아이의 감정을 잘 받아 주지 않는다. 특히 슬픔, 우울과 같은 부정감정은 나약한 아이들이나 갖는 것이라며 아이가 그런 감정을 보이면 야단을 친다.

다음은 혼잡한 도로를 건너 친구와 공원에 놀러 가려고 하는 일곱 살 아들과 독재적인 엄마의 대화 내용이다.

아들 : 공원에 가도 돼요? 철수와 둘이서요.

엄마 : 규칙을 잊었니? 공원에는 엄마와 아빠하고만 갈 수 있어.

아들 : 보내 주세요. 공원 야구장에 있을게요. 다른 데는 절대 안 가요. 약속해요.

엄마 : 규칙을 알고 있잖아.

아들 : 왜 안 돼요? 왜 철수하고 둘이 가면 안 돼요? 야구장 말고 다른 데는 안 갈 거예요. 엄마가 오라는 시간에 올게요. 정말이에요. 정확히 그 시간에 올게요. 진짜예요.

엄마 : 안 된다고 했지. 안 된다면 안 되는 거야. 그 얘기는 이제 더는 하지 마.

독재적인 부모는 규칙과 통제가 무엇보다 중요하다. 그들은 아이에게 많은 것을 요구하며 완고하고 융통성이 없다. 그들에게는 아이에게 공감을 표현하거나 아이의 감정을 거드는 일은 우선 사항이 아니다. 독재적인 부모는 아이 스스로 결정하는 것을 놔두지 않는다. 아이의 믿음과 판단에 따라 행동하는 것을 원하지 않는다. 문제를 스스로 해결하도록 도와주지 않는다. 위의 대화만 보아도 엄마는 아들의 자율성 욕구에 공감하지 않는다. 반대하는 이유도 합리적으로 설명하지 않으며 아이가 다른 해결책을 궁리하게 도와주지도 않는다.

독재적인 부모 밑에서 자란 아이는 권위적인 부모 밑에서 자란 아이보다 대체로 겁이 더 많고 더욱 긴장하며 감정 변화가 심하다. 유치원에 다닐 무렵에는 스트레스에 더 취약하고, 또래들에게 쌀쌀맞고 불친절하다. 독재적인 부모는 아이에게 옳고 그름을 가르치고 있고, 아이가 올바른 결정을 내릴 수 있도록 잘 키우고 있다고 믿을 것이다. 하지만 사실 독재적 양육 태도는 정반대의 결과를 초래한다.

"네 맘대로 해!" 허용적인 양육 방식

아이와 친구처럼 지내기를 원하는 부모들이 많다. 젊은 부모일수록 그런 경향이 강하다. 얼핏 보면 상당히 바람직해 보이지만 친구 같은 부모이기를 원한다는 명목 아래 아이에게 요구하는 것이 거의 없다. 의사 결정도 대부분 아이에게 맡긴다. 허용적인 부모는 책임을 다하지 않는다. 따스하고 다정하며 아이의 의견을 수용한다지만 정도가 지나치다. 그들은 감정 표현을 중요시한다지만 아이의 감정 조절 능력을 키워 주지 못한다. 허용적인 부모 밑에서 자란 청소년들은 자기 맘대로 하지 못할 때 부모에게 욕설하고 마구 화를 낸다.

허용적인 부모는 아이가 자신의 감정을 적절한 수준으로 표현하는 데 도움을 주지 못하며, 감정을 어떤 식으로 배출하든지 내버려 둔다. 아이를 확실하게 통제하지 못한다. 규칙을 정하지도 않고 아이를 세심하게 감독하거나 관찰하지도 않는다.

허용적인 부모는 방임적인 부모와 무심한 부모, 이 두 범주로 나눌 수 있다. 방임적인 부모는 아이에게 요구하는 게 거의 없지만, 아이의 정서적 욕구에는 반응한다. 무심한 부모는 어떤 규칙도 정하지 않고 아이의 정서에도 관여하지 않는다. 다음은 일곱 살 아들과 방임적인 엄마와의 대화 내용이다.

아들 : 공원에 가도 돼요? 철수와 둘이서요.

엄마 : 글쎄, 모르겠다. 엄마와 같이 가는 게 더 좋을 것 같은데.

아들 : 엄마랑 같이 갈 필요 없어요. 엄마는 내가 아직도 아기인 줄 알아요. 나는 하고 싶은 건 다 할 수 있어요. 엄마도 막을 수 없어요. 엄마 말은 안 들을 거예요.

엄마 : 그래, 그래, 알았어. 갔다 와. 조심하고 말썽부리지 마, 알았지?

아들 : 알았어요, 갔다 올게요.

허용적인 부모는 본인의 양육 방식이 아이의 독립성을 키워 준다고 믿는다. 아이가 감정을 어떤 식으로 표현하든 기꺼이 받아 줌으로써 감정 표현을 인정하고 격려한다. 또한, 아이를 감독하지도 관찰하지도 않는다. 그리고 그런 태도가 아이를 전적으로 신뢰하는 것이며, 아이 혼자 힘으로 올바르게 살아갈 수 있게 한다고 믿는다.

하지만 연구 결과에 따르면 허용적인 부모 밑에서 자란 아이는 더욱 반항적이고 충동적이다. 또한, 독립심과 자제력이 부족하다. 공격적으로 친구들을 억압하고 권위적인 부모 밑에서 자란 또래들보다 학교 성적도 더 낮다. 부모의 세심한 감독이나 관찰을 받지 않고 자란 아이들은 건강한 독립심을 키울 수 없다. 오히려 통제력이 없고, 부정감정을 공격적인 행동으로 자주 표출한다.

회복력을 키워 주는 권위적인 양육 방식

신세대 부모들은 '권위'라는 단어를 좋아하지 않는다. 문화적, 정치적 영향을 많이 받았기 때문이다. 이런 현상은 우리나라뿐만 아니라 전 세계적인 현상이다.

1950년대 사상가들은 나치의 전제주의에 몸서리를 쳤기 때문에 '권위'라면 가리지 않고 전부 배척했다. 이들의 사상을 이어받은 정신분석학자 빌헬름 라이히Wilhelm Reich는 모든 권위는 욕구를 좌절시켜 결국에는 폭력을 일으킨다고 주장하면서 욕망 예찬론을 폈다. 1960년대에 명성이 자자했던 벤저민 스포크Benjamin Spock 박사도 권위적 양육 방식을 배척했다. 이 두 사람은 부모에게 권위적으로 행동하지 말라고 주장했으며, 아이들의 성장 발달을 방해하지 않으려면 그냥 내버려 두라고 권장했다. 허용적인 방식으로 양육하기를 권장했다.

그러나 불행하게도 결과는 좋지 않았다. 통제력을 잃어버린 아이의 욕망은 한계를 모르고 팽창했고, 이 욕망은 폭력을 낳았다. 결국, 스포크 박사는 사망하기 직전 자신의 사상이 위험한 것이었으며 중대한 판단 착오였다고 인정했다.

권위를 행사하지 않는 부모 아래서 자란 아이들은 사랑을 제대로 받지 못한다고 느끼기도 한다.

"우리 엄마와 아빠는 제가 뭘 하든지 그냥 내버려 뒀어요. 절, 제대로 보살펴 준 게 아니었죠."

"엄마와 아빠는 제가 갖고 싶어 하는 건 무조건 다 사 주셨어요. 그렇게 해서 제가 귀찮게 구는 게 싫었을 테니까요. 예전에 제가 어떤 걸 갖고 싶어 한 적이 있는데요, 그걸 사 주기 전에 다른 장난감을 하나 더 사 주셨어요. 그동안 제가 부모님을 못살게 굴까 봐서요."

이처럼 아이를 잘 키우기 위해 허용적 양육 방식을 채택한 것임에도 아이는 무조건 허용하는 부모 밑에서 정체를 알 수 없는 지독한 불안에 시달리게 된다. 사랑과 단호함을 갖고 제시한 분명한 규칙과 틀은 아이가 이 테두리를 싫어하는 듯 보일지라도 아이에게 안정감을 준다. 프랑스의 아동 정신과 의사인 프레데릭 코크만은 "좋은 권위는 권위주의자가 아니라 권위를 나타내는 것이다."라고 말했다.

제니 후퍼Jeni Hooper가 다섯 살 아이들의 자제력을 조사한 결과, 독재적인 부모 밑에서 자란 아이들은 '학습적 한계 설정' 전략을 쓰는 권위적인 부모 밑에서 자란 아이들에 비해 자제력이 떨어졌다. 독재적인 부모들은 강압적인 방법을 쓰고, 권위적인 부모들은 호기심 충만한 아이들에게 이유를 말해 주고 부드럽게 유도하며 다른 곳으로 주의를 돌리는 방법으로 아이들을 통제한다.

만 3세부터 행복을 가르쳐라

결과적으로 권위적인 부모 밑에서 자란 아이들은 평균보다 높은 자제력을 갖게 된다. '안 돼'라고 말하는 것은 강압적인 통제가 아니다. 아이에게 한계를 정해 주는 일임을 기억해야 한다.

슈퍼마켓에서 유치원생인 아이가 말썽을 피우지 않도록 아이에게 장보기를 거들도록 하거나 다른 놀 거리를 만들어 주는 방법으로 훈육해 키운 경우, 초등학생이 되어서도 말썽을 피우는 일이 적었다. 이처럼 권위적인 양육 방식은 아이 스스로 자신을 통제하고 회복력을 높일 수 있도록 도와준다.

권위적인 양육 방식은 독재적인 양육 방식과 허용적인 양육 방식의 좋은 점만 취합한 양육 방식이라 할 수 있다. 권위적인 양육 방식의 특징은 다음 다섯 가지로 요약할 수 있다.

① 부모는 감독하고 관찰한다.

② 일관성 있게 훈육한다.

③ 아이를 지지하며 원활하게 소통한다.

④ 아이가 스스로 감정을 인식하고 표현하고 통제할 수 있게 도와준다.

⑤ 강점을 찾아 주고 발휘하게 한다.

⑥ 아이의 회복력을 키워 준다.

권위적인 부모는 명확한 규칙을 정하고 아이가 그 규칙을 지키는지 감독하고 관찰한다. 허용적인 부모와는 달리 아이의 일상생활에 세심하게 관여한다.

가족과 함께 있는 시간이 적어지는 청소년기에도 그렇게 한다. 권위적인 부모는 아이가 다니는 학교 일에 참여하고 아이 친구들과 그 가족을 알고 있다. 친구들이 아이 행동과 태도에 큰 영향을 미친다는 것을 알고 있기 때문이다.

독재적인 부모는 철저히 순종을 강요하는 반면, 권위적인 부모는 유연하고 융통성이 있다. 또한, 규칙과 한계에 대해 설명해 준다. 그들은 철저히 순종하기를 바라지 않는다. 대신 아이가 규칙을 지켜야 하는 '이유'를 이해하길 바라며, 필요할 경우 질문하고 타협하는 능력을 키우길 원한다. 아이가 규칙을 위반하더라도 권위적인 부모는 적절하고 일관성 있게 규칙을 강요한다.

권위 있는 부모는 방임하지도 않고 가혹하게 처벌하지도 않고 강압적이지도 않다. 그리고 아이와 솔직하고 다정하게 대화한다. 권위적인 부모는 가족회의에서 주고받는 의견을 중요시하고, 가족이 결론을 내릴 때 아이가 의견을 제시하기 원한다. 하지만 잘못된 의견은 수용하지 않는다. 권위적인 부모는 아이와의 친밀한 상호작용을 절대시하는 감상적인 부모가 아니다. 어떤 경우에도 타협할 수 없는 규칙이 존재하며, 이유를 설명한다 해도 허용되지 않는 행동이 있다. 그들은 아이의 갈망과 감정에 쉽게 좌우되지 않는다. 권위적인 부모는 책임감, 자율성, 존중 의식이 상호작용 과정을 통해 점진적으로 발달한다는 것을 알고 있다.

끝으로 권위적인 부모는 감정을 중요시하고 아이의 정서적 반응을 코치한다. 아이가 다양한 감정을 구별할 수 있도록 도와준다. '기분이 좋지 않아요.'가 사실은 슬픔 또는 죄책감 또는 당혹감을 의미할 수도 있음을 알기 때문이다. 그리고 이 감정들이 서로 다른 믿음에서 생겨난다는 것을 알고 있기 때문이다. 그들은 아이가 감정을 건전하고 절제된 방식으로 표현하도록 이끈다. 다음 대화는 권위적인 엄마가 일곱 살 아들의 요구에 대응하는 대화 내용이다.

아들 : 공원에 가도 돼요? 철수와 둘이서요.

엄마 : 글쎄, 어떻게 하면 좋을까. 여덟 살 아이는 엄마나 아빠와 함께 가야 할 것 같은데. 나중에 더 크면 혼자 갈 수 있을 거야.

아들 : 엄마, 저는 어린애가 아니에요. 엄마는 제가 아직도 아기인 줄 알아요? 학교에도 갈 정도로 이렇게 컸잖아요. 그러면 혼자서 공원에 가도 되지 않아요? 야구장에서 야구만 할 거예요. 다른 곳에는 안 갈게요.

엄마 : 잠깐만, 어떻게 하는 게 좋을지 한 번 생각해 보자. 네 말도 맞아. 학교에도 잘 다니고 혼자서도 많은 걸 할 수 있지. 엄마가 걱정하는 건 위험한 도로를 건너야 한다는 거야. 차도 많이 다니고, 운전사들은 누가 지나가는지 쳐다보지 않을 때도 있어.

아들 : 그러면 엄마가 저를 데리고 도로를 건너 준 다음에 집으로 돌아오시면 되잖아요.

엄마 : 집에 올 때는 어떻게 할 거야? 네가 언제 올지 엄마가 모르잖아?

아들 : 시간을 정해요. 엄마가 그 시간에 맞춰서 오세요. 그러면 함께 건너올 수 있어요. 그러니까 두 시간 후에요.

엄마 : 두 시간은 너무 길고, 한 시간 후에! 좋은 계획이야.

부모가 적절한 규칙을 정하고, 규칙 위반 시 온화하고 일관성 있게 대응하고, 문제 해결하는 과정에 아이를 참여시키고, 감정을 표현하는 것과 통제하는 것을 도와준다면 아이의 성취도는 높아질 것이다. 아이는 학교에서 공부도 잘하고 또래들 사이에서 인기도 좋다. 윤리적이고 사회적 책임감도 강하다. 또한, 스트레스와 역경에 용감하게 대응한다. 이런 아이들의 특징은 회복력이 갖는 일곱 가지 능력 즉, 감정 조절, 충동 통제, 낙관성, 원인 분석, 공감 능력, 자기 효능감, 뻗어 나가기 등과 대체로 일치한다. 결국, 권위적인 양육 방식이 아이의 회복력을 키워 주는 최고의 양육 방식인 셈이다.

부모가 먼저 자기 감정을 통제할 수 있어야 한다

아이가 어떤 역경에 처하든 그것을 헤쳐 나가게 도와주려면 부모가 감정을 통제할 수 있어야 한다. 그래야만 명확하게 사고하고 적절하게 대응할 수 있다. 회복력 기술은 감정을 통제하고 명확한 사고를 하는 데 도움이 된다.

양육 방식 못지않게 아이의 회복력을 키워 주기 위해 중요한 것이 있다. 바로 부모가 먼저 회복력 기술을 이용해 역경을 극복해 보는 것이다. 사실 아이를 양육한다는 것 자체가 부모에게는 커다란 역경이다. 아이가 예쁘고 사랑스러워도 아이를 키우는 일은 정말 쉽지 않다. 아이가 어려 전적으로 부모의 도움을 받아야 할 때는 단 하루만이라도 아이로부터 벗어나고 싶은 생각이 들기도 한다. 아이가 자라면 더 힘들어진다. 특히 10대 아이들을 둔 부모는 걸핏하면 반항하고 엇나가는 아이들 때문에 속이 새까맣게 타들어 가는 경우가 많다. 너무 속상해 금방이라도 쓰러질 것 같은 고통스러운 순간들이 시시때때로 찾아온다. 이럴 때 부모가 회복력 기술을 이용해 역경을 극복하면 자녀와의 관계도 좋아진다.

　　서영순 씨는 5년 전 남편과 사별한 뒤 10대의 두 딸을 혼자 키우고 있다. 혼자 아이들을 키우는 일이 결코 쉬운 일은 아니지만, 아이들만큼은 남부럽지 않게 키우고 싶어 밤낮을 가리지 않고 열심히 일했다. 아이들도 그런 엄마의 마음을 알고 엄마에게 투정 부리거나 떼쓰지 않았다. 늦게 퇴근하는 엄마를 위해 따뜻한 밥을 차려줄 정도로 따뜻한 아이들이었다. 그런데 언제부터인가 조금씩 상황이 달라지지 시작했다. 그렇게 의젓하고 쾌활했던 큰딸이 말수가 점점 줄어들더니 자주 짜증을 내기 시작했다. 이제 중학교 2학년인데 엄마보다 화장이 짙었고, 밤늦게까지 집에 들어오지 않는 일이 잦았다. 대체 무슨 일이 있는 거냐고 물으면 아무 일 없다며 쏘아붙이고 자기 방에 틀어박혀 나오지 않았다. 막내딸도 언니가 이상해졌다며 걱정할 정도였다.

　　서영순 씨는 미칠 것만 같았다. 그러던 어느 날, 아이들이 학교에 간 틈을 타 큰딸 방을 샅샅이 뒤졌다. 나중에 큰딸이 알면 길길이 화를 내겠지만 딸에게 무슨 일이 벌어지고 있는지를 꼭 알고 싶었다. 한참을 뒤지다 서영순 씨는 큰 충격을 받았다. 책상 서랍 깊숙한 곳에서 담배가 나온 것이다. 어떻게 그렇게 착했던 딸이 담배에까지 손을 댔는지 황당하고 화가 났지만, 분노를 폭발하고 싶지는 않았다. 그 상태로는 딸과 제대로 대화할 수 없다는 것을 잘 알았기 때문이었다.

　　서영순 씨가 제일 먼저 해야 할 일은 감정을 통제하는 것이다. 10분 동안 심호흡을 한 다음에 식탁에 앉아 커피를 마시며 'ABC'를 확인한다. 여러 가지 생각이 떠오른다.

　　　　　　　　　　　　　　　　　　　　　　　만 3세부터 행복을 가르쳐라

'ABC' 워크시트

역경 : 큰딸이 담배를 피우고 나쁜 아이들과 어울려 다니는 것이 분명하다.

믿음 : 세상에, 내 딸이 담배를 피우는 불량 청소년이라니! 나도 모르게 어떻게 이런 일이
벌어지고 있었을까? 우리는 정말 사이가 좋다고 생각했는데, 큰딸은 나 몰래 담배
를 피우고 별의별 짓을 다 하고 다녔어. 집에서 아이들을 챙겨야 할 시기인데 일을
너무 많이 하는 내가 잘못이야. 아주 요절을 낼 거야. 도대체 무슨 생각으로 그런 짓
을 하는 거지? 들어오기만 해 봐, 가만 안 둘 테니까.

결과 : 불안, 슬픔, 분노

실시간 생각을 종이에 적는 것 자체가 도움이 된다. 종이에 적힌 실시간
생각을 보면 좀 더 차분해진다. 거의 모든 생각이 불안과 분노를 유발하고 파
국적 사고로 연결된다. 이를 막기 위해서는 먼저 진상을 파악해야 한다.

서영순 씨는 함정에 빠지는 것을 피한다. 상상력을 동원하지 않아도 이 사
건은 이미 재앙이다. 서영순 씨는 10분 동안 최상의 시나리오와 최악의 시나
리오를 구상하고 실현 확률이 가장 높은 사건을 확인한다.

최악의 시나리오

딸은 담배를 피우는 불량 청소년이다.

내가 추궁하자 딸은 그 사실을 부인하고 가출한다.

딸은 결국 노숙자가 되고, 성매매까지 한다.

실현 확률이 가장 높은 사건

딸은 담배를 피우고 있다.

내가 이 문제를 거론하면 처음에는 부인할 것이다.

나에게 화를 내고, 진짜 문제는 외면한 채 내가 방을 뒤졌다는 사실만 따지고 들 것이다.

최상의 시나리오

담배는 딸의 친구의 것이다.

딸은, 친구가 담배를 끊을 수 있도록 도우려고 그것을 빼앗었다.

최상의 시나리오를 상상하는 일은 쉽지 않았다. 서영순 씨는 이미 파국적인 생각만 떠올리고 있기 때문이었다. 하지만 10분 정도가 지나고 어느 정도 불안이 가라앉자, 각 사건에 대응할 최상의 방법을 궁리할 수 있었다.

서영순 씨는 딸이 처음에는 화내고 부인할 테니 대화를 두 단계로 진행해야 한다고 판단했다. 1단계 대화의 목적은 찾아낸 물건에 대해 털어놓고 딸의 사적인 공간을 몰래 뒤져서 신뢰를 저버린 것에 관해서는 싸우지 않는 것이다. 1단계 대화는 가능한 한 짧게 끝낼 계획이다. 우선 화두만 던져 놓고 다음 날 본격적으로 2단계 대화를 시도할 생각이다.

학교에서 큰딸이 돌아온 후 서영순 씨는 계획대로 이야기를 풀어 나갔다. 그런데 큰딸이 화만 내고 대화하려 하지 않았다. 화가 머리끝까지 치밀어 별의별 생각이 다 들었지만, 딸과 문제를 해결하려면 참아야 했다. 그래서 분노를 통제하고, 실시간 회복력 기술을 통해 부정적인 생각에 대응했다.

만 3세부터 행복을 가르쳐라

실시간 믿음 : 뻔뻔하기도 하지. 어떻게 저렇게 말짱한 얼굴로 빤한 거짓말을 하는 걸까. 도무지 믿을 수가 없어. 아무렇지도 않게 거짓말을 늘어놓는 것만으로도 최악이야. 당장 내쫓아야 해.

실시간 회복력 대응 : 잠깐 진정하자. 겁이 나니까 거짓말을 하는 거야. 진짜 문제에 초점을 맞춰야 해. 아이의 태도에 발끈해 옆길로 새서는 안 돼. 큰딸은 지금 위기야. 큰딸이 무엇이 문제인지 깨달을 수 있게 도와줘야 해.

실시간 믿음 : 문제라고? 그저 문제 정도가 아니지. 나는 정말 죽을힘을 다해 일하고 있어. 큰딸이 원하는 옷을 사 주고 친구들과 놀러 가게 해 주고 대학에 보내려고 밤낮으로 일하고 있어. 큰딸은 내가 힘들게 일해서 안겨 준 기회를 모두 날려 버렸어. 저런 짓거리를 한다면 고등학교만 제대로 졸업해도 다행이야.

실시간 회복력 대응 : 내가 열심히 일한 건 사실이야. 내가 살지 못한 인생을 아이들만큼은 누릴 수 있도록 해 주려고 정말 열심히 일했어. 큰딸은 궁지에 빠진 거야. 이런 식으로 화내는 것은 도움이 안 돼. 나는 아직도 이 문제의 진상을 모르고 있어. 이 문제가 언제부터 시작되었는지도 모르잖아. 그걸 정확히 파악하려면 끝까지 냉정함을 유지하고 큰딸에게 말할 기회를 주어야 해. 여기서 화를 내면 상황이 악화될 뿐이야.

실시간 회복력 기술을 활용함으로써 서영순 씨는 분노, 슬픔, 불안, 당혹감에 휩쓸리지 않고 큰딸과 건설적으로 대화할 수 있었다. 회복력을 발휘하여 진짜 문제에 계속 초점을 맞추고, 부정적인 믿음과 감정에 휘둘려서 옆길로 빠지는 것을 막을 수 있었다.

10대 아이를 둔 부모라면 서영순 씨와 비슷한 경험을 자주 했을 것이다. 아이가 어떤 역경에 처하든 그것을 헤쳐 나가게 도와주려면 부모가 감정을 통제할 수 있어야 한다. 그래야만 명확하게 사고하고 적절하게 대응할 수 있다. 회복력 기술은 감정을 통제하고 명확한 사고를 하는 데 도움이 된다. 아이에게 회복력 기술을 가르치려 들지만 말고 부모가 먼저 일상생활에서 크고 작은 역경을 겪을 때 회복력 기술을 활용해 보도록 하자. 그러면 더 효과적으로 아이에게 회복력 기술을 가르칠 수 있을 것이다.

7가지 회복력 기술

회복력 기술은 7가지(ABC 확인하기, 사고의 함정 피하기, 빙산 찾아내기, 믿음에 반박하기, 진상 파악하기, 진정하기 및 집중하기, 실시간 회복력)로 되어 있다. 이책에서 7가지 전체를 자세히 설명하기엔 무리가 따르기 때문에 간단하게 요약한다. 회복력 기술에 대해 더 자세한 내용을 원한다면 레이비치의 『회복력의 7가지 기술』(물푸레)을 참고하기 바란다.

1. ABC 확인하기

문제나 시련이 닥쳤을 때 본인의 대응 방식에 스스로 의아해 하거나 다르게 대응할 수 있기를 바란 적이 있는가? 어떤 상황을 정확히 파악하고 있다고 믿었는데 나중에야 그것이 오판이었음을 알아차린 적이 있는가? 역경에 처하는 순간에 떠오르는 생각들이 부정확하다면 그 역경에 효과적으로 대응하는 능력 또한 크게 훼손될 수밖에 없다. 'ABC 확인하기'를 통해, 문제에 직면할 때 떠오르는 생각들에 '귀를 기울이고' 속으로 어떤 말을 하는지 확인하고 그말이 감정과 행동에 어떤 영향을 미치는지 알아차리는 방법을 배울 수 있다.

2. 사고의 함정 피하기

문제가 일어날 때 당신은 자동으로 자신을 비난하는가? 아니면 타인을 비난하는가? 속단하는가? 상대방이 무슨 생각을 하는지 알고 있다고 확신하는가? 역경에 처할 때 사람들은 회복력을 약화시키는 8가지 실수를 자주 저지른다. 따라서 '사고의 함정 피하기'를 통해 자기가 습관적으로 범하는 실수를 확인하고 그것을 바로잡는 법을 배울 수 있다.

3. 빙산 찾아내기

세상이 어떻게 움직여야 하는지, 본인이 어떤 사람이며 또 어떤 사람이 되고 싶은지에 대한 각자의 확고한 믿음이 있다. 그런 뿌리 깊은 믿음을 빙산이라고 한다. 빙산은 보이는 것보다 깊고 크기 때문이다. 이러한 믿음은 핵심 가치와 일치하게 행동하도록 우리를 이끌어 준다. 하지만 때로는 우리가 원하는 삶을 살지 못하게 간섭하기도 한다. 사소해 보이는 문제에 과잉 반응하거나 단순해 보이는데도 결정을 내리지 못해 망설이는 이유 같은 것들을 확고한 믿음 안에서 찾을 수 있다. 따라서 본인이 가진 뿌리 깊은 빙산 믿음을 들춰내면 그것이 언제 유익하고 언제 해로운지 판단할 수 있다.

4. 믿음에 반박하기

회복력의 핵심 요소는 문제 해결이다. 당신은 일상적인 문제를 얼마나 효과적으로 해결하는가? 효과가 없는 해결책을 시도하느라 시간을 허비하는가? 상황을 바꿀 능력이 없다고 믿는가? 원하는 결과를 얻지 못하리라는 것이 확연할 때도 한 가지 해결책을 고수하는가? 개인의 사고 양식은 문제의 원인을 자주 오판하게 하고, 이러한 오판 때문에 틀린 해결책을 고수한다. 따라서

'믿음에 반박하기'로 문제의 원인에 대한 믿음의 정확성을 검증하는 방법과 효과적인 해결책을 찾아내는 방법을 배울 수 있다.

5. 진상 파악하기

당신은 '만약에'라는 생각에 사로잡혀서 문제나 곤경을 악화시키는가? 일어나지도 않은 사건에 불안해하고 걱정하느라 소중한 시간과 에너지를 낭비하는가? 그렇다면 '진상 파악하기'를 통해 실제로 닥친 문제 또는 실제로 일어날 확률이 가장 높은 문제를 잘 다루기 위해 '만약에' 사고를 중단하는 법을 배울 수 있다.

6. 진정하기 및 집중하기

당신은 스트레스에 압도되는가? 순식간에 강렬한 감정에 휩싸여서 논리적으로 사고할 수 없는가? 쓸데없는 생각들 때문에 집중하기가 어려운가? 감정이나 스트레스에 휘둘릴 때 진정하고 집중하는 법을 배우면 당면한 문제에 초점을 맞출 수 있다. 이 '속성 기술'은 실시간 회복력과 함께 자주 사용된다.

7. 실시간 회복력

비합리적인 생각들 때문에 지금 이 순간에 몰두하기 어려울 때가 있는가? 한 가지 부정적인 생각이 자꾸만 떠오르는가? 그 비생산적인 생각을 보다 생산적인 생각으로 재빨리 바꿔서 즉시 성과를 거둘 수 있는 아주 유용한 기술이 '실시간 회복력'이다.

Part 06

아이의 사소한 도전도 응원하자

성공보다 성취를 이야기해라

성공과 성취는 다르다. 성공은 과정보다 결과에 의해 결정된다. 성취는 남들이 생각하는 기준보다 자기 자신이 생각하는 기준이 더 중요하다. 자기 수준에서 목표를 세우고 그것을 이루면 어떤 성취든 다 가치가 있다.

무엇이든 쉽게 얻을 수 있다면 행복할까? 부모라면 아이가 원하는 모든 것을 해 주고 싶을 것이다. 하지만 아무런 노력 없이 원하는 모든 것을 손에 넣는다면 아이는 어떤 것에도 아무런 감흥이 없을 것이다. 때론 지치고 힘들어도 간절히 원했던 것을 스스로 노력해 얻었을 때 짜릿한 기쁨을 손에 쥘 수 있다.

아이가 행복을 맛볼 수 있으려면 성취의 경험이 필요하다. 스스로 세운 목표를 성취했을 때 아이는 행복을 느끼고, 또 다른 목표에 도전할 수 있다. 아무런 목표도, 어떤 성취의 경험도 없는 아이는 무기력하다. 방향을 잃은 돛단배처럼 어디로 가야 할지 몰라 그저 제자리를 맴돌며 무의미한 삶을 살기 쉽다.

긍정정서, 강점, 낙관성, 회복력 등과 더불어 성취도 행복을 만드는 중요한 도구 중 하나이다. 그러나 이렇게 이야기하면 의아해하는 부모들이 종종 있다. 지나치게 성공만을 강요하는 어른들 때문에 불행하다고 느끼는 아이들이 많은데, 어떻게 성취가 행복을 만드는 도구일 수 있느냐는 것이다.

그러나 성공과 성취는 다르다. 성공은 과정보다 결과에 의해 결정된다. 아이의 특성과 수준은 고려하지 않고, 사회의 잣대를 충족시켰을 때만 성공이라고 인정한다. 우리는 단순히 대학에 입학한 것만으로 성공했다 말하지 않는다. 누구나 명문대로 인정하는 스카이(SKY)에 합격해야만 성공했다고 말한다. 그것도 아니면 적어도 서울에 있는 대학 정도는 들어가야 그럭저럭 성공했다고 인정해 준다.

성취는 다르다. 성취는 남들이 생각하는 기준보다 자기 자신이 생각하는 기준이 더 중요하다. 자기 수준에서 목표를 세우고 그것을 이루면 어떤 성취든 다 가치가 있다. 4년제 대학은 꿈도 꿀 수 없었던 아이가 열심히 공부해 4년제 대학에 입학했다면 그 자체로 훌륭한 성취다. 설령 그 대학이 지방에 있는 대학이라 할지라도 말이다. 무엇보다 성취는 순수하다. 꼭 남들이 부러워하는 결과가 아니더라도 성취 그 자체만으로 충분히 행복감을 준다.

고등학교 1학년 승묵이는 농구광이다. 어렸을 때부터 친구들과 시간 날 때마다 학교 운동장에서 농구를 즐겼다. 농구를 좋아하기는 해도 재능은 없었는지 열심히 했는데도 실력이 늘지 않았다. 그래도 상관없었다. 승묵이는 과학자가 되겠다는 분명한 꿈이 있었기 때문에 실력이 더디게 늘어도 괜찮았다. 신이 나게 농구를 하면서 땀을 흠뻑 흘리면 모든 근심 걱정이 사라졌다. 그 느낌이 좋아 고등학생이 된 지금까지도 농구를 손에서 놓지 못하고 있다. 부모는 승묵이에게 농구하는 시간을 좀 줄였으면 좋겠다는 말을 자주 한다. 왜 그런 말을 하는지 잘 알지만, 승묵이에게 농구는 그 무엇과도 바꿀 수 없는 기쁨과 행복을 준다. 대학 가는 데 아무런 도움이 되지 않는다 할지라도 농구 실력이 느는 것은 승묵이에게 성적이 오를 때보다 더 큰 성취감을 안겨 준다.

승묵이의 예에서도 알 수 있듯이 성취는 종종 그 자체만으로도 행복감을 준다. 마틴 셀리그만도 이 점을 인정했다. 마틴 셀리그만은 2002년 '진정한 행복'이라는 이론을 발표할 때까지만 해도 '성취'를 행복의 도구라고 생각하지 않았다. 행복의 기본 요소가 되려면 그 요소가 다른 요소의 하위 개념이 되어서는 안 되는데, 성취는 무언가를 열심히 했을 때 부수적으로 따라오는 하위 개념으로 인식됐기 때문이다. 하지만 성취가 그 자체로 충분히 행복감을 느끼게 한다는 것을 많은 사람들이 인정하게 되자, 성취는 당당히 행복의 도구로 등극할 수 있었다.

지금부터라도 아이에게 성공보다는 성취를 이야기하자. 성취는 어디까지나 부모의 강요가 아닌 아이 스스로 원하고 이루어야 의미가 있다는 것을 잊지 않으면서 말이다.

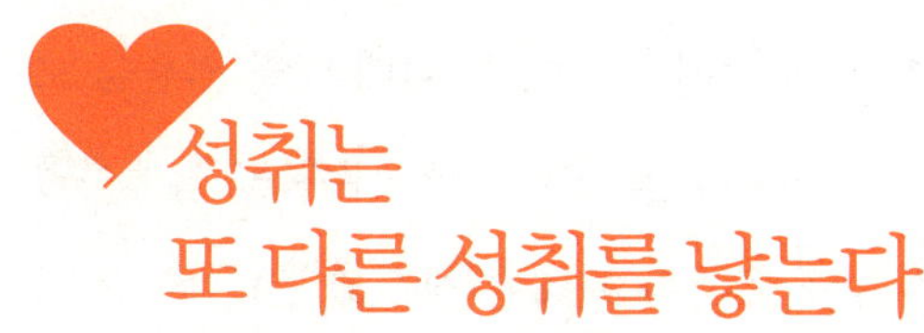

성취는
또 다른 성취를 낳는다

성취의 경험은 많이 할수록 좋다. 성취의 크기는 상관없다. 성취의 크기가 크면 기쁨도 그만큼 크겠지만, 자신감을 키우고 행복을 만드는 도구로서의 성취는 아주 작은 것이어도 괜찮다.

성취 경험은 또 다른 성취를 만들어 내는 원동력이 된다는 점에서 더욱 중요한 행복의 도구다.

고등학교 2학년 수정이는 중학교 때까지만 해도 남들 앞에서 말을 잘하지 못했다. 친구들과 잡담을 할 때는 괜찮은데, 여러 사람 앞에서 발표하려고 하면 가슴이 콩닥콩닥 뛰고 머릿속이 텅 빈 것처럼 아무 생각도 나지 않았다. 그러나 단짝 친구였던 혜란이는 발표를 잘했다. 준비도 별로 안 한 것 같은데, 교단 앞에 서면 어찌나 자신 있게 발표를 잘하는지 부럽기만 했다. 어느 날 수정이는 혜란이에게 비결을 물었다.

"나도 발표를 잘하고 싶어. 어떻게 하면 떨지 않고 잘할 수 있을까?"

"어렵지 않아. 나도 처음에는 너처럼 많이 떨었어. 그런데 매일 거울을 보며 발표하는 연습을 했더니 좋아지더라고. 거울 속에 비친 내가 곧 청중이었던 거지. 또 가족들 앞에서도 연습했어. 가족들은 내가 실수해도 다 봐 줄 거라고 생각하니 마음이 편해져 덜 떨리더라고. 그렇게 꾸준히 연습하니까 언제부터인가 안 떨고 발표를 할 수 있게 되었어."

그 말을 듣고 수정이는 혜란이처럼 매일 거울을 보며 연습했다. 한 달쯤 지났을 때 수업시간에 발표할 기회가 생겼다. 연습 덕분인지, 떨리긴 했지만 무사히 발표를 마칠 수 있었다. 전에는 너무 떨려 몇 마디 하지도 못하고 중단했는데 그때에 비하면 크나큰 발전이었다. 선생님에게 "수정이가 많이 씩씩해졌네. 잘했어."라는 칭찬도 들었다. 자신은 도저히 발표를 잘할 수 없을 거라고 생각했는데, 그것을 스스로 극복해 낸 수정이는 뿌듯한 성취감을 느꼈다. 발표를 잘하고 싶다는 작은 목표를 세우고 성취를 경험하자 수정이는 자신감이 붙었다. 이후 더욱더 열심히 거울을 보며 발표 연습을 했다. 그 결과 지금은 전교생 앞에서도 떨지 않고 조리 있게 하고 싶은 말을 할 수 있게 됐다.

수정이와 비슷한 예는 수도 없이 많다. 초등학교 때 줄곧 1등을 했던 아이가 중학교, 고등학교에 가서도 계속 1등을 하는 경우를 주변에서 많이 보았을 것이다. 그만큼 노력했기 때문이기도 하지만 한 번 1등을 해 보았을 때의 성취감이 또 1등을 할 수 있다는 자신감을 불러일으켰기 때문에 가능한 일이다. 자신감이 생기면 쉽게 포기하거나 좌절하지 않는다. 성적이 떨어져도 그 아이는 성취의 경험을 떠올리며 다시 한 번 도전할 것이다. 다시 열심히 하면 1등을 할 수 있다는 자신감이 있기 때문이다.

성취의 경험은 많이 할수록 좋다. 성취의 크기는 상관없다. 성취의 크기가 크면 기쁨도 그만큼 크겠지만, 자신감을 키우고 행복을 만드는 도구로서의 성취는 아주 작은 것이어도 괜찮다. 엄마의 도움 없이는 옷도 못 입던 아이가 혼자서 옷을 입거나, 엄마가 먹여 주지 않아도 혼자 식사를 하는 것도 훌륭한 성취일 수 있다. 그런 작은 성취의 경험들이 쌓여 더 큰 성취를 경험할 수 있게 하기 때문에 아이가 되도록 많은 성취를 경험할 수 있도록 하자.

노력, 자제력, 집념과의 싸움

노력, 자제력과 더불어 성취를 하는 데 중요한 요인 중 하나는 바로 '집념'이다. 집념이란 '끈기'와 '열정'을 의미한다. 성취의 크기가 커서 성취를 하는 데 오랜 시간이 걸리고 수많은 장애물을 극복해야 하는 경우라면 더더욱 집념이 필요하다.

무엇을 하든 끝까지 하지 못하고 중도 포기하는 아이들이 많다. 그런 아이를 둔 부모라면 마음이 편치 않을 것이다. 하다 말다를 반복하는 아이를 보며 '왜 우리 아이는 저렇게 끈기가 없을까?', '왜 시작만 하고 끝을 보지 못할까?' 걱정이 많겠지만, 아이 또한 마음이 편한 것은 아니다.

성취를 경험해 보지 않은 아이일수록 포기를 잘한다. 성취했을 때의 기쁨과 행복을 모르기 때문에 쉽게 포기하는 것이다. 하지만 이런 아이들도 제대로 성취를 경험하면 달라진다. 따라서 아이가 한 번이라도 성취를 경험할 수 있도록 도와야 한다.

아이의 성취를 도우려면 먼저 성취를 좌우하는 요인이 무엇인지 알 필요가 있다. 성취의 요인은 무엇이며, 그것을 충족시킬 방법을 알아보자.

만 3세부터 행복을 가르쳐라

노력

확실히 IQ가 높으면 공부를 잘할 가능성이 크다. IQ가 높으면 높을수록 새로운 지식을 습득하는 속도가 빠르고 더 오래 기억할 수 있기 때문이다. 하지만 이것은 어디까지나 노력이 바탕 되었을 때의 이야기다. 아무리 머리가 좋아도 노력하지 않으면 소용이 없다.

좋은 머리만 믿고 공부를 게을리했는데도 공부를 잘한 아이는 극히 드물다. 초등학교 저학년 때까지는 가능할 수도 있다. 이해력이 좋은 아이는 특별한 노력 없이도 좋은 성적을 얻을 수 있다. 하지만 고학년으로 올라갈수록 해야 할 공부의 양이 많아진다. 지금까지 공부한 내용을 바탕으로 다음 학업을 진행해야 하기 때문에 노력하지 않고는 공부를 잘할 수 없다. 실제로 한 연구 기관에서 조사한 결과 고학년일수록 IQ가 학습에 미치는 영향이 적은 것으로 나타났다.

공부뿐만이 아니라 모든 분야가 다 그렇다. 재능이 아무리 뛰어나도 노력하지 않고 성취한 예는 없다. 김연아 선수가 세계적으로 주목받는 피겨 여왕이 될 수 있었던 것도 단지 그녀의 재능 때문만은 아니다. 김연아 선수는 일곱 살 때 피겨를 시작한 이후 2010년 밴쿠버 올림픽에서 금메달을 딸 때까지 약 14년 동안 하루도 빼놓지 않고 7~8시간씩 연습했다고 한다.

노력이란 목표를 위해 몰입한 시간을 말한다. 어떤 일을 위해 오랜 시간을 투자했지만 집중도가 약했다거나 몰입했지만 투자한 시간이 적다면, 오랜 시간 집중력 있게 일한 사람과 분명한 차이를 보이게 될 것이다. 재능이 아무리 뛰어나도 노력하지 않는다면, '토끼와 거북이' 동화에 등장하는 토끼와 다름없다. 플로리다 주립대학 교수 안데르스 에릭손은 고도의 전문 지식을 쌓는 초석은 신이 주신 천재성이 아니라 의도적으로 연습에 소비한 시간과 에너지의 양이라고 주장했다. 기술보다는 노력의 중요성을 강조한 것이다.

대단한 성취를 이뤄 낸 사람들은 성취를 위해 엄청난 시간을 투자했다. 음악적 재능을 타고났다고 알려진 모차르트도 사실은 연습광이었다. 어릴 적부터 그는 시간 대부분을 피아노를 연주하거나 곡을 만들며 보냈다고 한다. 에릭손의 연구 결과에 의하면 세계 일류 피아노 독주자들도 마찬가지다. 스무 살 때까지 그들이 연주 연습에 들인 시간은 평균 1만 시간이 넘는다고 한다. 이처럼 성취를 하는 데 있어 노력의 역할은 아주 중요하다. 천재는 노력하는 사람을 이길 수 없다고 했다. 타고난 재능이 뛰어나도 노력하지 않으면 성취할 수가 없다. 반대로 설령 재능이 부족해도 열심히 노력하면 얼마든지 성취가 가능하다.

부모는 아이에게 재능보다 노력이 성취를 이루는 데 중요하다고 말해 주어야 한다. 그러기 위해서 부모는 아이의 재능보다 노력을 더 칭찬해 주어야 한다. 좋은 성적을 거두었을 때 "확실히 넌 머리가 좋아."라고 말해서는 안 된다. "이번에 다른 때보다 열심히 공부하더니 성적이 올랐구나!"와 같이 노력한 과정을 칭찬해 주어야 한다. 그래야 아이가 노력의 중요성을 알고 재능만 믿고 노력을 게을리하는 우를 범하지 않는다.

자제력

노력 못지않게 중요하게 영향을 미치는 것이 '자제력'이다. 성취하려면 크고 작은 어려움을 겪어야 한다. 하지만 어려움에 부딪히면 마음이 흔들린다. 시련이 크면 클수록 흔들림도 커지고 포기하고 싶은 마음이 들기도 한다. 이런 마음을 다잡고 끝까지 갈 수 있게 돕는 힘이 바로 자제력이다.

자제력과 성취와의 관계를 입증한 대표적인 연구 중의 하나가 '마시멜로 연구'다. 스탠퍼드 대학의 월터 미셸Walter Mischel은 1966년 네 살배기 아이들 65명을 대상으로 '15분 동안 먹지 않으면 한 개 더 줄게.'라고 말하고, 아이들이 얼마나 참을 수 있는지 실험했다. 65명 중 참아낸 아이들은 30명에 불과했다. 실험은 여기에서 끝나지 않았다. 월터 미셸은 이 아이들을 추적 관찰했는데, 15년 후인 1981년에 아이들의 SAT 점수를 조사한 결과 마시멜로를 먹지 않고 참았던 30명 아이의 점수가 다른 아이들보다 무려 210점 더 높았다. 그로부터 또다시 15년이 지난 1996년에는 소득 수준을 조사했는데, 역시 마시멜로를 먹지 않은 30명의 소득 수준이 다른 아이들에 비해 상대적으로 높았다.

마시멜로 실험에서도 알 수 있듯이 자제력은 성취를 이루는 데 중요한 역할을 한다. 자제력이 약한 아이라면 자제력을 키워 주어야 한다. 마시멜로 실험은 자제력을 키우는 데 도움이 되는 내용들을 밝혀냈다는 데에도 그 성과가 있다. 그 내용들을 살펴보고 응용하면 좋을 것 같다.

마시멜로 실험은 환경을 바꾸기만 해도 자제력이 늘어날 수 있다는 것을 입증했다. 아이들을 대상으로 마시멜로가 담긴 통을 열어 놓고 실험을 했을 때는 먹고 싶은 충동을 견딘 시간이 6분이었다. 반면 마시멜로에 뚜껑을 닫아 놓았을 때는 11분 동안 참아냈다. 자제력이 무려 두 배 가까이 발휘된 셈이다.

아이에게는 공부하기를 바라면서 부모가 TV를 보고 있다면, 이는 아이들을 고문하는 것과 같다. TV 보고 싶은 충동을 누르고 공부에 집중할 수 있는 아이들이 과연 얼마나 될까. 자제력을 약화하는 환경을 조성하고 아이에게 자제력을 요구하는 것은 잔인한 일이다. 요즘 많은 가정에서 실천하고 있는 거실 TV 없애기 운동에 동참해 보는 것도 아이의 자제력을 위해서도, 가족 간의 소통을 위해서도 도움이 될 것이다.

생각을 달리하는 것도 자제력을 키우는 데 도움이 된다. 마시멜로 실험에서 아이들을 세 개의 집단으로 나누었다. 한 집단에게는 재미있는 일을 생각하라고 지시했고, 다른 한 집단에게는 아무런 지시도 하지 않았다. 마지막 남은 한 집단에는 곧 받게 될 마시멜로를 생각하라고 했다. 그 결과 아무런 지시를 받지 않은 아이들보다 재미난 일을 생각하거나 마시멜로를 생각하라고 지시받은 아이들이 더 잘 참았다.

사전정보에 대한 신뢰도도 자제력에 영향을 미친다. 마시멜로 실험에서 한 집단의 아이들은 약속을 잘 지키지 않는 어른을 실험 전에 만나게 했고, 다른 집단의 아이들은 약속을 잘 지키는 어른을 만나도록 했다. 그런 다음 똑같이 '15분 동안 참으면 마시멜로를 하나 더 주겠다'는 약속을 하고 실험을 한 결과 약속을 잘 지키는 어른들을 만난 아이들은 14명 중 9명이 참아 냈고, 그렇지 않은 그룹은 단 1명만 참았을 뿐이다.

긍정정서도 자제력을 키우는 데 도움이 된다. 일반적으로 힘든 시간을 참아도 별로 좋은 일이 없을 것이라 느끼면 참기가 어렵다. 잘 참으면 맛있는 마시멜로를 하나 더 먹을 수 있다는 희망이 자제력을 발휘하게 한 것처럼 긍정

만 3세부터 행복을 가르쳐라

정서가 강하면 자제력은 자연스럽게 향상된다.

집념

노력, 자제력과 더불어 성취를 하는 데 중요한 요인 중 하나는 바로 '집념'이다. 집념이란 '끈기'와 '열정'을 의미한다. 성취의 크기가 커서 성취를 하는 데 오랜 시간이 걸리고 수많은 장애물을 극복해야 하는 경우라면 더더욱 집념이 필요하다.

집념과 성취의 관계에 처음으로 주목한 사람은 안젤라 덕워스다. 그녀는 1990년 보스턴에 있는 여러 공립학교에서 교사로 일하면서 '지능이 높은 학생이 지능이 낮은 학생보다 성적이 떨어지는 것'에 의문을 품고 성취와 집념의 관계를 연구하기 시작했다. 이 문제를 연구하기 위해 하버드 대학교 졸업생이었던 그녀는 일부러 마틴 셀리그만이 근무하는 펜실베이니아 대학교에서 박사과정을 밟는 열정을 보였다. 이후 덕워스는 셀리그만의 지도를 받으면서 10년 이상 이 문제를 연구했다.

셀리그만과 덕워스는 작곡가, 운동선수, 투자 은행 경영진 등 여러 분야에서 탁월한 성과(성취)를 올린 사람들을 대상으로 어떤 공통점이 있는지를 조사했다. 그 결과 탁월한 성과를 올린 사람들은 자제력과 지능 그리고 끈질긴 집념이 있다는 것을 알아냈다.

성취하는 데 실패한 사람들은 종종 상황 탓을 한다. 아이들도 마찬가지다. 공부를 열심히 하려고 했는데, 엄마 아빠가 부부 싸움을 해서 못했다거나 친구가 자꾸 피시방에 가자고 하는 바람에 못했다고 변명한다. 물론 불가피한 상황은 분명 있다. 하지만 아무리 불가피한 상황이라도 집념이 강하면 절대 성취를 포기하지 않는다. 잠시 중단할 수는 있어도 그 상황이 종료되면 다시 성취를 위해 계속 노력한다. 집념이란 상황이 어려워져도 포기하지 않고 끈기 있게 할 수 있는 힘이기 때문이다.

어렸을 때부터 원하는 것의 대부분을 크게 힘들이지 않고 손에 쥔 아이들은 끈기 있게 노력해서 성취하는 것에 익숙지 않다. 그렇다면 어떻게 해야 아이의 집념을 키워 줄 수 있을까? 집념을 강화하는 방법은 많지만 그중 이 분야 최고 학자들이 제안한 방법을 소개하면 다음과 같다.

아이에게 용기를 심어 주자. 중요한 목표를 향해 전진하다 지치거나 용기를 잃으면 그만 손을 떼고 싶다는 생각이 든다. 목표를 세우고 성취하고자 할 때에는 누구나 두려움을 느낀다. 아이가 두려움을 느끼는 건 당연한 일이다. 진정한 용기란 두려움을 느끼지 않는 것이 아니라 두려움을 느끼면서도 계속 노력하고 도전하는 것을 말한다.

집념이 강한 사람들을 가까이하도록 하자. 아이들은 주변 사람들의 영향을 많이 받는다. 어른들도 마찬가지다. 따라서 아이의 집념을 키워 주려면 집념이 강한 사람과 많은 시간을 보내도록 도와주는 것이 좋다. 웨스트포인트 육군 사관학교는 집념이 넘치는 학생들을 입학시켜 그들의 집념을 더욱 강화시킨다고 한다. 포기하고 싶다가도 가까이에 있는 사람이 어려움을 참고 계속 노력하는 모습을 보면 다시 힘을 얻어 계속할 수 있다. 가까이에 모범이 될 만한 사람이 없다면 집념이 넘치는 사람의 전기나 성공담을 읽게 하는 것도 좋은 방법이다. 어려움 속에서도 집념으로 똘똘 뭉쳐 끝까지 성취를 이뤄 낸 사람들의 이야기를 간접적으로 접하기만 해도 큰 도움이 된다.

또한 실패나 비판에 연연해하지 않도록 하자. 집념이 강한 사람들은 실패해도 다른 사람의 비난에 연연해하지 않는다. 실패도 성취하는 과정에서 당연히 겪어야 할 일이라고 생각하기 때문이다. 다만 실패했을 때 실패가 성취를 위한 밑거름이 되려면 실패의 원인을 바로 보아야 한다. 그리고 실패의 원인을 되풀이하지 않으려고 노력해야 한다.

구체적인
목표를 세워라

자신이 진정으로 원하는 것을 이루기 위해 세운 목표를 '내재적 목표'라고 하는데, 다른 누구도 강요하지 않았음에도 스스로 설정한 것이기 때문에 목표를 이루었을 때의 성취감이란 이루 말할 수가 없다. 내재적 목표를 통해 성취한 경험은 더 큰 목표를 설정한다.

가만히 있는데 저절로 얻을 수 있는 성취는 없다. 성취는 크든 작든 대부분 목표를 설정한 후 그 목표를 달성했을 때 생긴다. 하지만 모든 목표가 성취로 이어지는 것은 아니다. 목표를 설정하는 데에는 기술이 필요하다. 많은 사람들이 새해만 되면 이런저런 목표를 세우곤 한다. 하지만 며칠 지나지 않아 흐지부지되는 데에는 의지가 약한 탓도 있겠지만, 그보다는 목표를 제대로 설정하지 못한 탓이 크다. 목표를 제대로 설정하지 못하면 성취감 대신 좌절감에 빠질 수 있다. 그렇다고 걱정할 필요는 없다. 아이가 제대로 된 목표를 설정할 수 있도록 다음 몇 가지만 유념해 코치하면 목표는 곧 성취로 이어질 수 있다.

목표는 그것이 무엇이든 설정하는 자체만으로도 의미가 있다. 목표를 세

 만 3세부터 행복을 가르쳐라

우고 작심삼일로 끝나기를 반복하다 보면 목표를 세워 봤자 별 소용없다고 생각한다. 어차피 이루지도 못할 목표, 괜히 스트레스 받지 말고 처음부터 안 세우는 편이 낫다고 자위하기도 한다.

흥미로운 연구 결과가 있다. 평소 목표 없이 살던 사람도 새해가 되면 심기일전해 몇 가지 목표를 세우는 경우가 많다고 한다. 얼마 가지 않아 흐지부지되는 경우가 많지만, 연구 결과에 의하면 새해맞이 목표를 세웠던 사람과 그렇지 않은 사람의 목표 달성에는 큰 차이가 있다고 한다. 새해맞이 목표를 설정했던 사람은 6개월 후 성공률이 46%인 반면 목표를 세우지 않은 사람의 성공률은 4%에 불과했다.

이처럼 목표는 설정 자체만으로도 의미가 있다. 하지만 성취 가능성을 높이려면 목표를 보다 구체적으로 설정해야 한다. 목표가 애매하면 실행이 어렵기 때문이다. 목표를 '열심히 공부한다.'로 설정했다고 가정해 보자. '열심히'라는 것부터가 모호하다. 구체적이지 않으면, 어떤 날은 30분 공부하고 열심히 했다고 하고 어떤 날은 연필만 쥐고 있었어도 열심히 공부했다고 위안 삼는다. 목표가 모호한 만큼 실천도 모호해지기 쉽다는 걸 명심하자. '열심히 공부한다.'라는 막연한 목표를 좀 더 구체적으로 바꾸어야 한다. 예를 들어 '열심히 공부해 이번 중간고사에서 평균 10점을 올리겠다.' 혹은 '반에서 10등 안에 든다.'와 같이 이루고자 하는 목표가 무엇인지 분명히 밝히는 것이 좋다. 목표가 구체적일수록 동기부여도 잘 되고 실천 방안을 적극적으로 모색하게 만든다.

성취 경험이 적은 아이라면 쉬운 목표를 세우고 성취해 보는 것이 큰 도움이 된다. 작은 성취라도 성취를 경험하면 좀 더 큰 성취에 도전해 볼 자신감을 가지게 되기 때문이다.

그러나 실패가 두려워 특별히 노력하지 않아도 쉽게 이룰 수 있는 목표를 세우는 사람들도 있다. 이런 목표는 십중팔구 의욕을 불러일으키지 못한다. 예를 들어 반에서 10등 정도 하던 아이가 '10등을 유지한다.'라는 목표를 세웠다면 어떨까? 평소 하던 대로만 해도 10등을 할 확률이 높으므로 아이는 더 열심히 공부해야 할 이유를 찾지 못한다. 아예 목표가 없는 것보다 손쉬운 목표라도 있는 게 낫다고 생각할 수도 있지만 큰 차이가 없다. 지나치게 쉬운 목표는 의욕을 북돋아 주지도, 성취감을 높이지도 못한다. 그렇다면 어떻게 해야 할까?

마이클 펠프스가 역사상 가장 뛰어난 수영 선수 중 하나로 우뚝 선 것은 결코 우연이 아니다. 펠프스가 두각을 나타내기 전, 그의 코치 밥 바우만은 펠프스의 부모를 자기 사무실로 불러 함께 훈련 목표를 세우자고 했다. 바우만은 차후 몇 년간 계속될 대담한 훈련 계획을 제시했는데, 그 훈련의 목표는 펠프스가 십대일 때 올림픽 메달을 따는 것이었다. 당시 펠프스는 겨우 열한 살에 불과했기 때문에 그의 부모는 깜짝 놀라 코치를 바라보며 제정신이냐고 물었다. 뛰어난 선수를 알아보는 눈을 가진 바우만은 지금 당장은 이 목표가 비현실적으로 보이겠지만 재능 있는 소년에게 압박감을 주지 않으면서도 정상까지 이끌어 줄 목표임이 확실하다고 단언했다. 기특하게도 어린 펠프스는 이 목표를 자신의 것으로 받아들였고, 실제로 바우만이 예언한 시기가 되기도 전에 그 모든 목표를 달성했다. 바우만은 펠프스가 목표에 모든 것을 집중하도록 이끌었다.

김연아의 목표도 처음에는 불가능한 것처럼 보였다. 김연아는 만 다섯 살에 피겨스케이팅을 시작했다. 그때까지만 해도 피겨 선수가 될 것이라고는 꿈도 꾸지 않았다. 그저 재미 삼아 시작한 피겨스케이팅이었다. 그런데 짧은 피겨 특강 후 김연아를 지도했던 코치가 그녀의 재능을 알아보았다. 코치는 어머니에게 김연아에게 피겨에 재능이 있음을 알렸고, 어머니는 고민 끝에 결정을 내렸다. 김연아는 본격적으로 피겨 선수의 길을 걸으면서 분명한 목표를 세웠다. 그 목표는 이미 우리도 잘 알고 있는 '올림픽에서 금메달을 따는 것'이었다. 그 꿈을 이룰 수 있을 것이라 믿었던 사람이 과연 얼마나 될까? 김연아가 피겨를 시작했던 1997년만 해도 한국은 피겨의 불모지나 다름없었다. 올림픽 금메달은커녕 본선에 진출하는 것조차도 어려웠던 시기였다. 그런 상황에서 김연아 선수의 목표가 불가능해 보이는 것은 너무도 당연했다. 하지만 김연아는 어렸을 적부터 목표를 달성하기 위해 하루 7~8시간씩 열심히 연습했다고 한다. 하루 7~8시간이 그리 많은 시간이 아니라고 생각하는 사람도 있을지 모른다. 하지만 피겨는 워낙 에너지 소모가 많아 그만큼의 연습 시간을 꾸준히 실천하기란 절대 만만치 않다. 오랫동안 김연아와 선의의 경쟁을 벌인 아사다 마오가 하루 평균 3시간 정도 연습한 것을 고려하면 김연아 선수가 얼마나 지독한 연습벌레였는지 짐작하고도 남는다. 그런 노력 끝에 김연아는 피겨스케이팅을 시작하면서 세웠던 목표를 달성할 수 있었다.

아이들에게 펠프스와 김연아처럼 불가능해 보일 정도로 큰 목표를 세우라고 할 필요는 없다. 다만 지나치게 쉬운 목표는 아무런 의욕도 불러일으키지 못하고 성취감을 향상시키는 데도 도움이 되지 못하니, 목표를 좀 더 상향 조정할 필요가 있음을 알려 주어야 한다. 그렇다고 목표가 너무 거창해도 포기하기 쉬우니 적정한 선에서 조정해야 한다. 목표를 통해 성취감을 경험하게 하려면 현재보다 조금 더 노력했을 때 달성할 수 있는 수준이면 좋다.

그러나 아이에게 목표를 강요하지는 말자. 많은 부모가 아이에게 이런저런 목표를 제시하곤 한다. '1등을 해야 한다.', '명문대에 진학해야 한다.', '리더십이 강한 아이가 되어야 한다.' 등 주로 경쟁 사회에서 살아남는 데 필요하다고 생각하는 목표를 끊임없이 제시한다. 아이들이 커서 어떤 일을 해야 하는가에 대해서도 조언을 아끼지 않는다. '뭐니 뭐니 해도 안정적인 공무원이 최고다.', '대기업에 취업해야 행복하게 살 수 있다.' 등 부모의 생각을 아이에게 심고, 그것을 목표로 도전하기를 바란다.

부모가 설정해 준 목표를 잘 수행하는 아이들도 있다. 이른바 '착한 아이'들이 대부분 그렇다. 이런 아이들은 부모로부터 칭찬받고 싶어 목표를 이루려고 노력한다. 일반적으로 내가 아닌 다른 사람들이 정해 준 목표이거나 본인이 원하지는 않지만 스스로 이루어야 한다고 생각해서 세운 목표를 외재적 목표라고 한다. 외재적 목표라고 꼭 나쁜 것만은 아니다. 아이가 아무런 목표도, 꿈도 없이 무미건조하게 시간을 보낸다면 부모가 목표를 제시할 수도 있다. 문제는 외재적 목표는 동기 부여가 약하다는 점이다. 부모가 목표를 설정했어도 아이가 그 목표를 추구하고 받아들이면 괜찮지만 스스로는 원하지 않는데 착한 아이가 되고 싶어 억지로 목표를 수행한다면 잘될 리가 없다. 그러니 목표를 달성해 성취를 경험할 가능성이 낮다. 설사 목표를 달성한다 해도 짜릿한 성취감을 느끼기 어려울 수 있다.

　그러나 스스로 목표를 세웠을 경우라면 다르다. 자신이 진정으로 원하는 것을 이루기 위해 세운 목표를 '내재적 목표'라고 하는데, 다른 누구도 강요하지 않았음에도 스스로 설정한 것이기 때문에 목표를 이루었을 때의 성취감이란 이루 말할 수가 없다. 내재적 목표를 통해 성취한 경험은 더 큰 목표를 설정한다. 따라서 부모는 아이들이 내재적 목표를 세울 수 있도록 도와주어야 한다.

버킷리스트를
작성해라

버킷리스트 목록을 실행하려면 분명한 목표 기간을 정해 놓고 목표를 이룬 날짜를 기록하는 것이 좋다. 막연히 '죽기 전'이라고 하면 지금까지 그래 왔던 것처럼 내일로, 내일로 미루다가 결국 못하게 될 확률이 크다.

버킷리스트는 말 그대로 죽기 전에 꼭 하고 싶은 내용을 리스트로 만든 것이다. 꼭 하고 싶은 것도 훌륭한 목표가 될 수 있다. 아이에게 버킷리스트를 작성하게 하고, 하나씩 이루어 나가도록 하면 성취를 경험하게 하는 데 큰 도움이 된다. 죽기 전에 꼭 해 보고 싶은 것을 적으라고 하면 아이들은 난감해할 수도 있다. 죽음을 생각하기에는 아직 어린 나이이기도 하지만 버킷리스트에 쓸 정도면 무언가 대단한 것을 적어야 한다고 생각하기 때문이다.

아무런 노력 없이 이룰 수 있는 쉬운 목표는 성취에 도움이 안 되지만 버킷리스트는 다르다. 꼭 해 보고 싶은 것에는 중요한 것과 하찮은 것의 구분이 없다. '놀이공원에서 바이킹 타기', '애완동물 기르기', '방송국에 가서 유재석 만나기', '매달 한 번 영화 보기', '친구랑 주말에 기차 여행 가기' 등 마음만 먹으면 일상생활에서 쉽게 할 수 있는 것들도 다 훌륭한 버킷리스트가 될 수 있다.

아이에게 성취를 경험하게 하려면 일상생활에서 쉽게 이룰 수 있는 간단한 것들부터 시작하는 것이 좋다. 꼭 하고 싶은 것이기 때문에 간단해도 효과는 크다. 물론 부모의 도움이 필요한 버킷리스트도 있을 것이다. 예를 들어 '아빠와 함께 놀이공원 가기' 같은 것 말이다. 매일 같이 바쁜 아빠와 추억이 없는 아이에게 그 버킷리스트는 소중하고 특별하다. 아빠가 바쁜 일정을 미루고 잠시 시간을 내 아이와 놀이공원에 가 준다면, 자신의 버킷리스트를 이룰 수 있게 해 준 아빠와의 관계가 돈독해질 뿐만 아니라 꿈꾸던 것을 이뤘다는 성취감에 아이는 행복할 것이다.

버킷리스트를 만들 때에는 짧은 시간 안에 성취될 수 있는 목표를 적어야 한다. 또한, 목표 기간과 성취한 날짜를 기록해야 한다. 이처럼 버킷리스트 목록을 실행하려면 분명한 목표 기간을 정해 놓고 목표를 이룬 날짜를 기록하는 것이 좋다. 막연히 '죽기 전'이라고 하면 지금까지 그래 왔던 것처럼 내일로, 내일로 미루다가 결국 못하게 될 확률이 크다. 너무 멀리 보지 말고 당장 오늘부터 할 수 있는 일, 일주일 안에 할 수 있는 일, 6개월 안에 할 수 있는 일, 1년 안에 할 일 등 구체적으로 기간을 정해 놓아야 실천 가능성이 커진다.

버킷리스트는 실천할 때 비로소 가치가 빛난다. 모건 프리먼과 잭 니콜슨이 주연한 영화 〈버킷리스트〉가 진한 감동을 주었던 이유는 그들이 버킷리스트를 작성하고 실행에 옮겼기 때문이다. 세렝게티에서 사냥하기, 문신하기, 카레이싱과 스카이다이빙, 눈물 날 때까지 웃어보기, 가장 아름다운 소녀와 키스하기……. 죽음을 눈앞에 두고 작성한 버킷리스트를 하나씩 실행하고 지위 나가고, 때론 새로운 항목을 추가하기도 하는 그들의 모습은 분명 행복해 보였다.

자, 이제 아이가 버킷리스트를 작성해 볼 차례다. 처음에는 가까운 시일에 성취할 수 있는 열 가지 정도를 적고 실행해 보게 하자. 성취를 하고 아이가 즐거워하고 뿌듯해한다면, 이번엔 꼭 하고 싶은 것, 꼭 되고 싶은 것, 꼭 갖고 싶은 것들을 열 가지씩 리스트에 추가하게 하면 된다. 하찮고 작은 것이라도 버킷리스트에 있는 것을 성취해 본 아이는 훗날 본격적인 꿈에 도전할 수 있을 것이다. 앞으로 하나하나 이룰 것을 생각하면 아이는 기대와 희망으로 가슴 설렐 것이다. 또한 자신이 이룬 것을 음미하면서 만족감과 자부심, 성취감을 느낄 것이다. 이것도 하나의 긍정 경험이다. 이러한 긍정 경험을 통해 아이가 긍정정서를 느낄 수 있도록 하자. 행복을 키워 갈 수 있도록 말이다.

번호	목표	목표 기한	달성 여부	달성 연도
1				
2				
3				
4				
5				
6				
7				
8				
9				
10				

(표) 버킷리스트 노트 예

Part 07

관계를 잘 맺는 아이가 성공한다

행복한 성공에는 행복한 관계가 있다

미국의 카네기재단에서 5년간 사회적으로 성공했다는 사람 1만 명을 조사한 결과, 성공에 있어 가장 중요한 요소가 인간관계로 나타났다. 전문성이 성공에 미친 영향은 고작 15%에 불과했다. 나머지 85%가 인간관계와 관련이 있었다.

긍정심리학이 연구한 결과에 의하면 돈이나 학벌과 같은 조건은 행복을 만드는 데 큰 영향을 미치지 못한다. 그보다는 사람들과의 '관계'가 행복을 주도한다. 부모와의 관계, 친구들과의 관계, 학교 선생님들과의 관계가 좋아야 아이들이 행복할 수 있다고 말한다.

그런데도 관계보다는 조건을 우선시하는 부모들 때문에 아이들은 좋은 관계를 경험할 기회조차 얻지 못한다. 그만큼 아이들은 행복으로부터 점점 멀어질 수밖에 없다. 진정 아이들이 행복하게 살기를 원한다면 멀어진 아이들과의 관계를 회복하고, 다른 사람들과 친밀한 관계를 맺고 발전시킬 수 있도록 도와야 한다. 행복은 관계에서 온다. 아이들 주변에 누가 있는지, 친구 관계는 어떠한지 항상 주의 깊게 살펴야 한다.

고등학교 1학년 창민이는 자타가 공인하는 '엄친아'였다. 집안도 좋고, 공부도 잘하고 인물까지 훤했다. 무엇하나 빠질 것 없는 완벽한 조건을 갖춘 그런 아이였다. 하지만 창민이의 얼굴은 늘 어두웠다. 고독해 보이면서 시크한 모습이 또래 여학생들을 더욱 열광하게 하지만 정작 창민이는 아무런 감흥이 없었다. 살면서 가슴 설레는 행복을 느껴 본 적이 없었다. 남들이 부러워하는 조건을 다 갖춘 아이가 왜 행복하지 않을까? 창민이의 부모는 두 분 다 법조계에 종사하고 있었다. 판사인 아빠, 변호사인 엄마는 늘 바빴다. 그래서 어렸을 때부터 창민이는 많은 시간을 혼자 보냈다. 다른 아이들처럼 주말이면 엄마 아빠 손을 잡고 놀이공원에도 가고 싶고 외식도 하고 싶었지만, 그건 거의 불가능에 가까운 일이었다. 어쩌다 함께 놀아 달라고 떼를 쓰면 "오늘따라 왜 그래? 우리 창민이 혼자서도 잘 놀잖아. 다음에, 바쁜 일 끝나면 놀아 줄게."라는 대답이 돌아왔다. 창민이의 부모는 함께 시간을 보내 주는 것을 제외하면 창민이가 원하는 모든 것을 다 해 주었다. 하지만 아무리 장난감을 많이 사 줘도, 용돈을 많이 줘도 창민이의 허한 가슴은 채워지지 않았다. 부모를 그리워할수록 부모에 대한 원망도 커져 어느 순간부터는 부모를 멀리하기에 이르렀다. 일종의 자기 보호 본능 같은 것이었다.

아이들은 태어나서 제일 먼저 부모와 관계를 맺는다. 부모와 좋은 관계를 맺고 충분한 사랑을 받고 확인하면서 자란 아이는 다른 사람과의 관계도 잘 풀어낸다. 그런데 창민이는 부모와 관계를 잘 맺지 못해 대인 관계에도 서툴고 관계를 통해 얻을 수 있는 행복도 경험해 본 적이 없다. 공부도 잘하고 남에게 피해를 주지도 않지만, 남들에게 다가가는 법도, 함께 더불어 사는 방법도 잘 모른다. 언제 어디서나 늘 혼자인 창민이가 행복할 리 만무하다.

행복이 관계로부터 온다는 것을 입증한 연구 결과는 많다. 마틴 셀리그만과 에디 디너는 가장 행복한 사람으로 밝혀진 상위 10%의 학생들을 대상으로 그들의 공통점을 공동 연구했다. 그 결과 그들에겐 보통 사람이나 불행한 사람들과는 확연히 다른 점이 있었다. 바로 폭넓은 인간관계였다. 그들은 혼자 있는 시간이 적고 사회 활동을 하는 시간이 많았다. 자타가 공인할 만큼 대인관계가 좋았다. 또한, 성격도 외향적이고 사교적이어서 어떤 일이든 좋은 관계를 통해 열정적으로 진행했다. 폭넓은 인간관계를 통해 서로 긍정적인 에너지를 주고받을 수 있었다.

호주 데킨 대학 심리학과 로버츠 쿠민스 교수도 긍정관계가 행복을 만드는 데 얼마나 큰 영향을 미치는지 연구했다. 그는 2001년부터 2만 3천 명의 시드니 주민들을 대상으로 무엇이 행복도를 높이는지 조사했는데, 그 결과 배우자, 가족, 친구와의 관계에서 경험하는 친밀감이 물질적 풍요, 건강, 여가 활동보다도 더 행복과 밀접한 관련이 있다는 것을 밝혀냈다. 이처럼 긍정적 인간관계는 행복을 만드는 결정적인 역할을 한다.

행복지수가 높기로 유명한 덴마크에서는 아이들에게 사람들과 좋은 관계를 맺고 함께 행복할 수 있는 방법을 가르친다. 다른 사람들을 싸워 이겨야 할 경쟁자가 아니라 서로 돕고 의지해야 할 대상으로 가르치니, 긍정관계를 맺기도 한결 수월하다. 우리나라 아이들에게도 싸워 이기는 법보다 긍정관계를 맺고 함께 더불어 사는 방법을 가르친다면 아이들은 지금보다 훨씬 행복한 삶을 살 수 있을 것이다. 왕따 문제도 지금보다 훨씬 줄어들 것이다. 그런데 부모들은 관계 맺기가 아이의 성공에 중요하다는 사실을 간과하는 경우가 많다. 공부는 안 하고 친구들과 어울려 노는 것만 좋아한다고 아이들을 걱정한다. 친구와의 관계가 공부를 방해하고, 아이들이 성공하는 데 걸림돌이 될 것으로 생각하기 때문이다. 그렇지만 이것은 큰 착각이다. 친구들과 잘 어울리는 아이는 그만큼 사교성이 뛰어나고, 관계를 잘 풀어내는 능력을 지니고 있다. 공부를 하는 시간만큼 친구와 어울릴 수 있는 시간도 필요하다.

갤럽 연구원들의 조사에 의하면 행복한 사람들은 보통 하루에 6시간 정도를 인간관계에 투자한다고 한다. 24시간 중 잠자는 시간 약 6~8시간을 제외하면 약 16~18시간이 남는다. 그중 6시간이면 결코 적은 시간이 아니다. 깨어 있는 시간의 상당 부분을 인간관계에 투자하고 있다고 해도 과언이 아니다. 가능한 많은 사람과 긍정관계를 맺을수록 행복해질 수 있다. 긍정관계는 성공에 이르는 길에 결정적인 역할을 하기도 한다. 그러나 많은 사람이 성공하기 위해 관계를 포기한다. 가족들과 시간을 보내는 대신 일터에서 많은 시간을 보낸다. 친구들을 만나기보다 직장 상사의 눈에 들기 위해 노력한다. 왜 그런 걸까? 성공을 하는 데 관계가 얼마나 중요한 역할을 하는지 모르기 때문이다.

미국의 카네기재단에서 5년간 사회적으로 성공했다는 사람 1만 명을 조사한 결과, 성공에 있어 가장 중요한 요소가 인간관계로 나타났다. 전문성이 성공에 미친 영향은 고작 15%에 불과했다. 나머지 85%가 인간관계와 관련이 있었다. 하버드 대학 위간 박사의 연구 결과도 같다. 그는 직장, 가정, 사회생활 등 각 분야에서 실패한 사람들을 대상으로 실패 원인을 조사했는데, 그들 중 실패의 원인을 인간관계에서 찾은 사람이 무려 85%에 달했다.

물론 인간관계가 좋지 않은 사람 중에도 성공한 사례가 있다. 하지만 과연 그 성공이 행복할까? 애써 가족과 친구와의 관계를 멀리하고 일에만 몰두해 최고의 자리까지 올라갔다 한들, 진심으로 성공을 축하하며 박수쳐 줄 사람이 없다면 그건 성공이 아니다. 행복이 아니다. 성공 후 기대했던 행복은 어디론가 자취를 감추고 공허함과 쓸쓸함만이 그 자리를 대신할 것이다.

아이들이 행복하게 성공하기를 원한다면 다양한 지식을 얻기보다 긍정관계를 맺는 방법부터 가르쳐야 한다. 어찌 보면 삶은 관계의 연속이다. 다른 사람들과의 관계를 모두 끊고 산속에 들어가 혼자 살 것이라면 모를까, 사람은 좋든 싫든 끊임없는 관계 속에서 살아가야 한다. 관계는 양면성을 갖고 있다. 긍정관계는 행복을 불러오지만 관계를 잘 풀지 못하면 갈등이 생기고 아픔과 상처만 남는다. 따라서 아이들에게 관계를 잘 맺는 것과, 관계에 문제가 생겼을 때 어떻게 푸는지를 꼭 가르쳐 주어야 한다. 아이들의 행복과 불행은 모두 관계 맺기에 달려 있다고 해도 과언이 아니다. 행복한 성공에는 행복한 관계가 먼저 자리 잡아야 한다.

상대에게 긍정적 환상을 품어라

긍정적 환상이 중요한 이유는 또 있다. 긍정적 환상은 상대방을 변하게 하기 때문이다. 상대방에게 긍정적 환상을 갖고 있으면 상대방도 변한다. 상대 또한 파트너의 믿음을 저버리지 않게끔 노력할 것이고, 그래서 더 좋은 관계를 유지하게 된다.

괜히 주는 것도 없이 미운 사람이 있다. 이상하게 좋은 점은 하나도 보이지 않고 거슬리는 점만 눈에 띈다. 이런 사람과 긍정관계를 만들 수 있을까? 관계는 정직하다. 또 민감하다. 상대방이 비호감으로 느껴진다면 상대방도 귀신같이 내 감정을 알아차린다. 어느 쪽에서 먼저 시작됐든, 상대에 대한 부정적인 느낌이 생기면 관계 역시 부정적으로 꼬이기 쉽다. 긍정관계를 만들려면 일단 상대에게 호감을 느껴야 한다. 상대방이 호감 가는 사람이어야 호감을 느낀다고 생각하지만, 그렇지 않다. 호감은 상대가 지니고 있는 것이 아니라 그 상대를 바라보는 사람의 마음에 달렸다. 관계를 맺기도 전에 인상만으로 상대를 평가하고 선을 긋는 경우가 많은데, 그럴수록 사람들과 좋은 관계를 유지하기는 힘들어진다. 인간관계를 발전시키고 개선하려면 먼저 상대의 좋은 점을 찾는 게 필요하다. '긍정적 환상' 품기가 선행되어야 한다.

사랑에 빠졌을 때를 생각해 보자. 남들이 보기엔 그다지 예쁘거나 멋있는 얼굴이 아닌데도 더없이 예쁘고 멋진 사람으로 보일 것이다. 오죽하면, 눈에 콩깍지가 씌었다고 표현할까. 사랑에 빠지면 상대방의 결점이 보이지 않는다. 상대방을 무조건 좋게 볼 수 있는 이유는 상대방에게 긍정적 환상을 갖고 있기 때문이다. 긍정적 환상은 관계를 좋게 하는 데 큰 역할을 한다.

부모는 아이들에게 긍정적 환상을 갖고 있다. 아이가 태어나 옹알이를 하고, 뒤집기를 하고, 걸음마를 배우고, 말을 배우는 모든 과정이 부모에겐 경이로움 그 자체다. 아이라면 으레 거치는 성장 과정임에도 "우리 아이는 천재인가 봐, 돌도 안 되었는데 못하는 말이 없어요.", "우리 아이는 달리기 선수가 될 모양이에요. 걸음마 한 지도 얼마 안 되는데 벌써 뛴다니까요."라며 호들갑을 떤다. 아이에 대한 긍정적 환상은 대개 초등학교에 들어가면서부터 서서히 깨지기 시작한다. 천재라고 생각했던 아이가 다른 아이들에게 뒤처지고, 천사라고 생각했던 아이가 부모 말을 잘 안 듣고 제멋대로 행동하면 그때부터 아이를 달리 보기 시작한다. 아이에게 긍정적 환상을 품고 있을 때는 무조건 예쁘고 사랑스러웠지만, 커가면서 아이가 자꾸 미워지고 불만이 생긴다. 긍정적 환상이 깨지면서 부모와 아이의 관계에도 적신호가 켜지는 것이다.

긍정적 환상은 저절로 유지되지 않는다. 깊은 사랑에 빠졌을 때는 노력하지 않아도 자연스럽게 상대방에게 긍정적 환상을 갖게 되지만 어느 순간에는 깨진다. 긍정적 환상을 유지하려면 노력이 필요하다. 부정적인 면보다는 좋은

면, 긍정적인 면을 보려고 노력하는 것이 중요하다.

부모와 자식, 부부, 연인 등 사랑으로 관계가 이미 형성된 경우가 아니라면 더더욱 노력해야 한다. 사람을 만날 때 습관적으로 상대의 단점부터 보는 사람들이 있다. 그런 사람들은 대개 관계를 잘 풀지 못한다. 반면 어떤 사람을 만나든 좋은 점부터 보는 사람들이 있다. "좋은 점이라고는 눈을 씻고 봐도 없는데 어떻게 긍정적 환상을 품나요?" 이렇게 반문하는 사람들도 있다. 좋은 점이 하나도 없는 사람은 없다. 누구든 다 자기만의 장점을 갖고 있다. 색안경을 벗고 진심으로 상대를 보려고 하는 마음이 있으면 다 보이기 마련이다.

긍정적 환상이 중요한 이유는 또 있다. 긍정적 환상은 상대방을 변하게 하기 때문이다. 상대방에게 긍정적 환상을 갖고 있으면 상대방도 변한다. 상대 또한 파트너의 믿음을 저버리지 않게끔 노력할 것이고, 그래서 더 좋은 관계를 유지하게 된다. 또 상대방이 가장 자부하는 신념이나 모습을 공감하고 지지하기 때문에 서로에 대한 신뢰감과 믿음도 커진다.

'상대방에게 긍정적 환상을 가져야 한다'고 아이에게 말하기 전에 부모가 먼저 아이에 대한 긍정적 환상을 계속 유지하는 것이 중요하다. 그러면 아이는 다른 사람들을 만날 때 자연스레 나쁜 점보다는 좋은 점을 먼저 보고 긍정적 환상을 갖게 될 것이다. 앞에서 말했듯이 아이가 잘하는 점을 거듭 강조하는 습관을 들인다면, 아이 역시 남들의 장점을 먼저 보고 칭찬할 것이다. 칭찬의 힘이 아이의 시선을 긍정으로 이끄는 것이다.

하지만 시간이 지나면 강점이 어느 순간 약점으로 보일 수도 있는데, 아이와의 관계에서도 마찬가지다. 어렸을 때는 친구와 잘 어울리는 모습이 좋았는데, 학교에 들어가서는 노느라고 공부를 게을리하는 것 같아 영 마땅치 않다. 또한 어렸을 때는 조용한 성격이 어른들을 귀찮게 하지 않아 장점처럼 보였는데, 학교에 들어간 후에는 앞에 잘 나서지 않아 소심하고 답답한 아이로 느껴지기도 한다. 강점이 어느 순간부터 단점으로 보이면 관계에도 갈등이 생긴다. 하지만 반대의 경우도 있다. 강점이 단점으로 바뀔 수 있듯이 단점도 관점을 바꾸면 강점으로 바뀔 수 있다.

초등학교 6학년 승민이 엄마는 승민이의 소심한 성격이 늘 불만이었다. 사람들과 쉽게 친해지지 못하고 남들 앞에 쉽게 나서지 못하는 승민이가 못마땅해, 항상 좀 더 적극적으로 행동하라고 주문을 하곤 했다. 그럴수록 승민이는 주눅이 들어 점점 더 소심해졌고, 엄마와의 관계도 악화되었다. 아무리 애를 써도 승민이가 변하지 않고 승민이와의 관계만 나빠지자, 승민이 엄마는 생각을 바꿨다. 승민이의 소심한 성격이 아니라 섬세하고 사려 깊은 성격이라고 말이다. 그때부터 섬세하고 사려 깊은 성격을 아이의 강점으로 인정해 주고 친구들과의 관계에서도 그 강점을 발휘할 수 있도록 도와주었다.

"승민아, 너는 사려 깊은 아이니까, 친구들 사이에서 잘 어울리지 못하는 아이들을 챙겨줘."

그때부터 승민이는 달라졌다. 앞장서 리더십을 발휘하는 스타일은 아니지만, 섬세하게 친구를 챙기고 배려하는 승민이를 많은 친구들이 좋아하고 신뢰하기 시작했다. 이 때문에 승민이도 자신감을 얻어 예전보다 매사에 더 적극적인 아이로 변해갔다. 섬세하고 사려 깊은 강점에 적극성까지 더해진 셈이다. 게다가 엄마와의 관계도 좋아졌다. 자신을 못마땅해 하던 엄마가 승민이

   만 3세부터 행복을 가르쳐라

의 본모습을 인정하고 일상생활에서 강점을 발휘할 수 있도록 돕자, 승민이의
자존감도 높아졌다. 특별히 가르치지 않았는데도 승민이는 상대방의 좋은 점
을 먼저 보려고 노력했고, 예전엔 나쁘게만 보였던 것들도 달리 생각해 보려
고 태도를 바꾸었다. 어느새 관계를 잘 풀어 가는 방법을 스스로 터득한 것이
었다.

공감 능력은 관계를 푸는 원동력이다

친구와 관계를 잘 맺는 아이들은 대부분 다른 사람의 이야기를 잘 들어 준다. 경청은 공감의 기본이다. 상대방의 이야기에 귀를 기울이지 않으면 상대방이 어떤 이야기를 하는지 알 도리가 없다. 무슨 이야기를 하는지도 모르는 데 공감하기란 더더욱 불가능하다.

요즘 아이들은 다소 이기적인 경향이 있다. 다른 사람의 감정이나 생각을 이해하고 공감하기보다는 자기의 감정과 생각을 앞세운다. 이렇게 된 데는 부모의 책임이 크다. 요즘은 기껏해야 아이를 한둘밖에 낳지 않기 때문에 부모들은 아이들을 공주님, 왕자님으로 키운다. 손에 넣으면 터질까, 불면 날아갈까 애지중지 키우다 보니 아이들은 다른 사람의 감정이나 생각을 공감할 기회가 적다. 무한 사랑을 베풀어 주는 부모가 있기 때문에 굳이 다른 사람의 감정이나 생각을 알아야 할 이유가 없다.

하지만 아이가 맺어야 할 관계는 부모와 자식 간의 관계만이 아니다. 유치원에서 친구들과도 관계를 맺어야 하고 선생님하고도 관계를 맺어야 하는데, 공감하지 못하는 아이들은 당연히 관계 맺는 데 서툴다. 관계 속에서 살아야 할 아이들이 관계 푸는 방법을 모르면 모든 게 낯설어진다. 집에서는 모든 것을 혼자 독차지했는데, 장난감도 친구들과 나누어야 하고 선생님이 나만 바라보고 보살펴 주지 않는 상황에 적응하지 못한다. 집에서처럼 모든 장난감은 자기 것이란 생각에 친구가 들고 있던 장난감을 뺏고는, 왜 친구가 울음을 터트리는지조차 이해하지 못한다.

긍정관계의 기본은 '공감'이다. 다른 사람의 감정과 생각을 잘 공감하기만 해도 인간관계는 술술 풀린다. 내 아이의 공감 능력은 얼마나 될까? 평소 다른 사람의 감정과 생각에는 아랑곳하지 않고 자기 고집만 피운다면 십중팔구 공감 능력은 떨어질 것이다. 공감 능력은 관계를 푸는 원동력이다. 관계를 잘 푸는 아이가 행복할 수 있다는 것을 잊지 말고 공감 능력을 키워 주기 위해 노력하자.

아이들은 다른 사람들의 감정을 기본적으로 느낄 수 있다. 갓 태어난 아기들도 다른 아기들이 울면 불안해한다. 아기가 자라 걸음마를 할 즈음에는 다른 아기의 감정을 읽고 그에 따른 행동을 하기도 한다. 예를 들어 다른 아기가 울면 자기가 갖고 놀던 장난감을 주거나 안아줌으로써 위로하려 든다. 어떤 아기는 자기 엄마를 양보해 우는 아기를 달래게 하기도 한다.

이처럼 아이들의 감정 공감 능력은 어느 정도 타고나지만 부모들이 잘 향상시켜 주지 않으면 퇴화하기 쉽다. 부모가 어떻게 하느냐에 따라 아이의 감정 공감 능력은 더 발전할 수도, 사라질 수도 있는 것이다. 아이의 감정 공감 능력을 키워 주려면 우선 아이가 안정감을 느낄 수 있는 환경을 조성해 주어야 한다. 가족은 아이가 만나게 되는 최초의 안전한 영역이다. 기쁠 때는 말할 것도 없고 슬프거나 화가 날 때도 항상 자신의 감정을 이해하고 위로해 주는 가족이 있다는 것을 확인하면서 아이는 안정감을 느낀다. 긍정감정은 배가 되고 부정감정은 반으로 줄면서, 정서적으로 안정되기 시작한다. 반면 아이가 안정감을 느낄 수 없는 환경에서는 부정감정이 더 커진다. 아이들도 그렇지만 어른들도 극도로 불안한 상태에서는 다른 사람의 감정을 읽고 공감하기 어렵다. 자기감정도 추스르기 어렵기 때문이다. 그런 상태는 주의가 온통 자기 내부로만 향한다. 사랑을 듬뿍 받고 자란 아이가 다른 사람을 사랑할 수 있듯이 부모나 가족으로부터 충분히 감정을 공감 받으며 자란 아이가 다른 사람의 감정에도 잘 공감한다. 따라서 평소 아이의 감정을 잘 읽어 주고 충분히 공감해야 한다. Part5에서 소개한 감정 코칭이 아이의 감정 공감 능력을 키우는 데 큰 도움이 될 것이다.

가능한 한 많은 감정을 경험해 보는 것도 감정 공감 능력을 키우는 데 도움이 된다. 긍정감정이든, 부정감정이든 상관없다. 가족을 잃은 슬픔을 경험했던 사람이 가족을 잃은 다른 사람의 마음을 진심으로 공감할 수 있다. 자신이 경험해 보지 못한 감정을 진심으로 공감하기란 사실상 불가능하다. 부모는 감당하기 힘든 부정감정을 될 수 있는 한 아이들이 경험하지 않기를 바라지만 부모가 충분히 공감해 주면 어떤 감정도 아이를 성장시키는 훌륭한 자양분이 된다.

감정 공감 능력을 키워 주려면 아이가 다른 사람의 감정에 관심을 두도록 하는 것이 중요하다. 다른 사람의 감정은 관심을 두지 않으면 보이지 않는다.

만 3세부터 행복을 가르쳐라

큰 관심도 필요 없다. 아주 작은 관심만 가져도 충분히 다른 사람의 감정을 읽을 수 있음을 아이에게 알려 주자. 작은 관심을 위한 첫 번째 행동은 경청하는 자세다.

경청은 공감의 기본이다

중학교 2학년 연희를 보면, 경청하는 자세가 얼마나 중요한지 알 수 있다. 연희는 친구들 사이에서 연예인 못지않은 인기를 누리고 있는데, 친구들에게 왜 그렇게 연희를 좋아하느냐고 물으면 모두가 한결같은 대답을 한다.

"연희랑은 얘기가 잘 통해요. 친구인데도 어떤 때는 언니처럼 의지가 돼요."

그런데 아이들의 대화를 지켜보니 뜻밖에도 연희는 거의 말을 하지 않았다. 그저 다른 아이가 조잘조잘하는 이야기를 열심히 듣고 고개를 끄덕일 뿐이었다.

연희뿐만 아니라 친구와 관계를 잘 맺는 아이들은 대부분 다른 사람의 이야기를 잘 들어 준다. 경청은 공감의 기본이다. 상대방의 이야기에 귀를 기울이지 않으면 상대방이 어떤 이야기를 하는지 알 도리가 없다. 무슨 이야기를 하는지도 모르는 데 공감하기란 더더욱 불가능하다. 요즘 아이들은 듣기보다 말하기에 익숙하다. 자기 생각을 분명하게 말할 수 있는 아이가 리더로 자랄 수 있다고 믿으면서 듣기보다 말하기 교육을 집중적으로 한 덕분이다. 그래서인지 요즘 아이들은 확실히 말을 잘한다. 수많은 사람 앞에서 기죽지 않고 논리정연하게 자기 생각을 이야기하는 아이들을 보면 대견하기까지 하다. 하지만 공감하는 능력은 말하기가 아닌 듣기를 잘해야 쑥쑥 자란다. 공감하는 능력을 키워 주려면 듣기부터 가르쳐야 한다. 안타깝게도 우리나라 교육은 쓰기와 읽기, 말하기, 듣기 순으로 가르친다. 받아쓰기나 읽고 말하는 것은 많이 가르치면서도 정작 긍정적 인간관계를 만드는 데 필요한 듣기에는 소홀하다.

경청하는 데도 기술이 필요하다. 지금껏 경청하는 데 익숙지 않은 아이들에게 무조건 경청해야 한다고만 말하면 아이들은 어찌할 바를 모른다. 경청하는 구체적인 방법까지 알려 주는 것이 좋다.

경청은 말 그대로 열심히, 잘 듣는 것을 의미한다. 그러려면 일단 다른 사람의 이야기를 끝까지 듣는 연습부터 해야 한다. 듣기에 익숙지 않은 아이들은 종종 다른 사람이 이야기를 마치기도 전에 불쑥 끼어들어 자신이 하고 싶은 이야기를 한다. 그 순간 공감의 고리는 산산조각 난다.

끝까지 듣는 것만으로도 부족하다. 상대방이 무슨 이야기를 하는지 하나도 놓치지 않으려는 자세로 들어야 공감할 수 있다. 중간에 끼어들지는 않더라도 상대방이 이야기할 때 딴생각을 하거나 다음에 자기가 할 말을 생각하고 있었다면 경청했다고 볼 수 없다.

또한, 아이에게 경청은 귀로만 듣는 것이 아니라 눈과 가슴으로도 듣는 것임을 알려 주어야 한다. 상대방과 눈을 맞추고 진심으로 상대방의 이야기를 들어 주려고만 해도 공감대가 형성된다.

맞장구를 치는 것도 좋은 방법이다. '그렇구나.', '응, 무슨 말인지 알아.', '정말?'과 같이 적절한 말을 하며 맞장구를 치면 상대방은 자신의 이야기를 이해했다고 느끼게 되고 따라서 더욱 신명 나게 이야기보따리를 풀어놓게 될 것이다.

구체적인 경청 기술을 알려 주는 것보다 더 중요한 것이 있다. 언제나 그렇듯이 부모가 모범을 보여야 한다는 것이다. 아이와 이야기할 때 눈도 마주치지 않고 '알았어.'라고 대충 말하거나 끝까지 듣지도 않고 '넌 왜 맨날 똑같은 소리만 하는 거니?'라고 핀잔을 주면서, '경청이 중요하다'고 하면 아이가 콧방귀만 뀐다. 부모부터 아이 말을 잘 경청하며 적당히 맞장구 쳐주자. 그러면 아이도 자연스럽게 경청하는 능력을 키울 수 있을 것이다. 경청하는 아이는 앞으로 누구와 만나게 되더라도 좋은 인상을 남길 수 있을 것이다.

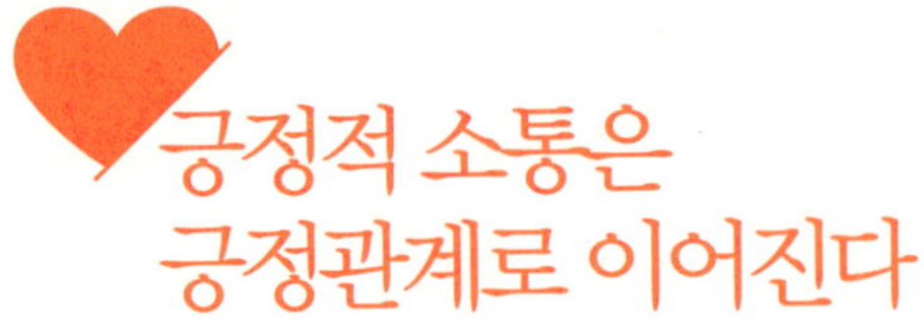

긍정적 소통은
긍정관계로 이어진다

소통할 때 얼굴을 마주 보는 것은 기본이다. 열심히 이야기하는데 상대방이 딴 곳을 쳐다보고 있으면 기분이 상하고 얘기할 의욕도 나지 않는다. 서로 눈을 맞추고 소통해야 상호작용이 제대로 일어난다.

친밀하고 신뢰가 넘치는 관계를 만들기 위해서는 소통이 중요하다. 소통에도 긍정적 소통과 부정적 소통 두 가지가 있다. 긍정적 소통은 사람들의 관계를 돈독하게 만들고 서로에 대한 신뢰를 쌓게 해 주지만 부정적 소통은 소통하면 할수록 관계를 악화시킨다. 말이 통하지 않는 사람과 소통하는 것만큼 힘든 일도 없다. 소통이란 기본적으로 서로의 생각을 이해하기 위해 하는 것이다. 그런데 대부분의 사람은 다른 사람의 생각을 이해하기보다 자기 생각을 다른 사람에게 전달하려는 목적으로 소통을 시도한다. 쌍방향 소통이 되어야 하는데, 어느 한쪽이 일방적으로 자기 이야기를 늘어놓는 소통을 주로 한다. 부모들이 아이들과 소통할 때도 마찬가지다. 아이와의 관계가 좋지 않은 부모들의 소통법을 보면 대부분 일방통행이다. 말로는 아이 말에 귀 기울이고 아이의 생각을 존중한다고 하면서도 정작 부모가 하고 싶은 이야기만 하는 경우가 많다. 이런 소통법으로는 아이와 친밀한 관계를 유지하기 어렵다.

긍정적 소통을 하는 방법에는 원칙이 있다. 우선 부모가 이 원칙을 염두에 두고 아이와 긍정적 소통을 하는 것이 중요하다.

첫 번째 원칙은 얼굴을 마주 보고 동조하는 것이다. 소통할 때 얼굴을 마주 보는 것은 기본이다. 열심히 이야기하는데 상대방이 딴 곳을 쳐다보고 있으면 기분이 상하고 얘기할 의욕도 나지 않는다. 서로 눈을 맞추고 소통해야 상호작용이 제대로 일어난다. 말하는 사람도 신명이 나고, 듣는 사람도 상대방의 생각을 잘 이해할 수 있어 듣는 것이 지루하지 않다.

서로 눈을 맞추고 소통하면서 재미있는 이야기를 할 때는 소리 내 웃고, 우울하고 슬픈 이야기를 할 때는 슬픈 표정을 지으면 더 좋다. 이런 행동은 상대방의 이야기에 동조한다는 것을 적극적으로 표현하는 것이므로 상대방으로 하여금 신뢰감을 느끼게 한다.

간혹 아이들은 부모와 소통하고 싶은 마음에 부모의 상황을 고려하지 않고 소통하려 들 때가 있다. 한참 정신없이 집안일을 할 때 '엄마, 오늘 학교에서 이런저런 일이 있었는데……'와 같이 소통을 시도한다. 그럴 때 어떻게 했는가. 혹시 아이 얼굴을 쳐다보지도 않은 채 계속 집안일을 하면서 듣지는 않았는지, 혹은 '지금 바쁘니까 나중에 이야기하자.'라고 이야기하며 소통을 차단하지는 않았는지 생각해 보자.

둘 다 아이와의 관계에 좋지 않은 영향을 미친다. 집안일을 하면서 아이

말을 다 들을 수도 있겠지만 아이는 마치 벽을 보고 혼자 이야기하는 것 같은 절망감을 느낄 수 있다. 아이와 긍정관계를 유지하려면 잠시 집안일을 멈추고 아이와 얼굴을 마주 보고 소통해야 한다. 너무 바빠 당장 응하기 어려울 수도 있다. 그럴 때도 아이의 눈을 바라보며 상황을 설명하고 집안일이 끝난 후 이야기할 것을 약속하는 것이 좋다. 눈을 마주 보고 이야기하면 아이가 쑥스러워할 수도 있다. 사실 많은 사람이 상대방의 눈을 똑바로 바라보고 소통하는 걸 부담스러워 한다. 말할 때도 그렇지만 들을 때는 계속 시선을 마주치기가 생각보다 쉽지 않다. 이럴 때는 눈이 아닌 코 밑이나 입 주변을 보는 것도 좋은 방법이다. 이렇게 하면 상대방은 자신의 눈을 쳐다보고 있는 것처럼 느끼기 때문에 긍정적 소통을 하는 데 문제가 없다.

단, 상대방이 얼굴을 마주 보고 소통하는 것에 부담을 느껴 자꾸 시선을 피한다면 융통성을 발휘해야 한다. 시선을 피하는데도 상대를 오랫동안 집요하게 쳐다보면, 상대는 오히려 반감을 가질 수 있다. 얼굴을 대하고 동조하는 것은 어디까지나 상호적일 때 의미 있는 것이기 때문에 상대방이 부담스러워하면 무리하게 시도하지 않는 것이 현명하다.

두 번째 원칙은 따뜻한 어조로 소통하는 것이다. 어조는 말보다 강하다. 말로는 '괜찮다.'고 이야기해도 어조가 차갑거나 격앙되어 있으면 상대방은 '괜찮다.'라는 말을 믿지 않는다. 아이들은 더욱 부모의 어조에 민감하다. 아이들은 어른들이 하는 말에 항상 귀 기울이는 것은 아니지만 어떤 어조로 어떻게 말했는지는 금방 알아챈다. 자신을 달래는 목소리인지 위협하는 목소리인지 쉽게 구분한다.

친밀한 관계를 만들려면 따뜻한 어조로 말하는 것이 좋다. 따뜻한 어조는 그 자체로 친밀함을 조성한다. 격앙되거나 냉정한 어조로 말하면 내용과 상관없이 상대방을 긴장시킨다. 분명 좋지 않은 이야기를 하는 것이라 지레짐작하게 하고 보호막부터 치게 만든다. 열린 마음으로 소통해야 친밀함과 신뢰가 쌓인다. 좋은 이야기는 말할 것도 없고 좋지 않은 이야기를 할 때도 따뜻한 어조로 이야기하면 관계에 상처가 나지 않는다. 흔히 화가 났을 때 격앙된 어조로 흥분해서 말을 하게 되는데, 이런 어조로 이야기하면 화가 났다는 사실을 확실하게 전달할 수는 있지만, 왜 화가 났는지 상대에게 전달되지 않는다. 상대는 화를 위협이나 불안의 상황으로 인식하게 되고 그런 상황에서는 누구나 본능적으로 빠져나가려고 하기 때문이다. 아이들이 잘못을 했을 때 화난 목소리로 혼을 내면 아이는 '엄마, 잘못했어요. 다시는 안 그럴게요.'라고 대답하지만, 정작 '뭘 잘못했는데?' 하고 물으면 대답을 못하는 경우가 그런 예다. 부모가 아이를 혼낼 때는 아이가 잘못을 깨닫고 또 다시 똑같은 잘못을 저지르지 않기 바란다. 그런데 아이가 무서워하기만 할 뿐 자신의 잘못을 모른다면, 부모는 아이에게 교육을 한 것이 아니라 분풀이를 한 것에 지나지 않게 된다. 반면 따뜻한 어조로 '동생도 잘못했지만 네가 형이니까 조금만 양보했으면 싸움이 일어나지 않았을 텐데…….'와 같이 말한다면 아이는 자신의 잘못을 깨닫고 반성하게 된다.

어른들도 감정을 뒤로 하고 따뜻한 어조로 소통하기 어려운데, 아이들이 그렇게 하기는 더욱더 쉽지 않다. 하지만 아이가 다른 사람들과 인간관계를 맺을 때는 물론이고, 커서 사회생활을 하기 위해서도 따뜻한 어조로 소통하는 것은 꼭 몸에 배어 있어야 할 습관이다. 어렵더라도 가능한 한 따뜻한 어조로 이야기하도록 도와주어야 한다.

어떤 주제로 소통을 하는가도 중요하다. 처음 만났는데도 몇 년은 만난 사람들처럼 금세 친해지는 이들이 있다. 워낙 사교성이 뛰어난 사람들일 수도 있지만, 그보다는 공동의 관심사가 쉽게 친해질 수 있는 분위기를 조성했을 가능성이 높다. 공동의 관심사를 주제로 하는 것은 소통의 기술 중 하나다. 학부모들은 특별한 이해관계에 얽혀 있지 않는 한, 금방 하나가 된다. 모두 육아와 교육이라는 공통된 관심사를 갖고 있어 다른 사람의 이야기에 쉽게 공감한다. 공동의 관심사를 주제로 말하게 될 때는 정보를 교류하는 장으로 쉽게 발전한다. 따라서 저절로 경청하게 되는 놀라운 체험을 하게 되기도 한다.

이처럼 공동의 관심사는 긍정적 소통을 하는 데 많은 영향을 미친다. 관심사가 전혀 다르면 소통하는 게 고역일 수 있다. 관심도 없는 이야기를 들으려면 아무리 경청을 하려 해도 자꾸 딴생각이 들기도 하고, 자칫 이야기가 길어지기라도 하면 상대방에 대해 짜증이 나기도 한다. 소통이 재미없으니 인간관계도 재미없고 유대감이 생기지도 않는다. 항상 공동 관심사를 주제로 소통하기는 어렵다. 하지만 적어도 서로를 신뢰할 수 있는 좋은 관계를 구축할 때까지는 가능한 한 공동 관심사를 찾아 소통하는 것이 좋다.

단, 첨예하게 의견이 대립할 수 있는 주제는 공동 관심사라 하더라도 피하는 것이 좋다. 정치에 관심이 있더라도 서로 정치를 바라보는 철학과 입장이 다르면 오히려 부딪힐 수 있다. 그런 주제는 괜히 이야기했다가 감정이 상하기 쉽다. 일반적으로 쉽게 말다툼으로 번질 수 있는 종교 등도 피해야 한다. 그 외에도 사회적으로 민감한 이슈 등은 주제로 삼지 않는 게 좋다. 소통이 아니라 크게 싸움이 날 확률이 높다. 설득되지 않는 주제를 가지고 이야기해 봤자, 관계가 어긋나기 쉽다. 설사 주제로 언급되더라도 슬기롭게 다른 문화적인 공동 관심사로 주제를 돌려야 한다. 미술, 음악, 영화, 책 등은 문화 영역이기 때문에 소통할 만한 공동 관심사가 되기 쉽다. 정보를 교류하고 서로의 감상을 나누면서 우애를 쌓기에도 좋은 주제들이다. 큰 범주에서 이야기를 나눌 때보다 마니아적인 범주에서 서로의 취향이 겹친다면 그들은 더 빠른 시간 내에 기꺼워질 수 있다. 소통은 이치럼 서로를 이해하고 공동점을 찾는 데서 이루어진다.

적극적이고
건설적으로 반응하라

심리학자 셜리 게이블 박사는 연구 끝에 타인의 긍정적 경험을 듣고 적극적이고 건설적으로 반응할 때 애정과 우정이 증가한다는 사실을 알아냈다. 굳이 연구 결과를 참조하지 않더라도 다른 사람의 일을 자기 일처럼 여기고 함께 기뻐하면 당연히 관계는 좋아질 수밖에 없다.

악플보다 더 무서운 것이 무플이란 말이 있다. 왜 이런 말이 나왔을까? 때론 악플을 견디지 못해 극단적인 행동까지 하는 사람들이 나올 정도로 악플은 비수처럼 날카롭게 사람들의 가슴에 상처를 낸다. 그럼에도 사람들은 아무런 반응을 보이지 않는 무플을 더 무서워한다. 이런 사람들을 보면서 새삼 사람들과 관계를 맺을 때 반응이 얼마나 중요한지를 실감한다.

인간관계는 상호적인 것이다. 손바닥도 마주쳐야 소리가 나듯이 인간관계도 어느 한쪽만 노력해서는 긍정관계를 만들기 어렵다. 긍정관계를 만들기 위해서는 상대방이 어떤 이야기를 했을 때 잘 반응해 주어야 한다. 어떻게 반응하느냐에 따라 그 사람과의 관계가 좋게 발전할 수 있고, 으르렁거리는 원수지간이 될 수도 있다. 그만큼 모든 반응은 중요한 의사소통의 도구라고 할 수 있다. 사소한 손동작이나, 고개를 끄덕거리는 것, 맞장구를 치는 것, 끝말을 이어 가는 것, 미소 짓는 것 같은 모든 반응이 소통의 일부다. 특히 어떤 대꾸를 하느냐에 따라서 대화가 달라진다.

상대방이 어떤 말을 했을 때 아무런 반응을 보이지 않는 것보다는 어떤 반응이든 보이는 것이 좋지만 무조건 반응을 보였다고 관계가 좋아지는 것은 아니다. 상대방을 기분 좋게 만들어 관계를 돈독하게 만드는 반응이 있는가 하면 기분을 상하게 만들어 관계를 멀어지게 만드는 반응도 있다. 이 적극적이고 건설적인 반응 기술은 상대방을 기분 좋게 해서 긍정관계를 증진시키기 위한 도구다.

아이가 집에 돌아와 들뜬 목소리로 "엄마! 오늘 국어시험 100점 맞아서 선생님께 칭찬받았어요."라고 긍정적인 말을 했다고 가정하자. 이때 주로 어떤 반응을 보였는지 다음 4개의 보기 중에서 골라 보자.

① "와, 참 잘했구나. 네가 열심히 노력하더니 해냈구나! 선생님이 뭐라고 칭찬하시던? 엄마도 기분이 좋구나. 빨리 손 씻고 피자 먹자!"
② "잘했다."
③ "국어만 100점 맞으면 뭐하니, 내일 수학 시험은 70점밖에 못 맞을 텐데……."
④ "빨리 학원 갈 준비해라!"

어떤 대답이 아이를 기분 좋게 만들고 부모를 더욱 좋아하고 신뢰하게 할까? 두말할 것도 없이 1번이다. 2번도 1번보다는 못하지만, 아이의 기분을 어느 정도 맞춰 주는 반응이다. 하지만 3번과 4번은 기껏 들떠 자랑하려는 아이에게 상처를 주는 부정적인 반응이다.

1번과 같은 반응은 '적극적이고 건설적인 반응'이다. 진심으로 상대방의 말을 경청하고 열광적으로 지지해 주는 반응 기술로 좋은 관계를 만드는 데 큰 도움이 된다. 이런 반응은 상대방으로 하여금 편안함과 신뢰감을 느끼게 해 더 많은 것을 이야기하고 싶게 만든다. 2번은 '소극적이고 건설적인 반응'이다. 관계를 크게 해치지도 않지만 그렇다고 친밀한 관계를 만드는 데 큰 도움이 되지도 않는다. 자칫 의례적으로 '잘했다'고 반응하는 것으로 오해할 여지도 있다. 오해하지 않더라도 뜨뜻미지근한 반응은 상대방으로 하여금 말문을 닫아 버리게 한다.

3번과 4번은 관계를 형성하기는커녕 관계를 악화시키고 파괴하는 반응이다. 3번은 '적극적이고 파괴적인 반응'이다. 긍정적인 경험을 이야기하는데 굳이 부정적인 측면을 끄집어내 지적하는 반응이기 때문에 대화가 부정적이고 적대적으로 흐른다. 부정적 소통은 결국 서로의 신뢰를 깨뜨리고 거리감을 느끼게 할 뿐이다. 4번은 '소극적이며 파괴적인 반응'이다. 노골적으로 부정적이고 적대적인 반응을 보이지는 않았지만, 긍정적 사건을 무시하고 엉뚱한 이야기를 함으로써 상대방을 혼란에 빠뜨린다. 왜 그런 이야기를 하는지조차 이해하기 어렵다. 소통이 안 될 뿐만 아니라 상대방으로 하여금 엉뚱한 반응을 보이는 이를 믿지 못하게 만들며, 관계를 부정적으로 이끌기 쉽다.

긍정관계를 만들기 원한다면 당연히 1번 '적극적이고 건설적인 반응'을 해야 한다. 반응은 꼭 말로만 하는 것이 아니다. 눈빛, 몸짓, 표정 등 비언어적인 표현도 중요한 반응이다. 보통 적극적이고 건설적인 반응을 할 때는 비언어적인 표현도 적극적이다. 웃거나 손뼉을 치는 등 온몸으로 긍정적인 반응을 보인다. 소극적이고 건설적인 반응에는 대부분 적극적인 감정 표현이 거의 없다. 말은 "잘됐네.", "축하해."라고 말하면서 표정은 별 변화가 없다. '적극적이며 파괴적인 반응'을 할 때는 비언어적인 표현도 눈썹을 찡그리거나 인상을 찌푸리는 등 부정적이다. '소극적이며 파괴적인 반응'을 할 때는 인상을 찌푸리는 것과 같이 적극적으로 부정감정을 표현하지는 않지만, 고개를 돌리거나 자리를 피하는 방식으로 반응한다.

미국 캘리포니아 대학교 심리학자 셜리 게이블 박사는 연구 끝에 타인의 긍정적 경험을 듣고 적극적이고 건설적으로 반응할 때 애정과 우정이 증가한다는 사실을 알아냈다. 굳이 연구 결과를 참조하지 않더라도 다른 사람의 일을 자기 일처럼 여기고 함께 기뻐하면 당연히 관계는 좋아질 수밖에 없다. 부모가 자주 모범을 보여야 한다. 아이는 자연스럽게 적극적인 반응을 체득할 것이다.

반응은 일종의 습관이다. 자기도 모르는 사이에 반응하는 방식이 굳어져 있는 경우가 많은데, 자신의 반응 방식부터 살펴야 긍정관계를 만드는 데 필요한 반응 기술을 익히기가 쉽다.

아이가 스스로 자기의 반응 방식을 알아차리기는 어렵다. 아이에게 다른 사람의 긍정적 사건을 듣고 난 후 어떤 식으로 반응했는지 적어 보도록 한다. 2~3일 정도만 적어 봐도 아이가 주로 반응하는 형태를 알 수 있다. 어떤 말을 했는지 뿐만 아니라 비언어적인 반응까지 적으면 더욱 좋다.

타인의 긍정적 사건	아이의 반응	반응 유형
성호야! 우리 아빠가 창의력 향상을 위한 멋진 장난감 사 주셨다.	"와, 정말 좋겠다. 나도 갖고 싶었던 장난감인데, 기분이 어떠니? 축하한다." 비언어적 반응 : 감탄, 손뼉 치기, 악수하기	적극적이며 건설적인 반응 (진실하고 열광적인 반응)
	"좋겠네." 비언어적 반응 : 적극적인 감정 표현 거의 없음.	소극적이며 건설적인 반응 (절제된 지지)
	"그 장난감 잘 망가진대. 조금만 갖고 놀면 금방 싫증 날 걸?" 비언어적 반응 : 인상 쓰기	적극적이며 파괴적인 반응 (긍정적 사건의 부정적 측면 부각하기)
	"우리 축구하러 갈래?" 비언어적 반응 : 장난감을 보지 않고 자리에서 일어나기	소극적이며 파괴적인 반응 (긍정적 사건 무시하기)

아이의 반응 방식이 '적극적이며 건설적'인 것으로 나오면 축하할 일이다. 하지만 그렇지 않다면 '적극적이며 건설적인 반응' 기술을 열심히 익혀야 한다. 아이의 반응 방식을 파악했다면 한 걸음 더 나아가 어떤 식으로 반응했어야 하는지도 적어 보도록 한다. 둘의 차이가 클수록 반응기술을 더 많이 연습해야 한다. 일주일 정도만 꾸준히 적어 봐도 많이 좋아질 것이다.

만 3세부터 행복을 가르쳐라

타인의 사건	나의 반응(사실 그대로)	적극적이고 건설적인 반응(가정)

하지만 일기를 쓰듯이 적극적이고 건설적인 반응을 연습했더라도 막상 사람을 만났을 때는 적극적이고 건설적으로 반응하는 것이 어려울 수도 있다. 이때는 미리 사람을 만나기 전에 상대방이 아이에게 말할 가능성이 있는 좋은 사건을 상상해 보도록 한다. 그런 다음 적극적이고 건설적인 반응을 미리 계획해 연습하면 한결 수월해질 것이다. 아이 스스로 적극적이고 건설적인 반응을 생각하지 못한다면 부모가 도움을 주어도 괜찮다. "그냥 축하해라고 하는 것보다는 와아 넌 정말 대단하다. 진심으로 축하해라고 말하는 것이 좋지 않겠니?"라고 말해 주면 아이는 좀 더 쉽게 반응 기술을 익힐 수 있다.

좋은 관계를 맺으려면 시간을 선물하라

긍정관계는 시간을 먹고 자란다. 시간은 마음보다 강하다. 오랜 시간을 함께 하면 관계는 성숙한다. 쉬운 일은 아니지만, 좋은 관계를 맺으려면 시간을 선물하라.

지금껏 긍정관계를 만드는 데 필요한 내용을 많이 이야기했다. 상대방을 볼 때 어떻게 봐야 하는지, 소통할 때는 어떻게 해야 하는지, 상대방의 말에 어떻게 반응해야 하는지를 소개했다.

하지만 이보다 더 중요한 것이 있다. 관계 대부분은 시간을 공유하면서 돈독해진다. 가족과의 관계가 다른 어떤 관계보다 친밀하고 긍정적이라면 그것은 함께 보낸 시간 덕분이라 할 수 있다. 오랜 시간 함께 밥을 먹고, 일상을 함께 하는 동안 차곡차곡 정이 쌓였기 때문에 가능한 관계다. 물론 함께 시간을 보내면서 늘 좋을 수만은 없지만 함께 있어 행복했던 시간은 좋지 않았던 시간을 충분히 상쇄하고도 남는다.

어떤 사람은 혈연으로 맺어진 가족이기 때문에 긍정적일 수 있지 않으냐고 묻는다. 일정 부분 혈연이 관계를 탄탄하게 맺어 주는 역할을 하기도 하지만 그것만으로는 부족하다. 가족이라도 오랫동안 보지 못하고 떨어져 살면 늘 시간을 공유하며 사는 이웃보다도 관계가 서먹서먹해진다.

관계는 시간이다. 한두 번만의 짧은 만남으로 서로 강렬한 인상을 줄 수는 있겠지만 편안하고 긍정관계를 만드는 데는 한계가 있다. 긍정관계는 시간을 먹고 자란다. 시간은 마음보다 강하다. 오랜 시간을 함께 하면 관계는 성숙한다. 쉬운 일은 아니지만, 좋은 관계를 맺으려면 시간을 선물하라.

2013년 5월 8일 축구계 최고의 명장으로 손꼽히던 맨체스터 유나이티드의 알렉스 퍼거슨이 돌연 은퇴를 선언했다. 무려 27년간 맨체스터 유나이티드를 성공적으로 이끌었던 그가 은퇴를 결심한 이유는 아내 때문이었다.

"작년 크리스마스 때 은퇴를 결심했습니다. 처형이 세상을 떠나면서 아내가 홀로 보내는 시간이 많아졌습니다. 처형은 아내에게 최고의 친구였습니다. 하지만 이젠 내가 함께 있어 줘야겠다는 생각이 들었습니다."

퍼거슨의 은퇴 이유는 많은 사람에게 깊은 울림을 주었다. 많은 사람이 가족을 사랑하면서도 정작 가족과 많은 시간을 보내지 못한다. 특히 아버지들이 그렇다. 우리나라 아버지들은 대개 아침부터 밤늦게까지 직장에 매여 있다. 주말도 자유롭지 못하다. 회사에 급한 일이 생기거나 상사의 호출이 있으면 주말도 고스란히 반납해야 한다. 그러다 보니 가족들과 함께하는 시간이 얼마 안 된다. 그나마 잠자는 시간을 빼고 순수하게 가족과 함께 보내는 시간만을 계산하면 그야말로 새 발의 피다.

아버지들도 할 말은 많다. 아버지들도 마음은 가족들과 함께하고 싶지만, 가족들을 벌어 먹이려면 어쩔 수 없다고 항변한다. 가족들도 아버지가 가족들을 위해 고생하고 있다는 것을 안다. 하지만 관계는 어쩐지 서먹하다. 모처럼 아버지가 집에 있으면 아이들이 불편해하고, 아내도 귀찮아하는 기색이 역력하다. 얼마 전 만난 50대 가장의 말이다. 우리나라 대부분의 아버지가 그렇듯이 그도 30~40대를 미친 듯이 바쁘게 살았다. 늘 밖으로 돌다 보니 아이들은 아버지를 낯설어 했다. 아이들이 어렸을 때는 그가 안기만 해도 오랫동안 울음을 그치지 않을 정도였다. 아이들이 조금 더 커서는 아버지에게 종종 놀아 주기를 바랐던 때도 있었다. 마음은 함께 놀아 주고 싶었지만, 시간이 나지 않아 매번 다음번을 기약하며 미뤘다. 어쩌다 시간이 나도 솔직히 몸이 너무 피곤해 거실 소파에 앉아 자기 바빴다고 고백했다. 그래도 아이들이 아버지의 진심은 알아줄 것이라 믿었다. 아버지가 얼마나 아이들을 사랑하고 있는지, 이렇게 열심히 일하는 게 다 아이들을 위한 것임을 알 것으로 생각했다. 하지만 어느 순간부터 아이들은 더 이상 아버지를 찾지 않았다. 50대가 된 지금 가족들과 많은 시간을 보내고 싶은데도 그럴 수가 없다. 아이들 마음의 아버지 자리는 이미 다른 것으로 채워졌고, 아이들의 시간 어디에도 아버지가 낄 틈은 없었기 때문이다. 어쩌다 집에서 마주쳐도 어색하게 웃고 말 뿐이다. 지금 그는 가족이 가족다우려면 마음보다 시간이 우선임을 비싼 수업료를 치르면서 뼈저리게 깨닫는 중이다.

나도 여러 번의 사업 실패와 경제적, 시간적 부족으로 아내와 아이들과의 관계가 최악의 상황까지 간 적이 있었다. 경제적인 여건만 좋아지길 바라고 내 중심적으로 앞만 보고 가다 보니 아내와 이혼 위기를 겪었고, 아이들과는 부자간의 따뜻한 정 없이 형식적이고 의무적인 관계를 지속했었다. 다행히 내 중심적인 사고와 행동에서 벗어나 아내와 아이들의 입장을 존중하고 공감해 주며, 가족이 원할 때 함께하기 위해 많은 시간 노력을 기울인 결과, 지금은 행복한 부부 관계, 행복한 부자 관계를 유지하고 있다.

가족과의 관계뿐만 아니라 타인과의 관계에서도 '시간'은 서로의 관계를 긍정적으로 만들어 줄 수 있는 가장 소중한 선물이다. 우리 대부분은 '선물' 하면 물질적인 선물을 생각한다. 하지만 그 어떤 선물보다도 시간이라는 선물처럼 소중한 선물은 없다. 물질적인 선물은 언제든 여건이 허락되면 다시 할 수 있지만, 시간은 결코 되돌릴 수 없기 때문이다. 그렇지만 무작정 같이 있다고 해서 시간을 선물했다고 할 수 있을까? 아니다. 시간을 선물하는 데도 때와 방법이 있다.

시간이라는 선물은 많이 하면 할수록 좋다. 함께 많은 시간을 보낼수록 관계는 더욱 돈독해지고 긍정적으로 변한다. 다만 시간을 선물할 때는 양도 중요하지만, 질이 더 중요하다. 함께 시간을 보내면서도 왠지 함께 있지 않은 것만 못한 느낌을 주는 경우가 있다. 이야기하는데도 귀 기울여 듣는 것 같지도 않고, 자꾸 다른 곳을 쳐다보면 기분이 나쁘다. 요즘에는 이야기 도중에 수시로 스마트폰을 들여다보는 스마트폰 중독자들도 많다. 이런 경우에는 오히려 역효과가 난다. 시간을 선물할 때는 온전히 그 사람을 위한 선물이 되어야 한다. 그 사람과 함께 있는 동안만큼은 오로지 그 사람을 위해 최대한 시간을 쓰고 집중해야 한다.

시간을 선물한다는 것은 단순히 함께 시간을 보낸다는 것을 의미하지 않는다. 시간이 정말 가치 있는 선물이 되려면 상대방에 대한 사랑, 배려, 공감, 관심, 소통이 바탕이 되어야 한다. 함께 있는 시간 동안 상대방이 원하는 것을 해 주어야 선물의 가치가 극대화된다. 상대방이 무엇을 원하는지는 관심을 두지 않고, 자기 마음대로 자신의 관점에서 아무렇게나 시간을 쓰면 기껏 시간을 선물하고도 관계가 더 멀어질 수가 있다. 예를 들어 영화에 별 취미가 없는 사람에게 마음대로 영화표를 끊고 함께 보자고 하거나, 중국 음식을 싫어하는 사람인데 제멋대로 중국집을 약속 장소로 잡는다면 그 사람은 선물을 받는 것이 아니라 고문당하는 기분일 것이다. 상대방을 사랑하고, 배려하고, 관심을 두고 소통하면 이런 문제는 자연스럽게 해결될 수 있다.

주변에 시간을 선물할 사람이 누구인지 떠올려 보자. 최근 들어 가족 친구 동료들 중에 관계가 소홀한 사람이 있다면 대부분 시간 부족이 원인일 것이다. 그들을 위해 시간을 선물하자. 이이들도 마찬가지다. 시간 선물의 중요성을 알려 주고 시간을 선물하도록 도와주자. 여건이 따라 주지 못한다면 간단한 감사편지도 괜찮다.

시간 선물하기

당신의 시간을 필요로 하는 사람을 떠올려 보라

 만 3세부터 행복을 가르쳐라

당신이 관심을 두고 있는 사람을 떠올려 보라

당신이 가진 것이 시간뿐이라면 그 사람을 위해서 무엇을 해 줄 수 있는가!

돈이나 물건이 아닌 당신이 소비한 시간으로 친절의 정도를 표현하라

무엇을 하든 그 사람을 위해 시간을 어떻게 쓸 것인지 계획하라

그 사람을 위해 쓸 수 있는 최대한의 시간을 쓰고 요령을 부리려고 하지 마라

도움을 받은 사람에게 당신이 얼마만큼의 시간을 들였는지 말하지 마라

그저 그 일의 결과로써 자연스럽게 알게 하라

Part08
자존감 있는 아이가 행복을 만끽한다

자존감은 행복을 만드는 가장 큰 중심이다

자존감은 자신에 대한 사랑과 존중, 믿음과 희망이다. 자신을 사랑하고 존중하지 못하는데, 또 자신을 믿지 않고 부정하며 희망도 품지 않는데 어떻게 삶의 의미를 찾을 수 있겠는가?

지금까지 당신과 아이들의 행복 만들기를 위해 긴 여행을 했다. 이제 목적지에 가까이 왔다. 목적지에 도착하기 전 마지막으로 점검하고 갈 중요한 과제가 있다. 바로 자존감이다. 행복을 만드는 데 중요한 도구인 긍정정서, 성격강점, 낙관성, 회복력, 성취, 긍정관계 모두 자존감과 밀접한 관련이 있다. 각 도구를 코치하면서 자존감을 많이 언급했지만 그럼에도 마지막으로 다시 한번 자존감을 다루고자 하는 이유는 아이들에게 자존감의 중요성이 날로 증가하고 있기 때문이다. 자존감이 없으면 아이들은 행복해질 수 없다.

오늘날 우리나라 아이들의 삶의 만족도나 행복도는 OECD 국가 중 꼴찌에 속한다. 청소년들의 자살률, 우울증 증가율도 단연 세계 최고 수준이다. 그 이유는 여러 가지가 있겠지만, 개인적으로는 아이들의 자존감 부재가 중요한 원인이라고 생각한다.

　자존감은 자신에 대한 사랑과 존중, 믿음과 희망이다. 자신을 사랑하고 존중하지 못하는데, 또 자신을 믿지 않고 부정하며 희망도 품지 않는데 어떻게 삶의 의미를 찾을 수 있겠는가? 부정정서는 분노를 일으키고, 자신감을 상실하게 하며 무력감에 빠지게 한다. 자존감이 높은 아이들은 긍정적이고 낙관적이다. 이러한 아이들은 과거의 경험 속에서 자부심과 성취감을 느낀다. 또한, 현재를 만족하고 즐거워하며, 미래의 꿈과 목표에 대하여 자신감과 희망이 가득하다. 자존감이 높은 아이들은 어떠한 기상의 변화에도 끄떡없이 버티는, 깊고 폭넓게 뿌리 내린 나무와 같다. 심한 스트레스를 받거나 역경이 닥쳐와도 이겨 내는 힘이 있다. 자존감이 높은 아이들은 누군가 자신을 비난하고 무시할 때조차도 개의치 않고 당당하게 자기 주도적으로 살아간다.

　자존감은 아이들이 행복을 만들고 성공적인 삶을 살기 위해 꼭 필요한 요소다. 어찌 보면 자존감은 앞에서 소개한 행복을 만드는 도구들의 중심에 있는 사령탑과도 같다. 아이의 긍정정서를 키워 주고, 강점을 찾아 개발해 주고, 낙관성과 회복력을 강화하고, 성취와 긍정관계를 가르치는 것은 모두 아이의 자존감을 높이기 위한 것이라 해도 과언이 아니다. 그만큼 자존감은 중요하다.

아이의 행복을 부르는 열쇠, 자존감

자존감은 사람의 생각과 태도, 행동까지 결정짓는 가장 근본적인 요소이며 행복과 성공을 이루는 열쇠라고 할 수 있다. 아이들이 일상에서 자존감을 느끼는 영역은 어디일까? 자존감을 느끼는 영역은 크게 일곱 가지로 구분된다.

많은 부모가 자존심pride과 자존감Self-esteem을 혼동한다. 이 둘은 비슷한 것 같으면서도 큰 차이가 있다. 자존심은 남에게 굽히지 않고 스스로 자신의 인격을 유지하려는 마음이다. 즉 다른 사람보다 나은 자신의 상태를 비교하여 자신을 인정하려는 마음이다. 반면 자존감은 자신이 사랑받고 존중받을 가치가 있는 소중한 존재라고 믿는 것이다. 스스로 자신을 사랑하고 존중하는 마음이다.

자존감의 평가 척도는 크게 네 가지로 나누어 볼 수 있다.

첫째는 '자기가 가진 능력'에 대한 평가.

둘째는 '나는 사랑받고 존중받을 가치가 있는 사람인가'에 대한 자기 가치의 평가.

만 3세부터 행복을 가르쳐라

셋째는 '주도적인 삶을 살아갈 수 있는가'에 대한 자신감.

넷째는 '나는 떳떳한가?'에 대한 도덕적 평가.

자존감은 사람의 생각과 태도, 행동까지 결정짓는 가장 근본적인 요소이며 행복과 성공을 이루는 열쇠라고 할 수 있다.

자존감의 일곱 가지 영역

자존감이 있는 아이와 없는 아이는 평소 생활 태도부터 눈에 띄게 다르다. 자신을 사랑하는 사람이 남도 사랑할 수 있다. 자신을 귀하게 여겨야 남을 존중하며 매사에 그릇된 판단을 하지 않는다. 그런데 자존감은 여러 영역으로 세분화해서 봐야 한다. 우리는 흔히 뭉뚱그려서 자존감이라고 말하지만, 자존감을 느끼는 영역은 크게 일곱 가지로 구분될 수 있다. 그렇다면 이 일곱 가지 영역을 자세히 알아야 아이가 어떤 영역에서 자존감이 부족한지, 어떤 방식으로 자존감을 키워 주어야 할지 판단할 수 있을 것이다.

아이들이 일상에서 자존감을 느끼는 영역은 어디일까? 일곱 가지 영역 중에는 유전자나 초기 환경의 영향에 따라 어느 정도 자존감이 결정된 영역이 있고, 자발적인 노력으로 높일 수 있는 영역이 있다. 각각의 영역에서 자존감을 느끼는 방법은 다르겠지만, 기본적으로는 다른 사람과의 비교와 평가가 그 기준이 된다는 공통점을 지닌다.

자존감의 일곱 가지 영역

① 인지 ② 신체 ③ 물질 ④ 정서 ⑤ 관계 ⑥ 인성 ⑦ 영성

그 일곱 가지 영역은 ① 인지 ② 신체 ③ 물질 ④ 정서 ⑤ 관계 ⑥ 인성 ⑦ 영성이다. 세부적으로 살펴보면 다음과 같다.

첫째, 인지영역

이 영역은 자신이 지닌 지혜와 지식, 지능, 재능을 통해 자존감을 평가받는다. 공부를 잘하거나 바이올린 연주를 잘 거나 그림을 잘 그리는 아이들은 또래 아이들보다 자존감이 높다. 아이들에게 중요하게 작용하는 것은 지능과 재능인데, 이는 부모로부터 물려받은 유전자의 영향을 많이 받는다. 우수한 유전자를 물려받은 아이들과 그렇지 못한 아이들 사이엔 지능과 재능지수가 차이가 날 수밖에 없다. 지혜와 지식도 어린 시절 교육적, 문화적 환경에 따라 영향을 많이 받는다. 이처럼 인지영역은 유전과 초기 환경의 영향을 받지만 실망하기엔 이르다. 제한적이지만 아이가 노력하기에 따라 인지영역과 관련한 자존감도 얼마든지 높아질 수 있다.

둘째, 신체영역

이 영역은 육체와 외모, 운동 능력에 의해 평가된다. 남보다 건강한 육체를 갖고 있거나 뛰어난 미모를 갖추었거나 탁월한 운동 능력을 발휘하는 아이들은 다른 아이들보다 이 영역에 대한 자존감이 높다. 요즘 아이들에게 있어 가장 자존감이 낮은 영역이 아마도 이 신체영역일 것이다. 특히 외모가 자존감에서 차지하는 비중이 점점 더 커지고 있다. 외모 지상주의가 팽배해지면서 어린아이들까지도 외모에 신경을 많이 쓰고, 뚱뚱하거나 못생긴 아이들이 놀림감이 되는 현실이다. 상황이 이렇다 보니 많은 아이들이 필요 이상으로 외모에 집착해 스트레스를 받고 있고 다이어트도 모자라 성형수술을 해서라도 외모를 고치고 싶어 한다. 사람은 누구나 어느 사람과도 비교할 수 없는 자기만의 특별한 아름다움이 있다는 것을 알려 주어 신체영역에 대한 자존감을 높여 주면 이런 문제는 자연스럽게 해결된다.

셋째, 물질영역

물질영역은 내가 무엇을 얼마나 갖고 있는가에 의해 평가된다. 물질은 단순히 돈이나 물건을 의미하지 않는다. 개개인의 조건이나 배경도 물질에 속한다. 우리 집 재산이 얼마이고, 내가 입고 있는 옷과 가방이 명품인지, 부모의 직업이나 사회적 지위가 어떤가에 따라 자존감에 영향을 미친다. 우리나라가 행복하지 못한 이유 세 가지 중 하나가 강한 물질주의 성향이란 일부 비난도 있지만, 자본주의에서 인정할 수밖에 없는 현실이기도 하다. 아이들에게 이 영역 역시 부모의 경제적 사회적 직위에 의해 결정되는 불공평한 영역이다.

다행히 물질영역에 대한 자존감은 꼭 물질을 풍부하게 손에 넣지 않아도 높일 수 있다. 생존 자체가 어려울 정도로 물질이 부족하면 어렵겠지만, 기본적인 의식주가 어느 정도 충족된 상태라면 마인드를 변화시키는 것으로도 충분하다.

넷째, 정서영역

정서영역은 평소에 내가 얼마나 긍정정서를 많이 느끼는가에 의해 결정된다. 긍정정서를 많이 경험하고 음미하는 아이들의 자존감이 높기 때문이다. 앞에서 이야기했듯이 정서에는 긍정정서와 부정정서가 있으며, 긍정정서에는 감사, 성취감, 평안, 자부심 같은 과거의 긍정정서가 있고, 기쁨, 즐거움, 황홀감, 열정, 만족, 몰입 같은 현재의 긍정정서가 있다. 그리고 신뢰, 신념, 자신감, 희망, 낙관성 같은 미래의 긍정정서가 있다. 이들은 행복을 만들어 주는 중요한 도구들이며 자존감을 높여 주는 가이드이기도 하다.

어떠한 역할이나 환경에서 유발되는 자존감이라도 최종적으로 이 긍정정서를 통해서 자존감에 이르기 때문이다. 따라서 위의 세 가지 영역, 즉 인지영역, 신체영역, 물질영역에서 자존감이 낮은 아이들도 긍정정서를 잘 활용하면 자존감을 높일 수 있다.

아이들은 누구나 과거에 크고 작은 성취나 성공을 한 긍정 경험이 있다. 과거뿐만 아니라 현재에도 신바람 나게 즐기고 열정을 쏟고 몰입하는 일이 분명 존재한다. 더 나이가 미래의 꿈이나 목표에 대한 기대와 희망, 자신감이 있다. 이런 과거, 현재, 미래의 긍정 경험들을 자주 음미하게 하고 말하게 함으로써 긍정정서를 배양하고 확장, 구축하면 일시적인 자존감이 아닌 지속해서 자존감을 높일 수 있다.

다섯째, 관계영역

관계영역은 사회성 지능에 대한 영역으로서 대인 관계가 얼마나 원활하고 잘 이루어지는가에 대한 평가이다. 사회성이 좋은 아이들이 자존감이 높기 때문이다. 대부분 다른 영역에서는 자신의 능력만으로 자존감을 높일 수 있지

  만 3세부터 행복을 가르쳐라

만, 이 관계영역은 상호 간의 관계에 의해 평가되기 때문에 사회적 지능이 부족한 아이들에게는 어려움이 있을 것이다. 사회성은 엄마와의 유착관계를 느끼는 유아기 때부터 시작한다. 이후 아동기 또래와의 관계를 통해 발전하는데, 자신을 좋아하고 잘 따르면 아이의 자존감이 높아진다.

서로 긍정관계로 발전하려면 몇 가지 기술이 필요한데 그중 하나가 자신을 좋아하게 만드는 것이다. 사람은 상대가 자신에게 호감을 느끼고 다가오면 마음을 연다. 이는 또래뿐만 아니라 부모와의 관계, 성인이 된 이후 사회생활에서도 마찬가지다. 사회성을 키우기 위해서는 소통이 중요하다. 소통되지 않는 이유는 간단하다. 상대가 싫어서 말하기 싫고, 마음을 받아들이기도 싫은 것이다. 상대가 원할 때 함께 있고, 상대가 말할 때 공감하고 배려하고, 상대에게 늘 감사한 마음을 가질 때 사회성이 증진되고 관계가 발전되어 자존감이 더 높아지는 것이다.

여섯째, 인성영역

인성영역은 사람의 품성에 관한 영역으로 개인이 가지는 사고와 태도 및 행동 특성을 평가하는 것이다. 즉 인성을 평가하는 것이다. 좋은 품성을 갖고 선한 행동을 했을 때 자존감은 높아지기 마련이다. 인간은 본래 선한 품성을 갖고 태어난다. 인성교육은 인간이 타고난 품성을 발현하도록 하고 인간성을 회복하는 교육이 되어야 한다. 하지만 현재 진행되고 있는 대부분 인성교육은 일시적인 감정이나 주위, 경고 수준에 머물러 있기 때문에 내면 깊이 인간의 본성, 심리적 특징을 움직이는 데는 한계가 있다. 인성교육을 좀 더 재미있고 흥미를 갖게 하는 방법은 없을까? 또한, 자발적으로 참여해 지속적인 성과를 낼 수 있게 하는 방법은 없을까? 그것이 바로 긍정심리학의 성격강점이다. 성격강점은 전 세계 두루 퍼져 있는 철학적 종교적 사상의 핵심 가치와 인간의 선한 품성이 포함된 여섯 가지 미덕과 24가지 강점을 말하는데, 성격강점은 시간이나 환경의 변화에도 지속해서 나타나는 개인의 성격적, 심리적 특성으로 도덕적 개념까지 포함되어 있어서 아이들의 인성교육으로 가장 적합한 도구이다. 마틴 셀리그만은 아이들에게 대표강점을 찾아주고 발휘하게 하는 것이 행복을 만들어 주는 열쇠라고 말한다.

일곱째, 영성영역

이 영역은 현상과 행위에 대해 의미를 부여하고 자아보다 더 큰 무엇과의 연결성을 추구하고 헌신하는 영성 영역을 평가하는 것이다. 영적인 삶과 의미 있는 삶을 사는 사람은 늘 사랑하는 마음과 감사하는 마음과 용서하는 마음을 갖고 살기 때문에 자존감이 높다. 영적인 삶은 신의 모습을 닮아 가길 원하기 때문에 기도와 선행을 베풀고자 한다. 의미 있는 삶은 자기 존재보다 더 큰 무엇과 하나가 되는 삶이다. 그래서 그 무엇이 더 클수록 삶의 의미도 그만큼 더 커진다. 행복한 삶은 자신의 대표강점을 날마다 발휘하여 행복을 만들어가는 것이다. 의미 있는 삶은 행복한 삶에 한 가지가 더해진다. 지식과 능력을 선을 촉진시키는 데 활용하는 것이다. 그렇게 하면 참으로 의미 있는 삶이 될 것이다. 촛불은 세상을 밝히고 다른 존재에게 온기를 불어넣을 때 그 의미와 가치가 있다. 마찬가지로 아이들도 나라는 존재를 넘어서 '나보다 더 큰 어떤 것'과

연결되어 있다는 걸 깨닫고 그것을 위해 이바지한다고 느낄 때 더 큰 만족을
느낄 수 있을 것이다. 이것이 동물과 다르게 인간이 추구할 수 있는 신성이다.

*

    지금까지 자존감의 일곱 가지 영역의 특징을 살펴보았다. 일곱 가지 영역
모두에서 자존감이 높은 아이들은 없다. 아이에게 억지로 자존감을 높이려고
해서는 안 된다. 일곱 가지 영역 중 몇 개라도 아이가 높은 자존감을 보이면
우선 그 영역에 집중해 다른 분야로 확장하는 것이 바람직하다. 그러면 아이
의 자존감은 더 높아지고 행복해진다.

자신의 노력을
믿게 하라

아이가 자신을 쓸모없는 존재로 여기고, 자신을 증오하고, 자신감을 느끼지 못하는 것은 자신이 세상일을 잘해 나가지 못한다고 생각하기 때문이다. 자존감은 누군가 칭찬으로 만들어 주는 것이 아니다. 아이가 맡은 일을 해내면서 쟁취해나가는 것이다.

최근 부모나 교사 모두 아이들의 자존감이 중요하다는 것을 인식하고 자존감을 키워 주기 위해 많은 시간과 노력을 기울인다. 문제는 대부분의 자존감 교육이 비과학적이고 일시적인 감정에 의한 것이어서 아이들의 자존감을 키우는 것이 아니라 오히려 자존감을 낮추어 우울증을 증가시키고 있다는 것이다.

아래는 한 학교의 자존감 높이기 교육 교재 내용 중 일부이다.

제1장, 한 페이지에는 '너는 특별하다.'는 문장이 열 번 쓰여 있고 그다음 페이지에는 "올해 내가 네 선생님이 되어서 정말 기뻐. 너 같은 아이는 또 없을 거야."라는 글이 쓰여 있다.

제2장, '우리를 위해 박수를!'이란 말과 함께 박수치는 모습이 그려져 있다.

제3장, 거울 속에서 '널 사랑하는 걸 습관으로 만들어 봐.'라고 말하는 만화 영화 주인공이 그려져 있다.

제4장, 아이들에게 '나는 …… 때문에 특별한 아이야'라는 문장에 '악기를 연주할 수 있기', '그림을 잘 그리기', '모두가 사랑하기' 같은 말을 넣어서 완성하는 게임이다.

스스로를 사랑하고 특별하다고 인정하는 연습을 통해 자존감을 높여 주는 교육 내용이다. 분명 아이들의 자존감을 높이는 데 도움이 될 수 있는 내용이지만 좀 더 실제적이고 구체적인 방법들이 필요하다. 단순히 구호만 외치는 형태로는 아이의 자존감을 높이는 데 한계가 있기 때문이다.

긍정심리학이 자존감을 높이는 방법을 제시하기 전에는 대부분의 자존감 교육이 '잘하게 하는 것'은 외면하고 대부분 '좋은 기분을 느끼게 하는 것'만을 강조했다. 과연 '좋은 기분을 느끼게 하는 것'으로 아이들의 자존감은 높아졌을까? 다음 예를 보자.

초등학교 5학년 찬혁이는 영리하고 호기심이 많고 창의적인 아이다. 특히 국어, 수학과 같은 기초과목을 잘하고 학교생활도 무척 즐겁게 한다. 그러나 찬혁이를 우울하게 만드는 것이 있는데 그것은 바로 '체육'이다. 체육 시간만 되면 마치 지진아가 된 기분이다. 보통 정도만 돼도 좋겠는데 달리기를 하든,

농구를 하든, 축구를 하든 늘 뒤처진다. 팀을 이뤄 경기라도 하면 잦은 실수로 인해 얼굴조차 들 수가 없다.

찬혁이와는 달리 찬혁이와 가장 친하게 지내는 같은 반 친구 동우는 운동을 아주 잘한다. 며칠 전 체육 선생님이 축구팀을 만들어 다른 학교와 시합할 선수를 모집할 것이라 말했다. 동우는 찬혁이에게 같이 도전해 보자고 했다. 찬혁이는 한사코 못한다고 거절했지만 동우는 열심히 연습하면 할 수 있다며 설득했다. 찬혁이 아빠도 선수로 나가보는 것이 큰 경험이 될 것이라며 격려했다. 결국, 찬혁이는 동우와 함께 수업이 끝난 후 매일 축구 연습을 했다. 헌신적으로 가르쳐 주고 격려해 주는 동우 덕분에 자기도 모르게 축구하는 재미에 빠져들었고, 그러면서 실력도 조금씩 늘었다.

드디어 선수를 선발하는 날이 되었다. 열심히 연습했고 실력도 늘었다고 자신했는데, 막상 운동장에서 연습하는 다른 아이들을 보니 기가 죽었다. 마음을 가다듬고 선발전에 임했지만, 결과는 좋지 않았다. 동우가 애써 패스해 준 공도 놓치기 일쑤였고, 헛발질로 웃음거리가 되기도 했다.

선발 시험이 끝난 후 찬혁이의 얼굴은 창피함으로 일그러져 있었다. 이를 본 찬혁이 아빠는 이렇게 말했다.

"오늘 아주 잘했어. 골을 넣지는 못했지만 정말 열심히 뛰던걸? 축구는 스피드가 중요해. 뛰는 데는 문제가 없으니 이제 정확하게 골을 넣는 법만 연습하면 돼. 그건 별로 어렵지 않아. 너 자신을 자랑스럽게 생각하렴. 진심이야, 내년에는 팀에 들어갈 수 있을 거다. 이번에는 운이 나빴어."

"무슨 말씀이세요, 아빠? 난 진짜 엉망이었다고요. 올해도 안 됐지만, 내년

에도 안 될 게 뻔해요. 내가 선발전에 나갔다는 것조차 믿기지 않아요. 인정할
건 해야죠. 전 바보예요."

그래도 아빠는 단념하지 않고 자랑스럽게 말했다.

"그런 식으로 말하면 안 돼. 그렇게 생각해서도 안 되고. 오늘 정말 잘했다
니까. 아빠가 보기에는 팀에 들어간 아이들만큼 잘했어. 그렇게 고개를 숙이
고 있는 모습은 보고 싶지 않구나. 너는 충분히 잘했고 다음에는 더 잘할 거라
고 자신에게 말해야 돼."

아빠는 찬혁이의 기분을 좋게 해 자존감을 높여 주려고 무척 애를 썼다.
그런데 과연 아빠의 의두대로 찬혁이의 자존감이 높아졌을까? 결과는 '아니
오'다. 찬혁이 아빠의 의도는 좋았다. 아빠는 아들이 상처받은 것을 보고 기분
을 풀어 주고 싶었고, 그 즉시 실행에 옮겼다. 다른 부모들처럼 찬혁이 아빠도
긍정적인 의의를 강조해서 아들의 자존감을 높여 주는 방법을 택했다. 하지만
아빠의 노력은 역효과만 낳았다. 찬혁이는 받아들이기 힘든 현실을 감추는 데
만 급급한, 단순하고 둔한 아이가 아니었다. 아빠는 찬혁이의 기분을 더욱 상
하게 했고 스스로에 대한 믿음도 사라지게 했다. 찬혁이의 예는 무조건 '좋은
기분을 느끼게 하는 것'만으로는 아이의 자존감을 높이기는커녕 역효과가 날
수 있음을 여실히 보여 주고 있다.

긍정심리학자 셀리그만도 '좋은 기분을 갖게 하는 것'으로 자존감을 높여 주
는 것에 대해 회의적이다. 그는 30여 년 가까이 우울증을 앓는 성인과 아동을 연

구하면서 이런 결론을 굳히게 되었다. 셀리그만에 의하면 우울증을 앓는 사람은 나이에 상관없이 다음 네 가지 유형의 문제를 보인다고 한다. 첫째, 행동에 있어 소극적이고, 우유부단하고, 무기력하다. 둘째, 정서적인 면에서 늘 슬픈 상태이다. 셋째, 잠을 못 자고 식욕도 별로 느끼지 못하는 신체 상태다. 넷째, 인지적인 차원에서 삶을 절망적으로 느끼고 자신을 가치 없는 존재라고 생각한다.

'좋은 기분을 갖는 것'은 마지막 유형의 문제를 보이는 사람들에게 도움이 될 수는 있다. 그러나 마지막 유형의 문제는 우울증 환자들의 공통된 문제 중에서 가장 덜 중요하다. 우울증에 빠졌던 아이라도 적극적이고 희망찬 모습을 회복하면 자기 가치에 대한 생각도 나아진다. 절망과 소극적인 태도의 족쇄를 깨부수지 않고 좋은 기분만 유지하라고 부추긴다면 아무것도 얻지 못한다.

아이가 자신을 쓸모없는 존재로 여기고, 자신을 증오하고, 자신감을 느끼지 못하는 것은 자신이 세상일을 잘해 나가지 못한다고 생각하기 때문이다. 반면 맡은 일을 잘 해내고, 스스로 그것을 충분히 느낀다면 자신에 대한 평가도 점점 향상될 것이다. 그러므로 일시적으로 좋은 기분을 갖게 하는 것은 중요하지 않다. 중요한 것은 아이가 스스로 일에 성취감을 느끼는 것이다. 자존감은 누군가 칭찬으로 만들어 주는 것이 아니다. 아이가 맡은 일을 해내면서 쟁취해 나가는 것이다.

성취감을 느낄 때 아이의 자존감은 날개를 단다

자존감에 관한 학계의 논문을 살펴보면 대다수가 아이들의 행동과 자존감의 상관관계를 다루고 있다. 못생긴 아이는 자존감이 낮고, 성적이 우수한 아이는 자존감이 높고, 우울증을 앓는 사람은 자존감이 낮고, 뛰어난 운동선수는 자존감이 높고, 낙제한 아이는 자존감이 낮다는 식이다. 하지만 실패가 낮은 자존감을 유발하는 것일까, 낮은 자존감이 실패를 유발하는 것일까?

이 질문에 대한 답을 얻기는 생각보다 쉽다. 약 1년 정도 시간을 두고 대규모 아동 집단을 살펴보면 된다. 연구를 시작하기 전에 먼저 아이의 자존감 수준을 측정한다. 그런 다음 연구를 시작할 때와 끝낼 때 성적, 인기도, 우울한 상태 등이 어느 정도인지 알아본다. 자존감이 원인으로 작용한다면 다음과 같은 예측을 할 수 있다. 성적이 비슷한 아이들 가운데 자존감이 높은 아이는 성적이 더 올라야 할 것이며, 자존감이 낮은 아이는 성적이 떨어져야 한다.

그러나 자존감이 어떤 결과를 초래한다는 것을 보여 주는 결과는 거의 밝혀진 바 없다. 오히려 세상의 수많은 성공이나 실패가 자존감 형성의 원인이 될 수 있다. 자존감이 성공과 실패의 원인이 아니라 결과라고 한다면 자존감을 직접 가르치기는 매우 힘들 것으로 보인다. 하지만 교사나 부모가 자존감 중 '잘하게 하는 것'에 관심을 가진다면 직접 가르칠 수 없는 '좋은 기분을 갖는 것'은 자연스레 따라오게 되어 있다.

뭔가를 잘못하면 아이들은 의문점을 가진다. 그 의문은 보통 세 가지 차원으로 구분할 수 있다. '누구'를 탓할 것인가, 그 일이 '얼마나 오래' 갈 것인가, 그 일로 자신의 삶이 '얼마나 큰' 피해를 입을 것인가 하는 것이다. 따라서 이 세 가지는 분명히 구분되어야 한다.

첫 번째 의문, 즉 내 탓(내부적)을 할 것인가 남 탓(외부적)을 할 것인가 하는 문제는 자존감 가운데 '좋은 기분을 갖는 것'에 해당하며, 두 번째와 세 번째 의문, 즉 원인이 얼마나 지속해서, 얼마나 만연적으로 영향을 끼칠 것인가 하는 문제는 실패에 대응하기 위해 아이가 하는 '행동'에 해당하기 때문이다. 자신에 대해 좋지 않은 기분이 든다고 당장 어떻게 되는 것은 아니다. 하지만 문제가 영원히 지속할 것이며 그로 인해 자기의 모든 것이 피해를 입을 거라는 생각이 들면 아이는 곧바로 노력을 멈춰 버린다. 포기는 더 큰 실패로 이어지고 그렇게 되면 급기야 기분마저 손상되고 만다.

아이가 '좋은 기분'을 갖도록 격려하고 뭔가를 '잘하게' 만드는 것 그리고 낙관적으로 생각하도록 북돋우는 것은 하나로 간주하여야 한다. '잘하게 하는 것'과 '좋은 기분을 갖게 하는 것' 중 어느 것이 더 중요한지에 대해서는 이견이 팽팽하다. 사실 이 문제는 '닭이 먼저냐, 알이 먼저냐'처럼 쉽게 결론을 내기 어려운 문제일 수 있다. 실제로 잘하는 것과 좋은 기분을 갖는 것은 서로 유기적으로 연결되어 있기 때문에 어떤 것이 더 중요하다고 쉽게 단정 짓기 어렵다. 그래서 좀 더 중요하게 생각하는 쪽에 무게 중심을 두고 아이들을 대한다. '좋은 기분을 갖는 것' 쪽으로 기운 사람들은 아이의 기분을 나아지도록 만들기 위해 어디든 끼어들 준비가 되어 있다. '잘하는 것' 쪽으로 기울어져 있는 사람들은 실패에 대한 아이의 생각을 바꾸고, 좌절에 대한 내성을 키우고, 작은 성공보다는 끈질긴 노력에 힘을 보태 주기 위해 노력한다.

'좋은 기분을 갖는 것'을 옹호하는 사람들은 긍정적 사고의 힘을 믿는 교사들과 더불어 아이가 스스로 긍지를 갖도록 하는 방법을 다양하게 알고 있다. 한편 '잘하게 하는 것'을 옹호하는 사람들은 새로운 두 가지 기술을 갖고 있다. 하나는 비관성을 낙관성으로 바꾸는 것이며, 또 하나는 무력감을 성취 감으로 바꾸는 것이다.

아이들의 자존감을 높이기 위해서는 잘하게 하는 것과 기분을 좋게 만드 는 것 모두가 필요하다. 하지만 앞의 찬혁이의 예에서도 알 수 있듯이 무조건 좋은 기분을 좋게 해 주는 것만으로는 자존감이 높아지지 않는다. 긍정심리학 연구 중에서도 자존감 향상을 위해 아이들이 좋은 기분을 갖도록 부추긴 결 과 그 어느 때보다 아이들이 심각한 우울증에 빠졌다는 연구 결과가 있다. 결 국, 아이가 무언가를 잘해 그 결과로 기분이 좋아지는 형태가 가장 바람직하 다. 일시적으로 자존감을 높이는 것이 아니라 지속해서 자존감을 높이고 유지 하게 하려면 더욱 그렇다. 달콤한 위로와 격려로 아이의 기분을 순간적으로 좋게 할 수는 있겠지만 오래가지 못한다. 정말 아이가 무언가를 잘해 성취감 을 느껴 기분이 좋아질 때 비로소 자존감은 날개를 단다.

지능에 대한 칭찬은 고래를 아프게 한다

자존감을 키우기 위한 도구인 칭찬과 자존감은 밀접한 관계가 있다. 한때 『칭찬은 고래도 춤추게 한다』는 책이 베스트셀러가 되면서 온 나라가 칭찬의 홍수에 휩싸인 적이 있다. 그 여진은 아직도 부모들이나 교육 현장을 비롯한 사회 곳곳에 남아 있다. 칭찬의 홍수가 남긴 것은 무엇이 있을까? 크게 두 가 지로 볼 수 있다. 하나는 '칭찬'이란 행위 자체가 긍정이다 보니 일시적이긴 해도 긍정성을 확장했다. 다른 하나는 과장되고 맹목적인 지나친 칭찬으로 인 해 수많은 패배자를 양산해 놓고 병들게 했다는 것이다. 사람은 누구나 인정받고 칭찬받고 싶어 한다. 기분이 좋아지기 때문이다. 문제는 방법이다. 언제 무엇을 어떻게 하느냐가 중요하다. 제대로 된 칭찬은 아이의 자존감을 키워 행복하게 만들어 주지만 잘못된 칭찬은 아이의 자존감을 떨어뜨리고 병들게 만들기 때문이다. 정수의 예는 잘못된 칭찬이 왜 아이의 자존감을 떨어뜨리는지 보여 주는 좋은 예이다.

정수는 사립학교의 5학년 학생이다. 정수는 걸음마를 시작한 후로 끊임없이 똑똑하다는 소리를 들어왔다. 부모뿐만 아니라 정수를 본 어른들은 누구나 그렇게 말했다. 정수가 입학한 유치원은 사립 유치원이었는데, 이곳은 지원자 중 상위 1%만 뽑았고, 지능검사까지 요구했다. 정수는 상위 1% 안에서도 1%에 드는 아이였다.

그러나 학년이 점점 올라갈수록 정수는 자신감을 잃어갔다. 정수는 성공하지 못할 것 같은 일은 시도조차 하지 않으려 했다. 어떤 일은 너무 빨리해냈지만 못할 것 같으면 아예 포기하고 '난 이건 못해'라고 결론을 내리곤 했다.

저학년 때 정수는 받아쓰기를 썩 잘하지 못했다. 큰소리로 단어를 말해 보라고 해도 하지 않았다. 분수를 처음 접했을 때는 곧바로 회피했다. 가장 큰 장애는 3학년 때 찾아왔다. 영어를 배우는 시간이었는데 정수는 몇 주째 아예 시도조차 하지 않고 있었다. 선생님이 내 준 숙제를 노골적으로 거부하기도 했다. 엄마는 이런 정수를 논리적으로 설득해 보기도 했다.

"정수야, 똑똑하다고 해서 노력이 전혀 필요 없다는 것이 아니야. 네가 노력을 해야 해."

엄마의 끊임없는 설득 때문에 영어를 배우기는 했지만, 정수의 자신감은 영 회복되지 않았다.

통계상 상위 중 상위에 속해 있던 정수가 왜 일상적인 학교생활에서 이토록 자신감이 부족했던 것일까?

이건 비단 정수만의 문제가 아니다. 연구에 의하면 지난 이삼십 년 동안 타고난 영재 아동, 즉 적성검사에서 상위 10% 안에 든 아이의 상당수가 스스로 자기 능력을 심각할 정도로 깎아내리고 있는 것으로 나타났다. 이렇게 자신의 능력을 알지 못해 괴로워하는 사람들은 자존감이 낮고 늘 성공에 대한 목표치도 낮다. 또한, 자신의 노력에 대한 중요성을 과수평가하고 부모의 도움을 과대평가하기도 한다.

부모들은 흔히 자녀의 지능을 칭찬한다. 미국 콜롬비아 대학교의 설문조사를 따르면 미국 부모의 85%가 자녀에게 똑똑하다고 칭찬해 주는 것을 매우 중요하게 생각한다고 한다. 그래서 거의 매일 습관적으로 '똑똑하기도 하지, 내 새끼!'라는 말을 입에 달고 산다는 것이다. 그것도 아주 일찍부터, 그리고 자주 한다고 한다.

부모들은 대부분 자주 칭찬을 해 주는 것에 대해 자랑스럽게 생각하고 뿌듯하게 느낀다. 칭찬하는 방법도 다양하다. 도시락이나 간식 주머니에 긍정적인 내용의 쪽지를 매일 넣어 두는가 하면 냉장고에 칭찬 스티커를 붙여 놓는 가정도 있다. 아이들이 집에서 엄마를 돕거나 숙제를 마치면 보상으로 선물을 주거나 맛있는 음식을 해 주기도 한다. 그러면 아이들은 언제나 '나는 잘하고 있으며 그렇게 타고났기 때문에’ 잘하는 거라는 생각을 한다. 필요한 건 이미 다 갖추고 태어났다고 믿는 것이다.

대부분의 부모는 똑똑하다는 소리를 반복적으로 듣고, 자신이 정말로 똑똑하다고 믿는 아이는 학교 공부에서 어려운 문제에 절대 굴복하지 않을 것으로 생각한다. 지속해서 칭찬을 해 주면 아이의 재능과 자신감을 살려 줄 것이라고 믿기 때문이다.

그러나 이 분야에 관한 광범위한 최근 연구 결과 사실은 그렇지 않다는 주장이 제기됐다. ‘똑똑한 아이’라고 칭찬을 한다고 해서 학력 저하를 막아 주지 않는다고 한다. 실제로는 오히려 학력 저하를 부추기기만 한다는 것이다. 예로부터 ‘머리는 좋은데 공부를 하지 않아서’라는 말을 입에 달고 사는 부모들이 많다. 그러나 그 말 때문에 아이가 더 공부하지 않는다고는 생각하지 못하는 것이다.

노력에 대한 칭찬이 아이를 성장하게 한다

스탠포드 대학교의 캐롤 드웩Carol Dweck 교수는 최근 뉴욕의 스무 군데 학교 학생들을 대상으로 칭찬의 효과에 대해 연구해왔다. 초등학교 5학년 학생, 4백 명을 대상으로 연속 실험을 해 연구에 정확성을 기했다. 이 실험 전에는 칭찬이 아이들의 자신감을 높여 줄 것이라고 믿었다. 그러나 드웩은 이 실험 결과 칭찬이 실패나 난관을 경험할 때 부작용을 낳을지도 모른다는 의문을 품게 되었다.

드웩은 뉴욕 지역에 있는 학교의 5학년 교실에 네 명의 연구 조교를 파견했다. 연구자들은 각 교실에서 한 명씩 아동을 선발해 일련의 퍼즐로 되어 있는 비언어식 지능검사를 했다. 이때 퍼즐은 누구나 쉽게 풀 수 있는 쉬운 문제였다. 아이들이 검사를 마치면 연구자들은 각 학생에게 점수를 알려 주면서 한마디의 칭찬을 덧붙였다. 이때 무작위로 집단을 나눈 뒤 한쪽 집단은 똑똑하다는 지능을 칭찬해 주었다. 또 다른 집단에 대해서는 열심히 했다는 노력에 대해 칭찬해 주었다. 단 한마디의 칭찬을 한 이유는 아이들이 얼마나 예민한지 보고 싶었기 때문이라고 한다. 효과를 보려면 단 한마디로 충분하다는 것이다.

두 번째 시험은 아이들이 두 가지 중 하나를 선택할 수 있게 했다. 하나는 첫 번째 시험보다 어렵지만, 퍼즐을 풀어본 경험이 있으니 전보다 실력이 나아졌을 것이라고 말해 주었다. 다른 하나는 첫 번째 시험과 거의 같은 수준의 쉬운 문제라고 말해 주었다. 결과는 흥미로웠다. 노력에 대해 칭찬을 받은 아이들 중 90%가 더 어려운 문제를 선택했다. 지능에 대해 칭찬을 받은 아이들은 대부분 쉬운 쪽 문제를 택했다. '똑똑한' 아이들이 오히려 회피를 선택한 것이다.

어떻게 이런 일이 벌어진 것일까? 드웩은 "아이에게 지능을 칭찬해 주면 자신이 도전해야 할 게임이 '똑똑하게 보이기'가 되므로 실수를 할 수도 있는 모험에 나서지 않는다."고 설명했다.

세 번째 시험은 누구에게도 선택의 여지가 없었다. 2년 이상 앞선 학년의 학생들이 푸는 매우 어려운 문제였다. 다들 시험을 잘 보지 못하는 게 당연했다. 그러나 실험 초기에 무작위로 나눈 두 집단의 반응은 사뭇 달랐다.

첫 번째 시험을 치른 뒤 노력을 칭찬받았던 아이들은 세 번째 어려운 시험에서 실패한 원인은 충분히 집중하지 않았기 때문이라고 생각했다. 이 아이들은 매우 열심히 문제를 풀었고 각각의 퍼즐마다 온갖 해결책을 적극적으로 시도했다. 그리고 상당수가 '내가 좋아하는 문제다'라고 말했다. 반면 똑똑하다는 지능에 대해 칭찬을 받은 아이들의 반응은 판이하였다. 이 아이들은 세 번째 어려운 시험에서 실패한 이유는 사실 자신이 똑똑하지 않기 때문이라고 생각했다.

어려운 문제를 통해 일부러 실패를 유도하고 난 뒤 드웩 연구팀은 마지막 시험은 첫 번째 시험만큼 쉬운 문제를 내주었다. 어떤 결과가 나왔을까? 노력을 칭찬받은 아이들은 첫 번째 시험보다 약 30% 정도 성적이 향상되었다. 반면 똑똑하다고 칭찬을 받은 아이들은 첫 번째 시험보다 20% 정도 성적이 하락했다.

'칭찬이 역효과를 낸 것은 아닐까'라는 의문을 품고 시작한 연구였지만 막상 드러난 결과에 대해 드웩 자신도 깜짝 놀랐다.

"노력을 강조하면 아이들에게 스스로 통제할 수 있다는 변수를 주는 셈입니다. 아이들은 자기 자신이 성공을 통제할 수 있다고 믿게 되지요. 그러나 타고난 지능을 강조하면 오히려 통제력을 앗아갈 수 있습니다. 실패에 대처할 수 있는 훌륭한 대책을 주지 못하는 거지요."

이어진 면담을 통해 드웩은 타고난 지능이 성공의 비결이라고 믿는 아이들은 노력을 별로 중요하게 여기지 않는다는 사실을 알아냈다. 이 아이들의 논리는 이랬다.

'나는 똑똑하다. 고로 노력할 필요가 없다.'

열심히 노력하는 것은 타고난 재능으로 해결하지 못한다는 뜻이라는 생각 때문에 노력 자체가 폄하되고 있었다. 이렇게 아이들에게 똑똑하다는 칭찬이 독이 될 수 있음을 명심해야 한다. 절대 칭찬이 아이를 키우는 편리한 해결책이 될 수 없다.

반복된 실험을 통해 드웩은 사회, 경제 수업을 듣는 모든 학생에게도 역시 노력에 대한 칭찬이 효과가 있음을 밝혀냈다. 남학생과 여학생 모두 마찬가지였다. 특히 가장 영리한 범위에 드는 여학생들의 경우 최종 시험에서 큰 차이로 성적이 하락했다. 결과를 두고 똑똑하다는 칭찬을 하지 마라. 중요한 것은 과정이다. 그 결과를 내기 위해서 아이가 얼마나 노력했는지를 칭찬해야 한다. 아이 자신도 자신의 머리만 믿지 않고 자신의 노력을 믿게 될 것이다. 노력은 한계가 없다. 더 나은 결과로 아이를 이끌어 줄 이정표가 될 수 있다.

지나친 칭찬은 아이들의 동기를 왜곡시킨다

아무리 좋은 칭찬도 너무 지나치면 역효과가 난다. 지나친 칭찬은 아이들의 동기를 왜곡시킨다. 이들은 단지 칭찬을 듣기 위해 뭔가를 시작할 뿐 본질적인 즐거움은 놓치고 만다. 리드 대학교와 스탠포드 대학교의 학자들은 150건이 넘는 칭찬 사례 연구를 검토해 보았다. 메타분석 결과, 칭찬을 받은 학생들은 모험을 싫어하고 자율성에 대한 인식이 부족하다는 결론에 도달했다. 학자들은 칭찬을 아낌없이 베풀면 학생들의 임무 지속 시간이 줄어들고 교사의 눈치를 더욱 많이 살피게 되며 대답을 질문처럼 한다는 결과를 발견했다. 대학에서도 칭찬을 지나치게 들은 학생들은 좋은 성적을 내지 못하는 경우가 많았고 전공을 선택할 때도 어려워했다. 무엇을 시도하기 전에 성공하지 못할 거라는 두려움이 앞서 적극적으로 뛰어들지 못하는 것이다.

그뿐만 아니라 지나친 칭찬은 인성에도 부정적 영향을 준다. 지나치게 칭찬을 받은 아이들은 이후 어떠한 동기도 갖지 못하는 나약한 인간으로 자랄 것이라고 상상하기 쉽지만, 오히려 칭찬을 자주 들은 아이들은 더욱 경쟁적이 되고 다른 사람을 무너뜨리는 데 보다 큰 관심을 두게 된다는 것을 발견했다. 자신의 이미지를 계속 유지하는 것이야말로 이들의 주된 관심사이다. 드웩이 진행한 연구가 이러한 놀라운 사실들을 증명하고 있다.

한 연구에서 학생들에게 두 차례의 퍼즐 문제를 냈다. 첫 번째 시험과 두 번째 시험 사이에 학생들에게 다음 시험에 대비한 퍼즐 풀기 전략을 배울 것인가, 아니면 첫 번째 시험의 등수를 볼 것인가 중 한 가지를 선택하게 했다. 지능에 대한 칭찬을 받은 학생들은 다음 시험에 대비하기보다 첫 번째 시험의 등수를 알고 싶어 했다.

또 다른 연구에서는 학생들에게 시험결과 성적표를 직접 작성하게 했다. 그리고 이 성적표를 다른 학교 학생들에게 보여 줄 것이라는 말도 덧붙였다. 물론 알지도 못하고 만날 일도 없는 학생들이었다. 지능을 칭찬받았던 학생들 가운데 40%가 자신의 점수를 부풀리는 거짓말을 했다. 그러나 노력에 대한 칭찬을 들었던 학생들은 거짓말을 거의 하지 않았다.

초등학생이 중학교에 진학하게 되면 성적이 좋았던 학생들 가운데 일부는 환경에 적응하지 못하는 것을 볼 수 있다. 그만큼 해야 할 일도 더 많아지고 어려움도 커지는 것이다. 어린 시절 성공은 타고난 재능과 같다고 믿고 자란 학생들이 중학교 때 성적이 떨어지면 사실은 자신이 바보였다고 생각하게 된다. 더 열심히 노력해 성적을 회복해야겠다는 생각을 하지 못한다. 이들은 노력의 가치를 제대로 알지 못하며 노력이 자신의 실패를 인정하는 것으로 생각하기 때문이다. 아무리 노력해도 성적이 나아질 수가 없다고 생각하는 것이다. 면담 과정에서 상당수의 학생은 '심각하게 부정행위를 고려 중'이라고 고백했다. 지나친 칭찬이 아이의 인성에 악영향을 미침을 알 수 있는 연구 결과다. 그렇다면 이런 현상을 막기 위해서 어떻게 해야 할까? 답은 나와 있다. 일방적인 칭찬을 고집하는 건 상황을 나쁘게 만들 뿐이다.

칭찬도 하나의 중독이다. 하지 않으면 불안하고 아이에 대한 관심과 사랑의 부족으로 여겨질까 봐 습관적으로 칭찬하는 부모들이 꽤 많다. 칭찬해야 할 때 올바른 방법으로 칭찬하는 것은 분명 필요하다. 하지만 가장 좋은 것은 아이가 부모가 칭찬하지 않아도 스스로 칭찬할 수 있다. 그런 아이야말로 자존감이 높은 아이라 할 수 있다. 칭찬에 중독돼 습관적으로 칭찬을 남발하는 부모라면 어느 정도 칭찬을 끊으려고 노력해야 한다. 어떻게 해야 할까?

워싱턴대학교의 로버트 클로닌저 Robert Cloninger 박사의 예가 도움 될 것이다. 그는 그동안 자녀 양육을 하면서 칭찬을 완전히 하지 않게 될 때까지 몇 가지 단계를 거쳤다고 한다. 그는 칭찬을 남발해 역효과가 나는 우를 범하지 않기 위해 칭찬을 끊었다. 하지만 입에 침이 마르도록 아이를 칭찬하는 부모들과 어울리다 보니 자신도 모르게 끊었던 칭찬을 다시 시작했다. 내 아이만 혼자 칭찬을 못 받고 소외감을 느낄까 봐 겁이 났기 때문이다. 이것이 첫 단계다.

둘째 단계는 드웩의 추천을 따라 구체적인 칭찬을 하려고 노력했다. 이왕 칭찬할 것이라면 올바른 방법으로 칭찬해야 한다고 생각해 결과보다 과정을 칭찬하려 애썼다. 예를 들어 수학 문제를 집중해 빨리 풀었을 때 '집중한 일'에 대해 칭찬을 했다. 축구를 할 때도 '정말 잘했어.'라고 칭찬하지 않고 '패스를 잘했다.'는 식으로 칭찬했다. 이런 방식의 칭찬은 상당히 효과가 있었다. 그러면서 칭찬을 하는 데 중독되기 시작했다. 특별한 기술이나 노력, 과정을 칭찬하면 것으로 만족하지 못하고 '정말 대단한데? 네가 자랑스러워.' 같은 보편적인 칭찬으로 자신이 아이를 얼마나 사랑하고 있는지를 보여 주려 애썼다.

많은 부모가 이 단계에 머물러 있을 것이다. 특히 직장 생활로 바빠 아이에게 사랑을 표현할 시간이 부족한 부모들은 더욱 더 칭찬을 만병통치약처럼 사용한다. 종일 아이들과 떨어져 있던 부모들은 집에 돌아오자마자 칭찬 스위치를 켜기 시작한다. 함께 하지 못했던 낮 동안에는 들려줄 수 없었던 말을 하고 싶은 것이다.

'엄마 아빠는 널 위해 산단다. 엄마 아빠는 널 믿는다. 엄마 아빠는 언제나 네 편이란다.'

이와 비슷한 마음으로 우리는 가능한 최고의 학교나 학원을 찾아다니며 경쟁하는 환경 속에 아이들을 밀어 넣는다. 그리고 환경의 강도를 조금이라도 완화하기 위해 끊임없이 칭찬해 댄다. 속으로는 너무도 많은 것을 기대하면서 기대치를 숨기고 겉으로는 달콤한 칭찬만 하는 것이다.

마지막 셋째 단계에서 클로닌저는 아이에게 똑똑하다고 칭찬해 주지 않는 것은 지능에 관해 스스로 결론을 내릴 수 있도록 기회를 준다는 뜻임을 깨달았다. 칭찬을 통한 개입은 문제에 대한 해답을 너무 일찍 가르쳐 주어 스스로 판단할 기회를 박탈하는 것과 같은 것이다.

아이는 스스로 판단할 힘을 갖고 있다. 그런데 많은 부모가 '만약 내 아이가 잘못된 결론에 도달하면 어떻게 하지? 아직 어린데 모든 것을 맡겨 놓아도 괜찮을까?' 걱정한다. 괜찮다. 아이들은 스스로 생각하고 판단하면서 더 똑똑해지고 현명해진다. 그러면서 자존감도 함께 높아지니 칭찬을 남발해 아이가 스스로 판단하고 칭찬할 기회를 박탈해서는 안 된다. 아이를 믿고 구체적으로 아이의 행동과 판단을 칭찬해 주자.

미국 엄마 vs 중국 엄마

아이들도, 크고 작은 실패를 겪는다. 이때 아이가 상처받는다는 이유로 부모가 실패를 모른 척한다면 문제는 더욱 심각해진다. 칭찬만큼 실패를 짚고 넘어가는 과정이 필요하다. 상황이 안 좋다고 칭찬으로 회피하고 대충 넘어가면, 아이는 상황을 개선하려고 노력하지 않는다. 아이가 스스로 현실을 직시하게 격려해 준다면, 아이는 재도전을 하고 또 성공할 것이다. 이 성공이 아이를 지속해서 두려움 없이 앞으로 나아가게 할 것임은 두말할 필요가 없다.

미시건 대학교의 제니퍼 크로커Jennifer Crocker교수는 이러한 문제에 대해 다음과 같이 설명한다. 아이는 실패를 끔찍한 것이라고 믿고 있는데 가족들은 실패의 존재조차 인정하지 않는 현실을 꼬집었다. 실패를 논의할 기회조차 박탈당한 아이는 실수로부터 아무것도 배울 수가 없다는 것이다.

일리노이즈 대학교의 플로리 엔지Florrie Ng 교수는 드웩의 실험양식을 빌려와 일리노이즈 지역과 홍콩의 초등학교 5학년 학생들을 대상으로 실험해 보았다. 엔지 박사는 이 실험에 흥미로운 요소를 추가했다.

먼저 학교에서 지능검사를 하지 않고 엄마들이 직접 자녀를 데리고 대학 캠퍼스를 방문하게 했다. 엄마들이 대기실에 앉아 있는 동안 절반의 학생들에게 무작위로 반 정도밖에 못 풀만큼 몹시 어려운 문제를 내주고 일부러 실패감을 느끼도록 유도했다. 두 번째 시험이 시작되기 전 5분간의 휴식 시간을 주었는데, 그동안 엄마들이 실험실로 들어가 자녀와 대화를 나눌 수 있었다. 이때 실험실에 들어가는 엄마에게 자녀의 실제 점수를 알려 주고 평균 이하의 점수라고 거짓말을 했다. 몰래카메라가 엄마와 자녀가 나눈 5분간의 대화를 녹화했다.

미국 엄마들은 결과에 대한 이야기를 조심스럽게 회피했다. 아이와 함께 있는 동안 발랄하고 긍정적인 자세를 잃지 않았다. 5분의 휴식 시간 동안 대부분이 시험 이야기는 하지 않고 저녁으로 무엇을 먹을까와 같은 다른 이야기를 하며 보냈다. 그러나 중국 아이들은 다음과 같은 이야기를 더 많이 들었다.

"너 문제 푸는 동안 집중하지 않았구나?"

"어떤 문제를 풀었는지 한번 살펴보자."

중국 엄마들은 쉬는 시간 대부분을 시험과 그 중요성에 대해 논의하며 보냈다. 쉬는 시간이 끝나고 이어진 재시험에서 중국 아이들의 점수는 33%나 뛰어올랐다. 미국 아이들의 두 배였다.

어떻게 보면 중국 엄마들이 모질고 잔인하다는 시각도 있을 수 있겠지만,

그렇지 않다는 걸 바로 확인할 수 있었다. 중국 부모들은 말투는 단호했지만, 내내 웃는 얼굴이었고 아이를 자주 안아 주었다. 그리고 언성을 높이지도 얼굴을 찌푸리지도 않았다. 아이들이 실패했다고 화를 내거나 혼을 내는 것이 아니라 정확하게 실패를 지적하고 따뜻하게 격려함으로써 아이들이 더 좋은 결과를 얻을 수 있도록 도운 것이다. 이 실험은 칭찬 못지않게 실패를 짚고 넘어가야 아이가 더 잘할 수 있고, 그럼으로써 자존감도 높아질 수 있음을 보여 주었다. 부모와 아이 모두 실패를 외면하지 말아야 한다. 자꾸 현실을 부정하고 회피하기만 한다면 그 자리에서 한 걸음도 나아가지 못할 것이다. 실패를 딛고 일어서야만 그 너머를 바라볼 수 있다.

자존감을 높이는 방법

자존감의 긍정정서 요소는 우수한 수행의 결과이다. 그러므로 아이의 자존감을 높여 주는 방법은 우수하지 않은 수행을 칭찬하거나 빈말을 하는 것이 아니다. 우수하게 수행할 능력을 가르치는 것이다.

자존감을 높이는 방법은 여러 가지가 있지만 궁극적으로 단순히 기분을 좋게 하는 것보다 아이가 실제로 무언가를 잘 해내 기분을 좋게 하는 것이 중요하다. 어떻게 하면 우울감이나 무력감에 빠지지 않고 자신감과 자존감이 높은 아이로 자라게 할 수 있을까? 다음 사례를 통해 구체적인 방법을 소개했으니 부모들에게 도움이 되었으면 좋겠다.

사례❶ 도전과 모험을 통해 자존감을 높이다

18개월 된 민성이는 높은 곳에 기어 올라가는 것을 무척 좋아했다. 특히 소파에 기어올라 뒤쪽의 먼지투성이인 비좁은 공간으로 쑥 내려와 노는 것을 좋아했다. 민성이 엄마는 이런 민성이에게 한시도 눈을 뗄 수가 없었다. 스탠드 조명이 머리 위로 떨어질 뻔한 적도 있었다. 왜 그곳에 그렇게 흥미를 보이는지 민성이 엄마는 도통 알 수가 없었다. 민성이가 소파 쪽으로 가려고 할 때마다 엄마는 아이가 좋아하는 만화 주제곡을 부르며 다른 곳으로 주의를 끌어 보려 했지만 아무 소용이 없었다. 장난감으로 유혹해도 역시 소용없었다.

한 번은 민성이가 소파 뒤로 들어가지 못하도록 유모차를 소파 옆에 붙여 둔 적이 있는데, 이를 비웃기라도 하듯 민성이는 바닥에 바짝 엎드려 유모차 아래를 통과한 뒤 가고 싶을 곳을 향해 기어갔다. 그러고는 성공했다는 승리의 박수를 치며 활짝 웃었다. 유모차 아래를 통과하지 못하도록 책이 가득 담긴 상자를 옮겨 놓기도 했다. 그러나 소파 뒤로 가겠다는 민성이의 집념은 실로 놀라웠다. 일단 상자 위로 다리를 올려 보았다. 상자가 너무 커 뜻대로 안 되자 상자를 옆으로 밀어 보려 했다. 상자가 꿈쩍도 안 하자 이번엔 상자 위로 두 팔을 걸쳐 매달린 다음 한 발씩 올려 그 위로 올라가는 데 성공했다. 상자 위에 올라서 점프로 유모차 의자에 안착한 다음 그 위치에 난 틈으로 빠져나가 소파 뒤쪽에 도착하고야 말았다. 그러고는 신 나게 박수를 치며 좋아했다.

그런 민성이를 보면서 민성이 엄마는 생각을 바꿨다. 민성이가 좋아하는 것을 적극적으로 지원하기로 한 것이다. 소파 뒤로 넘어 다니다가 민성이가 다칠 수도 있다는 생각에 낡은 상자와 베개들로 요새를 만들어 주었다. 그리고 요새 뒤에 아이가 좋아하는 장난감 인형을 숨겨 놓고 민성이에게 찾게 했다. 민성이는 마치 산을 넘듯 쌓아 놓은 상자와 베개들을 넘어 인형을 찾은 다음 엄마에게 내보이며 "민성이가 했어! 와~ 민성이가 해냈어!" 아주 뿌듯해했다.

                    만 3세부터 행복을 가르쳐라

어린아이를 둔 부모들은 늘 아이가 위험하지는 않을까 노심초사한다. 그래서 아이가 위험에 처할 수 있는 상황은 무조건 막으려고 하는데 이는 아이의 자존감을 높여 주는 방법이 되진 않는다. 아이들은 도전과 모험을 통해 성장한다. 소파에 오르거나 숨어 있는 장난감을 찾는 것 모두 도전이자 모험이 될 수 있다. 이런 도전과 모험을 통해 민성이의 경우처럼 해냈다는 성취감을 느끼게 하는 것이 중요하다. 성취감, 승리감을 느끼면 자존감은 저절로 높아진다. 따라서 아이의 도전과 모험을 위험하다고 하지 못하게 할 것이 아니라 안전장치를 마련해 두고 아이가 도전과 모험을 마음껏 즐길 수 있게 해 주는 것이 바람직하다.

사례 ❷ 비관적인 설명양식을 낙관적으로 바꿔 자존감을 높이다

일곱 살인 신애는 또래의 여자아이들보다 훨씬 통통하다. 그래서인지 다른 아이들보다 상당히 둔한 편이다. 신애 엄마는 딸의 운동 신경이 발달할 수 있도록 발레 교실을 등록했다. 신애는 무척 좋아했다. 수업을 시작하기 일주일 전부터 엄마가 사 준 발레복과 하얀 슈즈를 신고 춤을 추며 온 집을 돌아다녔다.

"보세요, 엄마! 나 아주 예쁜 발레리나 같죠? 빨리 학원이 시작돼야 진짜 발레리나가 될 수 있는데 어떻게 기다리지? 난 이담에 크면 세계 최고의 무용수가 될 거예요."

딸아이가 발레복을 입고 돌아다닐 때마다 엄마는 춤추기 좋은 음악을 틀어 주었다. 그리고 신애가 빙글빙글 도는 모습을 지켜봤다. 신애는 균형을 잃고 바닥에 넘어지는 경우가 많았다. 그래도 신애는 씩씩하게 일어나 계속 돌면서 음악에 맞춰 깡충깡충 뛰어다녔다.

드디어 기다리던 수업이 시작되었다. 엄마와 신애가 스튜디오에 가자 신애보다 더 날씬하고 발레복도 더 잘 어울려 보이는 소녀들이 춤을 추고 있었다. 신애는 엄마의 볼에 입을 맞춰 작별 인사를 한 뒤 선생님과 함께 수업실로 들어갔다. 한 시간 뒤 엄마가 돌아왔을 때 신애는 울먹이고 있었다.

"오늘은 정말 엉망이었어요. 다른 애들이 훨씬 잘했어요. 난 계속 넘어졌는데 다른 애들은 안 그랬어요. 선생님이 폴짝 뛰는 자세랑 손과 팔 동작을 아주 예쁘게 가르쳐 주셨는데 나는 계속 발도 헛디디고 손동작도 틀렸어요. 너무 속상해요."

신애는 발레 동작을 잘 못한 것을 실패로 받아들이고 비관적으로 해석하고 있었다. 신애 엄마는 신애의 비관적인 설명양식을 낙관적인 설명양식으로 바꿔 주고자 노력했다.

"진짜 힘들었겠다. 다른 아이들만큼 못한다고 느꼈을 때 어떤 기분이 드는지 엄마도 잘 알지. 엄마도 여러 번 그렇게 실망했던 적이 있었거든. 엄마가 바라는 만큼 회사 일을 잘하지 못했을 때도 그랬어. 하지만 그럴 때 엄마가 어떻게 하는지 너도 잘 알지? 더 열심히 노력하잖아. 그렇게 하면 결국 일도 더 잘 돼. 엄마한테 좋은 생각이 있어. 학원 선생님께 가서 인사한 다음 발동작을 가르쳐달라고 부탁하는 거야. 그러면 엄마랑 집에 가서 연습할 수 있잖아. 열심히 연습하면 다음 수업 때는 틀림없이 훨씬 잘할 거야. 어때?"

신애의 엄마는 현실을 부정함으로써 아이의 기분을 풀어 주려고 하지 않

만 3세부터 행복을 가르쳐라

았다. 실패를 정확하게 짚어 주었다. 대신 아이의 감정이 당연하며 충분히 이해하고 있음을 알려 주고, 아이가 인내심을 갖고 적극적으로 해결할 수 있도록 도왔다.

또한, 실패를 어떻게 해석하느냐에 따라 기분이 달라질 수 있음을 경험하면서 자연스럽게 낙관적으로 생각하는 법을 익힐 수 있었다. 비관적인 설명 양식은 자존감을 떨어뜨릴 수밖에 없다. 모든 일이 내 탓이고, 항상 나쁜 일만 일어나고, 계속 나쁜 일이 지속될 것으로 생각하는 데 자존감이 낮아지는 것은 당연하다.

엄마 덕분에 신애는 우울해하지도 자존감을 잃지 않았다. 낙관적으로 해석하는 방법을 배운 덕분에 오히려 자존감이 더 높아졌다. 신애는 자신의 실패를 '내 탓', '지속적', '전부'로 생각하는 것이 아니라, '남 탓', '일시적', '일부'인 것으로 생각하기 시작했다. '나는 뭐 하나 잘하는 게 없어요.'라고 말하기보다는 '오늘은 선생님에게 정확하게 배우질 못해서 정말 엉망이었어요. 다른 애들이 훨씬 잘했어요.'라고 생각한다. 낙관성 학습은 자존감을 높이는 데 큰 도움이 된다. 이 방법은 부모가 가르칠 수 있으며, 특히 신애처럼 취학 직전의 아동에게 효과가 뛰어나다.

건강한 자존감에는 명확한 공식이 있다

지희는 초등학교 5학년 여학생으로 총명하고 재치 있고 열심히 공부하고 그림도 잘 그린다. 학교생활도 원만하고, 떼려야 뗄 수 없는 단짝 친구도 두 명 있다. 하지만 부모는 지희가 과체중이어서 걱정이다. 지희는 내년에 중학교에 진학하는데, 부모는 딸이 뚱뚱해서 괴롭힘을 당할까 봐 걱정이 많다.

지희 부모는 지희가 재미있게 살을 뺄 방법을 고민했고, 댄스 동아리에서 춤을 배울 것을 권했다. 지희는 자기는 춤에 재능도 없고 배울 마음도 없다고 하자 아빠가 반박했다. "그렇지 않아, 지희야. 왜 그런 식으로 생각하니? 너는 마음만 먹으면 뭐든지 할 수 있어. 그저 열심히 하기만 하면 돼. 엄마와 아빠는 너를 믿어. 너도 너 자신을 믿어야 해."

수없이 달래고 구슬린 끝에 지희는 댄스 동아리에 가입했다.

일단 시작하면 열심히 하는 성격이라 지희는 일주일에 두 번씩 열심히 춤을 추러 갔다. 하지만 워낙 춤에 재능이 없어 쉽게 실력이 늘지 않았다. 넘어지지만 않으면 다행이라고 생각했는데, 학기 말에 댄스 동아리에서 발표회를 하게 됐다. 지희는 친구들 앞에서 춤춘다는 것이 생각만 해도 끔찍했다. 이런 지희의 마음은 아랑곳하지 않고 엄마는 발표회가 열리는 날 지희에게 속삭였다.

"네가 우아한 발레리나라고 상상해. 그러면 우아한 발레리나가 될 거야."

발표회는 한마디로 엉망이었다. 무대에 올라서는 순간 머릿속이 하얘져 순서조차 기억나지 않았다. 순서 틀린 것도 모자라 턴을 돌다 균형을 잃고 삐끗하기까지 했다. 악몽 같은 발표회였다. 발표회가 끝나고 박수 소리가 터졌지만 지희는 이대로 땅이 꺼져 흔적도 없이 사라져 버리고 싶었다.

그런데도 엄마는 계속 칭찬을 해 댔다.

"지희, 정말 잘했다. 얼마나 예뻤는지 몰라. 진짜 우아하고 멋지게 춤을 추었어. 오늘은 너에게 아주 근사한 경험이 될 거야."

지희는 뜨악한 표정으로 엄마를 보며 말했다.

"무슨 말씀하시는 거예요? 오늘은 내 인생에서 가장 끔찍한 날이었어요. 주영이는 예쁘고 우아하고 멋있었지만 나는 놀라서 도망치는 코끼리 같았어요. 다들 그렇게 생각해요."

엄마는 지희의 자존감을 돋워 주려고 반박했다.

"그렇지 않아. 네 춤은 환상적이었어. 다들 그렇게 생각해, 틀림없어. 스스로 그렇게 비하하면 못 써. 너는 아주 예쁘고 우아하게 춤을 췄어, 정말이야."

지희는 기가 막힌 표정으로 엄마를 바라보더니 돌아서서 나가 버렸다.

많은 부모가 지희 엄마와 같은 실수를 저지른다. 지희 엄마가 조금 지나치게 긍정적이긴 하지만 딸이 자존감을 키워 주려고 칭찬을 한 것인데, 그게 무슨 잘못이냐고 말하는 사람들도 있을 것이다. 무조건적인 칭찬을 하는 것은 잘못이다. 자존감을 키워 주는 것이 아니라 오히려 자존감에 상처를 주기 때문이다.

건강한 자존감에는 명확한 공식이 있다. 우수한 수행과 긍정정서로 이루어진다는 것이다. 즉, 어떤 것을 잘해야 자존감을 느낀다. 좋은 성적을 얻고 친구를 사귀고 안타를 치고 아름다운 시를 쓰고 문제를 해결하면 자기 자신과 성취에 자존감을 느낀다. 자존감의 긍정정서 요소는 우수한 수행의 결과이다. 그러므로 아이의 자존감을 높여 주는 방법은 우수하지 않은 수행을 칭찬하거나 빈말을 하는 것이 아니다. 우수하게 수행할 능력을 가르치는 것이다. 효율적으로 공부하는 법, 또래들과 어울리는 법, 친구와의 다툼을 해결하는 법, 자기 재능을 찾아내는 법을 가르치고 그것을 실행할 기회를 줘야 한다. 그것을 실행해서 성공을 거두면 아이는 자기 자신에 대한 건강하고 현실적인 관점을 갖게 된다.

자존감 연구는 실제로 명확한 결과를 제시한다. 폭력을 행사하는 청소년들은 자존감이 낮다. 엄연한 사실이다. 학교를 중퇴하고 범죄를 저지르는 아이는 자신을 혐오한다고 한다. 임신한 10대는 자기가 무가치하다고 생각한다. 하지만 여기서 원인과 결과를 혼동하지 않게 조심해야 한다. 사람들은 낮은 자존감이 문제의 원인이라고 믿는다. 그러나 관련 연구에 따르면 그 반대이다. 낮은 자존감은 원인이 아니라 결과이다.

지희는 자기가 춤에는 재능이 없다는 사실을 알고 있다. 부모의 열정도 그 사실을 바꾸지는 못한다. 하루에 세 시간씩 발레 동작을 연습할 수는 있지만, 발레는 지희가 우수하게 수행할 영역이 아니다. 부모의 수다스러운 격려와 칭찬은 신뢰성을 손상할 뿐이다. 부모가 칭찬할 때 지희는 의심할 것이다. 더 큰 문제는 비현실적인 칭찬과 긍정적인 사고에 의지함으로써 부모는 지희가 수행 수준을 높이기 위해 활용할 수 있는 기술을 가르치지 않는다는 것이다. 지희가 어째서 댄스 동아리에 가입하려 하지 않는지 그 원인을 찾아내고, 지희가 좋아하고 우수하게 해낼 수 있는 다른 활동을 찾아내게 도왔더라면 더 좋지 않았을까? 최근 관련 연구도 우수한 수행이 자존감을 부여한다는 것을 입증한다. 따라서 우리가 해야 할 일은 분명해진다. 회복력을 키우는 방법을 가르친다면 아이들은 크고 작은 역경을 해결하고 우수하게 수행할 수 있다. 그러면 아이의 자존감, 더 중요하게 아이의 성취는 저절로 증가한다.

혜빈이는 아주 귀여운 열두 살 소녀다. 겉으로만 보면 천진난만하고 귀엽기만 한 혜빈이지만 아픈 상처가 있다. 부모가 8년 전에 이혼했고, 아빠는 몇 년 전부터 완전히 소식을 끊어 생사조차 모른다. 엄마는 2년 전부터 남자 친구와 동거를 하고 있다. 혜빈이의 자존감이 급속도로 하락하기 시작한 것은 그때부터이다.

엄마의 남자 친구는 혜빈이를 싫어했다. 혜빈이 앞에서 노골적으로 '네가 싫다'고 말했고, 엄마와 새아빠 사이에 아이가 태어나면서 혜빈이의 상태는 더욱 심각해졌다. 학교를 밥 먹듯이 빠졌고, 당연히 성적도 곤두박질쳤다. 게다가 새 학기 들어서 벌써 두 번이나 가출했고, 면도칼로 팔뚝에 상처를 낸 것도 여러 번이었다.

혜빈이가 처음으로 가출했을 때 엄마는 딸의 베개 아래서 낙서가 된 채 찢겨 있는 전 남편의 사진을 발견했다. 엄마는 혜빈이에게 다가서려고 노력하면서 대화로 문제를 해결하려고 했지만 소용없었다. 혜빈이는 아무 말도 들으려 하지 않았고, 비관적인 말만 반복했다.

"난 뚱뚱하고 못생겼어. 아무 가치도 없는 애라고."

"전부 날 미워해, 그러니까 날 좀 가만히 놔두라고요!"

"나한테는 미래가 없어. 그러니까 공부해 봐야 헛일이야."

혜빈이는 좋은 친구들과 교류를 끊고, 자기보다 나이도 많을 뿐 아니라 퇴학까지 당한 비행 청소년들과 어울렸다. 고민 끝에 엄마는 소아정신과에 딸을 데려갔다. 처음에는 혜빈이가 도통 마음을 열지 않았다. 하지만 의사와 환자

사이에 점차 신뢰 관계가 형성되기 시작하면서 의사는 혜빈이 자존감 붕괴로 인한 우울증에 몇 년째 시달리고 있다는 진단을 내렸다. 치료받는 동안 혜빈은 '아빠에게 버림받은 것' 때문에 자신감을 가질 수 없었다고 말했다.

아이들은 원초적인 죄의식이 있다. 자신의 잘못이 아닌데도 마치 자기 때문에 나쁜 일이 생겼다고 생각하며 자책한다. 부모의 다툼이나 이혼도 아이에게 큰 죄의식을 갖게 하는 중요한 사건이다. 죄의식은 아이의 자존감에 치명적인 상처를 입힌다. 따라서 혜빈이의 경우 자존감을 높이려면 죄의식부터 버려야 한다.

아이가 죄의식을 벗어버리고 자존감을 갖기 위해서는 입에 올리기 힘든 가정사에 대해서도 터놓고 이야기할 수 있어야 한다. 예를 들면 아이가 부모의 이혼이 자신의 탓이라고 생각하는 동안은 죄의식을 안고 성장할 수밖에 없다. 이때 부모는 이혼이 아이의 가치나 아이를 향한 사랑과는 무관한 일이라고 아이에게 알려 줄 책임이 있다.

"그래, 네가 어렸을 때 아빠는 떠났어, 하지만 그건 네 탓이 아니야, 넌 정말 멋진 아이야, 엄마는 네가 있어서 얼마나 행복하고 자랑스러운지 모른단다."

딸의 돌출 행동 때문에 정신적 스트레스에 시달리던 혜빈 엄마도 심리치료를 받기로 했다. 자신이 정신적, 심리적으로 너무 지쳐서 오래전부터 딸과 대화를 할 수 없었다는 사실을 깨달았기 때문이다. 이후 모녀가 단둘이 있는 시간이 점차 많아지기 시작했다. 엄마는 딸을 향한 사랑과 걱정, 여러 감정을 솔직히 표현하게 됐다. 그러자 모녀 관계도 변하기 시작했고 서로 마음을 터놓을 수 있게 됐다. 그러면서 그동안 금기시되던 사라진 아빠에 대해 이야기도 할 수 있게 됐다. 그 후 혜빈이는 죄의식에서 벗어나 자존감을 되찾을 수 있었다.

　죄의식에서 벗어나는 것 못지않게 중요한 건 타인의 시선으로부터 자유로 워지는 것이다. 우리가 스스로 어떤 가치를 부여하느냐는 태어나면서부터 갖게 되는 주변 사람들과의 관계에 달려 있다. 버림받는 것과 같은 충격적인 사건은 자존감 형성에 악영향을 끼친다. 이와 반대로 사랑과 신뢰를 받으며 자라는 아이는 좋은 자아상을 갖게 된다.

　타인의 시선으로부터 자유로워지는 법은 어린 나이에 배워야 한다. 예를 들어 어떤 아이가 또래 친구 그룹에 들어가기 위해 노력하고 있다고 생각해 보자. 그런데 친구들이 이 아이를 받아 주지 않았다. 이 경우 부모는 아이의 노력을 인정해 주고 칭찬해 줘야 한다. 아이가 슬픈 결과를 위로해 주기보다 아이가 친구그룹에 들어가기 위해 쏟아 부은 노력을 격려해 줘야 한다. 과정이 결과보다 훨씬 더 중요하며, 노력은 언젠가 결실을 거두게 될 것이라고 말이다.

　혜빈이는 심리치료를 통해 타인의 시선으로부터 자유로워지는 법을 배울 수 있었다. 이후 혜빈이는 친구들의 눈을 통해서가 아니라 자신의 고유한 인생관으로 자신을 스스로 판단할 수 있게 되면서 자존감을 회복할 수 있었다.

사례❺ 강점을 키우면 자존감은 절로 높아진다

　아이의 자존감을 높여 주는 좋은 방법의 하나가 강점을 찾아 주고 키워 주는 것이다. 아이의 강점을 찾아 발휘하게 도왔을 때 얼마나 자존감이 높아지는지를 보여 주는 좋은 예가 있다.

석훈이는 말수가 적고 덩치가 큰 외톨이 학생이었다. 석훈이는 숙제도 안 해 오고, 시험도 보지 않고, 수업 시간 내내 어떤 반응도 보이지 않았다. 어떤 것에도 흥미를 보이지 않는 아이였다.

담임 선생님은 석훈이의 생활기록부를 들춰 보고 나서야 석훈이를 이해할 수 있었다. 석훈이는 중학교 1학년 때 아버지를 여의었고, 알코올 중독자 어머니와 자폐 증세를 보이는 남동생과 함께 살고 있었다. 이들 형제가 어머니로부터 심한 학대를 받아 왔음을 짐작할 수 있었다. 심한 적대감을 드러내는 어머니 때문에 학교에서도 석훈이에 대해 두 손을 놓고 있는 상황이었다. 항상 풀이 죽어 있고 등하교 시간을 어기는 등의 행동이 석훈이에게는 어쩔 수 없는 일이었다.

그러던 어느 날 자존감이란 주제로 탐구 수업을 하게 됐다. 친구의 강점 찾아 주기 활동이 진행됐다. 학생들은 등에 백지를 붙이고, 자신과 별로 친하지 않은 친구 다섯 명을 찾아가 자신의 강점을 적어달라고 부탁하는 활동이었다. 그런 다음 강점 찾아 주기 활동을 하면서 느꼈던 감정을 서로 나누게 하고, 자신의 등에 붙어 있는 종이를 떼어 읽어 보게 했다. 그날따라 석훈이는 순순히 활동에 임했다.

수업이 끝나고 다음 날, 석훈이는 담임선생님에게 어제 못한 과제물을 제출하겠다고 했다. 그림이나 인쇄물을 이용해 자신을 설명하는 콜라주 작품을 만드는 과제였다. 선생님은 석훈이에게 "네가 해 온 콜라주를 본다면 반 친구들 모두가 정말 기쁠 거야."라고 격려해 주었다.

다음 날 석훈이는 과제물을 만들어 왔고 친구들에게 자신의 작품을 설명

   만 3세부터 행복을 가르쳐라

할 기회를 갖게 되었다. 다른 아이들과는 달리 석훈이의 콜라주는 한 가지 재료로만 만들어져 있었다. 세 권의 농사 잡지를 끈으로 매달아 달력처럼 하나로 죽 늘어뜨린 것이었다. 석훈이는 농사가 자기 집의 주업이며, 잡지를 연결해 주는 끈은 곧 자신과 가족을 하나로 이어 주는 것이라고 설명했다. 제일 아래에는 종이 한 장이 이어 붙어져 있었다. 그것은 석훈이의 강점이 적힌 종이였다. 다섯 명의 친구들이 적어준 석훈이의 강점은 이랬다.

'친절하다. 유머가 있다. 멋진 헤어스타일. 정직한 친구. 남의 입장을 잘 생각해 준다.'

선생님은 석훈이의 콜라주를 꼭 끌어안았다. 그 날 석훈이는 수업이 끝날 때까지 미동도 하지 않고 열중했다. 선생님은 수업 시간 내내 흐르는 눈물을 훔쳐야 했다. 수업을 진행하면서 석훈이의 존재가 의식됐던 순간은 선생님에게 그 날이 처음이었다.

그 뒤, 석훈이는 전교 12등이라는 우수한 성적으로 졸업할 수 있었다. 석훈이는 미처 자신이 알지 못했던 자신의 강점을 깨닫게 되면서, 그 누구보다 자존감 높은 사람으로 성장했다.

부모가 행복해야 아이가 행복하다

출판사에 원고를 넘긴 후 충격적인 기사를 접했다. 미국 여론조사 기관인 갤럽에서 전 세계 135개국의 15세 이상 남녀 13만 명을 대상으로 한, 웰빙(행복)지수를 발표한 것이다. 우리나라의 행복지수 순위는 75위였다. 사실 애초부터 우리나라의 행복지수가 높게 나올 거라는 기대는 하지 않았다. 매년 그랬으니까. 충격을 받은 것은 순위 때문이 아니라 응답자 86%가 삶의 목표 실현에서 고전 중 또는 고통받는 중이라고 답했다는 것이다. 긍정심리학과 행복을 연구하는 전문가로서 마음이 아팠다. 우리나라는 정말 살기 힘든 나라일까? 정말 행복하지 않은 나라일까? 결코 그렇지 않다. 단지 우리나라 사람들은 행복하게 살아가는 방법과 행복이 무엇인지 모를 뿐이다.

우리는 어떨 때 행복하다고 느끼는가? 맛있는 초콜릿이나 아이스크림을 먹을 때, 갑자기 많은 돈이 생길 때, 이성간 짜릿한 감정을 느낄 때, 좋은 대학

만 3세부터 행복을 가르쳐라

이나 안정적인 직장에 들어갔을 때, 비싼 외제차를 사거나 큰 집으로 이사 갔을 때 이럴 때 우리는 "아, 행복해!"란 표현을 쓴다. 하지만 이렇게 조건이 따라 주고 성공을 이루었을 때만이 진정한 행복이라고 한다면 우리의 행복은 아주 제한적일 수밖에 없다. 행복지수가 낮을 수밖에 없다는 것이다. 행복은 조건이나 감정적이고 감각적 즐거움에 의해서만 나타나는 일시적인 것이 아니다. 행복은 과학이다. 과학적으로 검증된 행복 요소들을 자신에게서 발견하고 지속적으로 유지될 수 있도록 연습하며 행복을 만들어 가야 한다.

내가 긍정심리학을 본격적으로 공부하게 된 계기는 2006년에 만난 긍정심리학 창시자인 마틴 셀리그만 교수와의 대화에서부터다. 마틴 셀리그만 교수는 "행복하게 살려면 어떻게 해야 합니까?"라는 내 질문에 "행복하게 살기를 원한다면 지금까지 당신이 갖고 있는 행복에 대한 시각부터 바꾸세요."라고 대답했다. 안락은 샴페인을 마시거나 고급 승용차로 드라이브하면서도 느낄 수 있지만 행복은 강점과 미덕을 찾고 일상에서 발휘하는 것으로부터 시작된다는 것이다. 그 말을 듣는 순간 망치로 머리를 한 대 맞은 것 같았다.

대부분의 사람들이 행복은 조건이며, 감정과 감각의 즐거움 정도로만 알고 있다. 긍정심리학을 알기 전까지의 나도 마찬가지였다. 항상 행복을 꿈꿨지만 행복하지 못했고 삶이 힘겹게 느껴지고 항상 무기력했으며 우울했다. 하지만 2003년 책을 통해 긍정심리학을 처음 만났고, 그 후 2006년 마틴 셀리그만 교수를 만난 것을 계기로 행복에 대한 시각이 바뀌고 행복에 대한 확신을 갖게 됐다. 지난 10년 동안 수많은 역경을 겪으면서도 나만의 행복을 만들며 내가 원하는 삶도 찾을 수 있었다. 나뿐만 아니라 그동안 내 책을 통해, 내 교육과 강의를 통해 많은 사람들이 행복을 만들어 가고 있다. 지금의 그들은 조건이 좋지 않아도, 특별히 성공하지 않아도 충분히 행복하다. 나는 갤럽조사에서 고전 중 또는 고통받는 중이라고 응답한 86% 사람들도 행복해질 수 있다는 것을 확신한다.

내 확신의 근거는 〈긍정심리학 플로리시〉 과정을 통해 행복을 찾은 한 수강자의 메일을 통해 확인할 수 있다. 아래의 메일은 지윤(9살) · 진우(7살)의 엄마이자 경기도 김포시의 한 초등학교 5학년 담임교사인 도순희 선생님이 보내온 메일이다.

나는 학창 시절 대인 관계가 원만하지 않았다. 친구들에게 마음의 문을 닫고 혼자만의 학창 시절을 보냈다. 그런 엄마를 닮아서일까 큰아이 지윤이는 유치원을 다니면서 친구들과 어울리는 것을 힘들어 했다. 그럴 때마다 나도 모르게 지윤이에게 똑바로 하라고 윽박지르기 일쑤였다. 지윤이가 친구들과 잘 어울리지 못하면 내가 나서서 어울리도록 만들었다. 지윤이가 유치원에 가기 싫어할 때면 어찌할 바를 몰라 아이를 다그치고 몰아세우기까지 했다. 그런 날이 지속되면서 나는 나대로 엄마로서의 자신감이 바닥나고 지윤이도 자신감을 잃어갔다. 급기야 지윤이에게 심한 불안증이 생겨 소아정신과에도 들러 보고 유명하다는 아동심리치료소도 가 보았다. 하지만 아이의 불안증은 점점 더 심해지기만 할 뿐이었다. 동네 어른이나 또래 친구들을 봐도 인사는커녕 인상을 찌푸리며 고개를 돌려버렸다. 그게 다 내 탓인 것만 같았다. 지윤이도 나도 우울한 나날을 보냈다.

만 3세부터 행복을 가르쳐라

　나는 더 이상 안 되겠다 싶어 방법을 찾아 나섰다. 그러던 중 가트맨식 감정 코칭을 알게 되었다. 가트맨식 감정코칭의 방식대로 아이의 일에 직접 나서는 것이 아니라 아이의 마음을 읽어 주고 아이가 스스로 문제를 해결할 수 있도록 도와주기만 했다. 지윤이도 자신에게 닥친 문제를 스스로 해결해 나가며 자신 감을 찾는 듯했다.

　하지만 그것만으로 모든 문제가 해결된 것은 아니었다. 감정코칭이 늘 성공 하지만은 않기 때문이다. 감정코칭에 실패할 때마다 나는 절망감에 빠졌고 아 이들도 덩달아 우울해했다. 심지어 지윤이는 자신의 기분이 나빠지면 동생을 비난하거나 미워하기도 했다.

　한번은 지윤이와 반 친구들이 1박 2일로 여행을 가게 되었다. 아직 초등학 교 1학년 아이들이었기에 부모들이 동행했다. 여행지에서 지윤이는 반 친구들 과 어울려 놀지 못하고 심심해하기만 했다. 나는 아이의 등을 떠밀며 친구들과 함께 놀아 보라고 다그치고 급기야는 아이에게 심한 구박까지 하게 됐다. 내 구 박에 지윤이가 악에 받쳐 "나도 놀고 싶어 놀고 싶다고. 그런데 애들이 안 끼워 주는데 어떡해. 나는 어차피 친구들이랑 못 노는 아이야."라고 소리쳤다. 나는 아이에 대한 미안함과 아무 노력도 하지 않는 지윤이가 원망스럽기까지 했다. 그 일 이후, 지윤이는 잘 놀았던 단짝 친구와 어울리는 것도 주저하게 됐다. 지 윤이는 더욱더 외로움 속에 갇히게 되었다.

　하지만 나는 포기하지 않았다. 나는 '한다면 한다'는 마음으로 아이의 자존 감에 대한 책을 읽기 시작했다. 마음 다스리기, 감정조절, 감정코칭, 격려기술 등 닥치는 대로 읽고 실천해 보았다. 그러던 중 돈 딩크마이어Don Dinkmeyer의

『격려기술』을 읽으면서 참고 문헌으로 인용된 마틴 셀리그만의『긍정심리학』을 알게 되었다. 짧은 인용문이 인상에 남아 한국어로 번역된 마틴 셀리그만의 모든 책을 읽어 나가기 시작했다. 그때 가장 먼저 접한 것이 우문식 소장님이 번역한『긍정심리학』이었다. 긍정심리학을 읽으면서 내 마음의 우울함과 좌절감이 내 비관적인 설명양식에서 비롯되었다는 사실을 깨달았다. 그 후 나쁜 일이 생겼을 때는 '이 상황은 일시적일 뿐이고 곧 지나갈 거야.'라고 생각했으며 좋은 일이 생겼을 때는 '이 상황은 오래도록 지속될 거야.'라고 생각했다. 그렇게 생각하니 지윤이가 낯설어 하고 힘들어하는 상황이 보이기 시작했다. 지윤이가 친구들과 어울리지 못할 때 윽박지르기보다는 '지윤이가 낯선 친구들과 어울리는 게 부담되는구나.' 하고 마음을 가라앉힐 수 있었고, 지윤이에게도 "원래 새로운 사람을 만날 때 친해지는 데는 시간이 좀 걸려."라고 얘기하며 지윤이의 마음을 편하게 만들어 줄 수 있게 되었다. 그런 지속적인 노력으로 아이에게도 변화가 생겼다. 친구들과 어울리기 시작한 것이었다. 나는 그럴 때도 놓치지 않고 "우리 지윤이는 역시 친구들에게 인기가 좋구나."라고 칭찬해 주었다.

긍정심리학의 효과는 놀라웠다. 엄마가 바뀌니 지윤이도 자연스럽게 성격이 바뀌었다. 지윤이는 여러 명과 그룹을 지어 같이 다니기 시작했다. 등굣길에 친구들과 반갑게 인사하며 미소 짓는 지윤이를 보니 나도 모르게 눈물이 주루룩 흘러내렸다.

이제 지윤이는 영어 학원에서 영어를 못한다고 친구들에게 놀림 받아도 "엄마 나 열심히 연습할 거야."라고 말하고, 선생님에게 칭찬받았을 땐 "엄마, 학교에서 선생님이 내가 발표한 내용이 제일 논리적이고 잘했대. 내가 봐도 그런 것 같아.", "나는 3학년 되는 게 기대돼."라고 칭찬받은 것을 자랑한다.

　　나는 복직 후, 나와 함께 공부를 하는 우리 반 아이들에게 긍정심리학을 적용해 보았다. 우리 반 아이들도 지윤이처럼 놀라운 변화를 보였다. 자존감을 잃어 축구며 공부며 모든 것에 손을 놓았던 한 아이가 공부를 가르쳐 달라며 나를 찾아왔다. 또 친구를 괴롭히고 교사에게 욕을 하던 아이가 어른에게 인사를 하고 친구들과 어울려 놀기 시작했다. 아이들의 변화를 지켜보면 긍정심리학을 가르치는 것이야말로 엄마로서 선생님으로서 아이들에게 줄 수 있는 최고의 선물이라는 생각이 들었다.

　　나는 긍정심리학을 우문식 소장님의 플로리시 과정을 통해 배웠다. 지금도 나는 아이들의 강점이 무엇인지 찾고 그것을 키워 주기 위해 노력하고 있다. 또 나에게 주어진 일들을 피하거나 미루는 것이 아니라 바로 하게 되는 좋은 습관도 갖게 되었다. 지금은 『회복력의 7가지 기술』, 『아이의 행복 플로리시』, 『긍정심리학 프라이머』를 구입해 공부중이며, 아이들이 자신에 대한 긍정 씨앗을 스스로 싹 틔울 수 있도록 하는 것을 나의 단기 목표로 삼고 실천중이다. 나는 할 수 있다. 못한다는 생각은 조금도 하지 않는다. 나는 마음 따뜻하고 실력 있는 엄마이자 선생이기 때문이다.

　　위의 사례처럼 지윤이는 항상 무기력해하고 우울해하는 부정정서를 갖고 있는 아이였다. 지윤이의 부정정서는 소아정신과나 아동심리치료, 심지어 감정코칭으로도 해결되지 않았다. 하지만 도순희 선생님은 지윤이를 포기하기 않고 긍정심리학을 통해 낙관적인 설명양식을 갖게 되었고, 항상 무기력해하던 지윤이에게 긍정적인 생각을 심어 주었다. 결과는 여러분도 아시다시피 긍정적이었다.

나는 많은 사람이 행복을 만들어 가는 과정을 봤다. 그러면서 한 가지를 확신하게 되었다. 바로 모든 사람의 마음속에 긍정 씨앗이 심어져 있다는 것을 말이다. 도순희 선생님이 여러 번 좌절감을 느끼면서도 긍정적인 희망을 놓지 않고 긍정심리학을 공부할 수 있었던 것도 그 때문이지 않을까. 여러분도 여러분 마음속에 있는 긍정 씨앗을 느끼길 바란다. 그 긍정 씨앗이 싹튼다면, 여러분은 더 행복해질 것이다. 아무리 힘들고 절망적인 순간이 오더라도 행복을 배운 아이들은 멋지게 삶을 극복하며 살아가게 될 것이다.

모두 함께 플로리시!

한국긍정심리연구소 소장 우문식

만 3세부터 행복을 가르쳐라

〈부모와 교사를 위한 행복코칭〉 프로그램

이 프로그램은 『만 3세부터 행복을 가르쳐라』 실전 프로그램입니다. 부모와 교사가 행복해야 아이가 행복하다는 컨셉으로 긍정심리학의 과학적으로 검증된 행복 연습도구들을 통해 부모와 교사가 행복을 만들고 아이들에게 행복을 코치해 줄 수 있게 설계되었습니다. 최근 교육의 화두가 되고 있는 인성, 창의성, 자존감 키우기에 초점을 맞추고 있는 이 과정의 교육 시간은 8시간부터 24시간까지 있으며 24시간을 수료하면 긍정심리사 자격증을 수여합니다.

모듈명	내용	시간	교수 기법
M-1 왜 행복인가?	오리엔테이션, 행복하지 못한 86%의 진실, 행복하지 못한 이유가 있다, 행복이란?, 어떻게 행복을 만들까?	2h	강의, 척도 검사, 사례, 동영상, 토론, 실습
M-2 긍정심리학의 이해	긍정심리학의 탄생배경, 긍정심리학이란?, 긍정심리학의 행복	1h	강의, 척도 검사, 사례, 동영상,
M-3 긍정정서 키우기	왜 긍정정서인가?, 긍정정서는 창의성과 수용성을 키워 준다, 긍정정서의 확장 및 구축 이론, 긍정정서 키우기 : 자부심, 성취감, 감사하기, 용서하기, 음미하기	5h	강의, 척도 검사, 사례, 동영상, 토론, 실습
M-4 낙관성, 회복력 키우기	왜 낙관성인가?, 비관적인 사람을 낙관적으로 만드는 법, 무기력 학습, 설명양식, 무력감, 우울증, 자살 예방 법, 낙관성 키우기	4h	강의, 척도 검사, 사례, 동영상, 토론, 실습
M-5 긍정관계	왜 긍정관계인가?, 긍정관계의 7가지(내 자신을 알자, 상대의 강점을 보자, 칭찬과 격려를 하자, 감사하자, 용서와 이해하는 마음을 갖자, 시간을 선물하자, 반응기술을 적용하라	2h	강의, 척도 검사, 사례, 동영상, 토론, 실습
M-6 몰입(관여)	왜 몰입인가?, 몰입이란?, 몰입 경험 방법, 진정한 만족은 몰입에서, 관여로 성과내기	1h	강의, 사례, 토론, 실습
M-7 자존감	왜 자존감인가?, 자존감을 높이는 영역, 잘못된 자존감 교육이 아이의 우울증을 유발한다, 자존감 키우는 법	1h	강의, 척도 검사, 사례, 동영상, 토론, 실습
M-8 성격 강점	왜 강점인가?, 성격강점이 인성을 높여 준다, 성격강점이란 무엇인가?, 내 강점 찾기, 내 대표 강점 찾기, 대표 강점 연마하기, 대표 강점 적용하기, 내 강점 나무 만들기	4h	강의, 척도 검사, 사례, 동영상, 토론, 실습
M-9 성취와 목표	성취란?, 성취의 기술, 인생 목표, 노력, 집념, 자제력, 인생 목표 만들기	2h	강의, 사례, 동영상, 토론, 실습
M-10 삶과 일에서 의미와 가치 찾기	삶의 의미와 가치는 무엇인가?, 삶과 일에서 의미와 가치 찾기, 최대주의자와 만족자, 가치 사명서 작성하기, 행복의 집 만들기, 수료식	2h	강의, 척도 검사, 사례, 동영상, 토론, 실습

한국긍정심리연구소(KPPI) 교육 프로그램 안내

한국긍정심리연구소(Korea Positive Psychology Institute, KPPI)는 마틴 셀리그만의 '긍정심리학'을 통해서 개인과, 조직, 사회의 '플로리시(번성, 행복의 만개)'를 지원하며, 긍정심리학의 연구와 프로그램 개발, 교육과 강의, 컨설팅을 통해 조직의 긍정문화 확산과 행복증진, 강점기반 구축으로 조직성과를 창출해드립니다. 모든 프로그램은 고객의 니즈에 의해 맞춤형으로 이루어지며, 24시간 이상 수료한 분들에게는 〈긍정심리사〉 자격증이 수여됩니다.

프로그램 제목	교육 기간 및 시간	
부모와 교사를 위한 행복 코칭	1–3일	8–24 시간
부모를 위한 행복 플로리시	1일	8시간
행복한 직장(일터) 만들기	1–3일	8–24시간
행복한 직장인 되기	1일	8시간
긍정심리 PERMAS(긍정정서, 몰입, 관계, 성취 강점) 과정	1–3일	8–24시간
긍정심리조직 만들기	1–2일	8–16시간
긍정심리 리더십	1일	8시간
긍정관계 만들기	1일	8시간
강점조직 구축하기	1일	8시간
AI(긍정조직혁명)	1일	8시간
무기력, 우울증, 자살을 예방하는 낙관성 키우기	1일	8시간
트라우마(역경)를 극복하는 회복력(resilience) 키우기	1일	8시간
인생 목표 세우기	1일	8시간
긍정심리학 플로리시 전문가 과정	5일	30시간

* 모든 프로그램은 맞춤형 교육이나 강의도 가능합니다.

※ 인용도서 : 『행복 4.0』, 『긍정심리학』, 『플로리시』, 『긍정심리학 코칭 기술』, 『낙관성 학습』, 『긍정의 발견』, 『회복력의 7가지 기술』, 『긍정심리학 프라이머』, 『아이의 행복 플로리시』, 『만 3세부터 행복을 가르쳐라』, 『어떻게 인생목표를 이룰까』

※ 마틴 셀리그만의 모든 국내 저작권과 위 프로그램에 활용한 인용도서의 저작권은 물푸레와 한국긍정심리연구소에 있습니다. 무단 인용은 저작권법에 저촉되오니 사전 승인을 받으시기 바랍니다.

강의 및 교육, 저작권 문의: 한국긍정심리연구소(평생교육원)
전화: 031–457–7434 / 팩스: 031–458–0097(김미선 차장)
이메일: ceo@kppsi.com / 홈페이지: www.kppsi.com